国家“双高计划”水利水电建筑工程专业群系列教材

水利施工测量

主　编　杨　李　余旻晓
副主编　程小兵　王　芳　宋睿明　张海娥

中国水利水电出版社
www.waterpub.com.cn
·北京·

内 容 提 要

本书是新形态一体化数字教材，是安徽水利水电职业技术学院双高校建设成果之一。全书共分九个项目，主要内容包括测量基础知识、水准测量、角度测量、距离测量、直线定向、小区域控制测量、施工测量基本工作、渠道测量、水工建筑物施工测量。

本书可作为水利水电建筑工程、水利工程施工技术、水利水电工程管理、水利工程监理等专业学生学习使用，也可供从事水利工程建筑的专业技术人员参考。

图书在版编目（CIP）数据

水利施工测量 / 杨李，余旻晓主编. -- 北京 : 中国水利水电出版社，2024.6
ISBN 978-7-5226-1676-6

Ⅰ. ①水… Ⅱ. ①杨… ②余… Ⅲ. ①水利工程－施工测量－高等职业教育－教材 Ⅳ. ①TV5

中国国家版本馆CIP数据核字(2023)第141842号

书　　名	国家“双高计划”水利水电建筑工程专业群系列教材 **水利施工测量** SHUILI SHIGONG CELIANG
作　　者	主　编　杨　李　余旻晓 副主编　程小兵　王　芳　宋睿明　张海娥
出版发行	中国水利水电出版社 （北京市海淀区玉渊潭南路1号D座　100038） 网址：www.waterpub.com.cn E-mail：sales@mwr.gov.cn 电话：(010) 68545888（营销中心）
经　　售	北京科水图书销售有限公司 电话：(010) 68545874、63202643 全国各地新华书店和相关出版物销售网点
排　　版	中国水利水电出版社微机排版中心
印　　刷	北京市密东印刷有限公司
规　　格	184mm×260mm　16开本　13.25印张　316千字
版　　次	2024年6月第1版　2024年6月第1次印刷
印　　数	0001—2000册
定　　价	**48.00**元

前言

本书为国家“双高计划”水利水电建筑工程专业群系列教材，根据“双高计划”建设要求和课程改革的基本思想，通过分析水利施工测量的工作过程，结合岗位要求和职业标准，将课程体系解构为九个实施项目。本书坚持党的二十大精神，全面贯彻党的教育方针，落实立德树人根本任务，为党育人，为国育才，弘扬劳动光荣、技能宝贵、创造伟大的时代风尚。

“水利施工测量”是水利水电建筑工程专业群的一门专业技术基础课，其教学目的是培养学生具有测绘科学方面的基础理论知识和基本测绘技能，使其具有在工程勘测、规划、施工与管理各阶段正确使用测量信息的能力。同时，课程讲解过程中加入课程思政内容，为学习有关后续课程和从事专业技术工作打下基础。

本书在阐述水利施工测量基本概念、基本理论和方法的基础上系统地介绍水利施工测量技术，并辅以实际操作项目，以便学生通过本书的学习能较好地掌握测量工作的基本技能。本书结合传统测量方法与现代测绘技术全面介绍了水利施工测量技术，使学生能逐步掌握工程测量技术方面的基础理论知识、常规测量仪器的使用方法、水利工程施工放样技术，并具有正确使用测绘资料的能力，为今后从事水利工程勘测、规划、设计、施工及管理工作打下基础。

本书由安徽水利水电职业技术学院杨李、安徽省龙河口水库管理处余旻晓担任主编，安徽水利水电职业技术学院程小兵、王芳、宋睿明、张海娥担任副主编。编写分工如下：杨李编写项目3，程小兵编写项目1、项目9，王芳编写项目2、项目8，宋睿明编写项目4、项目5，余旻晓编写项目6，张海娥编写项目7，杨李负责全书统稿。

向所有在编写工作中给予支持的同志表示感谢！

由于编者水平有限，书中难免有不足之处，热忱希望广大读者对书中缺点错误给予批评指正。

编者

2024年3月

“行水云课”数字教材使用说明

“行水云课”水利职业教育服务平台是中国水利水电出版社立足水电、整合行业优质资源全力打造的“内容”＋“平台”的一体化数字教学产品。平台包含高等教育、职业教育、职工教育、专题培训、行水讲堂五大版块，旨在提供一套与传统教学紧密衔接、可扩展、智能化的学习教育解决方案。

本套教材是整合传统纸质教材内容和富媒体数字资源的新型教材，它将大量图片、音频、视频、3D动画等教学素材与纸质教材内容相结合，用以辅助教学。

内页二维码具体标识如下：

· Ⓕ为动画

· ▶为微课

· Ⓔ为课件

· Ⓟ为图稿

线上教学与配套数字资源获取途径：

· 手机端

关注“行水云课”公众号→搜索“图书名”→封底激活码激活→学习或下载

· PC端

登录“xingshuiyun.com”→搜索“图书名”→封底激活码激活→学习或下载

数 字 资 源 索 引

续表

目 录

项目1

测量基础知识

【思维导图】

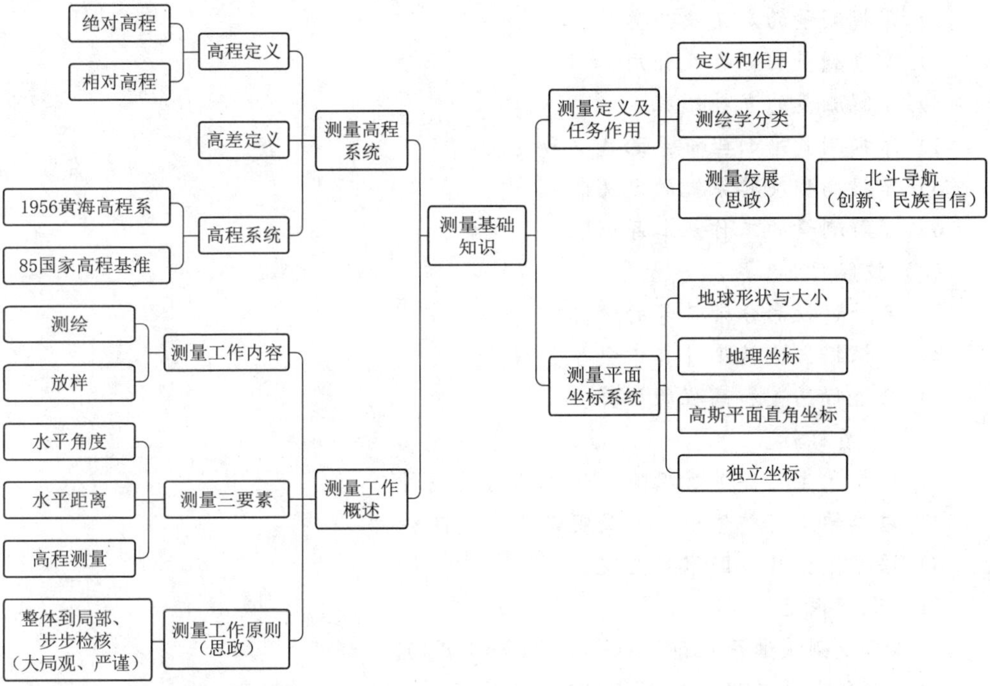

【项目简述】

测量主要过程是通过各种手段和各种仪器设备获取地理空间信息（确定地面的点位坐标及高程还有点位属性等信息）或将设计图纸上的位置及高程在地面找到并进行标定的工作。点位的表示主要采用平面坐标系统和高程系统。本章主要介绍测量的定义及作用，测量的工作内容以及测量平面点坐标系统的规定和高程的规定。

【项目载体】

以某一水利工程施工项目设计总平面图为载体，介绍测量的基本概念、作用、内容和测量的坐标系统、高程系统以及测绘学的发展。

【项目实施方法及目标】

1. 项目实施方法

本项目分为四个阶段。

第一阶段，通过图纸了解测量的定义和作用及任务。

第二阶段，通过图纸了解测绘学科的发展。

第三阶段，通过图纸掌握测量的平面坐标系统和高程系统。

第四阶段，通过图纸掌握测量的基本原则和基本内容。

2. 项目教学目标

“测量基础知识”课程教学目标包括知识目标、技能目标和素质目标三个方面。技能目标是核心目标；知识目标是基础目标；态度目标贯穿整个实训过程，是项目的重要保证。

(1) 知识目标。

1) 掌握测量的定义及分类。

2) 掌握测量的任务及作用。

3) 了解测量的发展历程。

4) 掌握测量平面坐标系的建立和定义。

5) 掌握高程及其系统的定义。

6) 了解测量的工作基本原则。

(2) 技能目标。

1) 会进行投影分带带号的计算。

2) 会根据当地精度计算中央子午线。

3) 会进行高差和高程的计算。

(3) 素质目标。

1) 培养学生具备不畏艰险、迎难而上的精神。

2) 培养学生有整体观、大局观，具有团队精神。

3) 培养学生具备国家安全观。

(4) 现行规范。

1)《工程测量通用规范》(GB 55018—2021)。

2)《水利水电工程施工测量规范》(SL 52—2015)。

3)《建筑工程质量验收统一标准》(GB 50300—2013)。

【思政引导】

水是人类赖以生存的天然因素，人类也需要整治水，疏通江河，避免水泛滥成灾。水利枢纽工程是对行政能力、财政经济、社会动员、科技水平的全方位考验，是体现国家综合治理水平的系统工程。古代的大禹治水、都江堰工程，现代的三峡大坝工程、南水北调工程、引江济淮工程等都是炎黄子孙治水的一次次伟大壮举。

大禹是中国古代有名的治水英雄。面对滔滔洪水，他吸取了父亲鲧堵截方法治水的教训，发明了一种疏导治水的新方法，其要点就是疏通水道，使得水能够顺利地东流入海。

禹带领着伯益、后稷和一批助手，跋山涉水，风餐露宿，走遍了当时中原大地的山山水水，穷乡僻壤、人迹罕至的地方都留下了他们的足迹。大禹为了治理洪水，长年在外与民众一起奋战，置个人利益于不顾，“三过家门而不入”。大禹治水13年，耗尽心血与体力，终于完成了治水的大业。

【知识拓展】

1. 观看《大禹治水》视频。

2. 观看纪录片《从方向的刻记到卫星导航》，了解测量科技的发展与演变。

任务1.1 初始测量学

1-0 Ⓟ
水利施工平面总图、数字地形图

测量技术是由于实际生产的需要并在人类创造性的劳动中发展起来的。追溯到上古时代，埃及人已经开始用简单的测量方法丈量尼罗河附近的土地，我国夏禹在黄河两岸治理水时，已使用了“准、绳、规、矩”四种测量工具和方法。在工程建设方面，我国古代就建造起雄伟壮丽的万里长城、造福后代的河南郑国渠和四川都江堰水利工程等，这些工程无不需要一定的测量工作。随着近代科学技术的发展，测量技术也得到了迅速发展。传统的测量方法在信息技术高度发达的今天被赋予了许多现代的高新技术，成为集计算机技术、3S技术等多种技术于一体的现代技术。

1.1.1 测量研究的对象

测绘学是自然科学的一个组成部分，是为人们了解自然和改造自然服务的。传统的测绘学研究的对象是地球及其表面，主要任务是研究地球的形状和大小，以及测定地球表面上的自然形态和人工设施的几何形状及其空间位置，并绘制成图。

随着科学技术的发展和社会的进步，测绘学的研究对象不仅是地球，而且还扩展到地球外层空间的各种自然和人造实体。因此，测绘学的现代概念就是研究地球和其他实体（包括地球整体、表面及外层空间各种自然和人造的物体）中与地理空间分布有关的信息的采集、量测分析、显示、管理及利用的科学与技术。它研究的主要内容是：确定地球和其他实体的形状及空间定位、地球重力场；利用各种测量仪器、传感器及其组合系统获取地球及其他实体与地理空间分布有关的信息制成各种地形图、专题图和建立地理信息系统，为研究地球的自然和人类的社会现象，为社会可持续发展提供基础信息。

1.1.2 测绘的任务和作用

1-1 ▶
认识地形图

测绘工作常被誉为经济建设和国防建设的开路先锋，这是因为其勘测、设计施工竣工及保养维修等阶段都需要测绘工作，而且都要求测绘工作处于前端。

乃至在军事上，测绘工作也发挥了重要作用，除了提供地形信息，在战略的部署、战役的指挥中，提供目标的观测定位，以便精准打击。至于远程导弹、空间武器、人造地球卫星及航天器的发射等，都要随时观测、校正飞行轨道，保证其精确入轨飞行。在科学试验和研究方面，如地震预测预报、灾情监测、空间技术研究、海底资源探测、大坝变形监测、加速器和核电站运营的监测，等等，无不需要测绘工作的辅助。

此外，对建立各种地理信息系统（GIS）、数字城市、数字中国等，都需要现代测绘科学提供基础数据信息。

由上可知，测绘学为研究地球的自然现象和人类的社会现象，解决人口、资源、环境和灾害等社会可持续发展中的重大问题，以及国民经济和国防建设都提供了技术支撑与数据保障。

水利工程测量是测量学的一个分支，它是为水利工程建设和管理服务的。例如，在某河流上修建一座引水闸，首先应搜集和测绘闸址附近的全部地形资料，作为水文计算、地质勘探和规划的依据；工程位置确定后，必须测绘更详尽的大比例尺地形图，以便在地形图确定闸室和上、下游连接段的位置；施工过程中要进行施工放样测量，把设计在图纸上的闸底板、闸墩和翼墙等工程项目的位置在地面标定出来，以便施工。同时，要经常对施工和安装工作进行检测，保证工程符合设计要求。工程竣工后，还要进行竣工验收测量，以检查工程质量是否达到设计要求，并作为工程管理的重要依据。在运行管理中，要定期对水闸的重要部位的水平位移、沉陷等变形进行观测，掌握水闸的变形规律，确保水闸的安全和正常运行。

水利工程测量的主要任务有以下三个方面：

(1) 为水利工程规划设计提供所需的地形资料，规划时需提供中、小比例尺地形图及有关信息以及进行建筑物的具体设计时需提供大比例尺地形图。

(2) 在工程施工阶段，要将图纸设计好的建筑物按其位置、大小测设于地面，以便据此施工，称为施工放样。

(3) 在施工过程中及工程建成后的运行管理中，都需要对建筑物的稳定性及变化情况进行监测——变形观测，以确保工程安全。

可见，水利工程测量工作贯穿于水利工程建设的全过程，作为一个水利工作者，必须掌握必要的测量科学知识和技能，才能担负起水利工程建设的勘测、规划设计、施工及管理等各项任务。

1.1.3 测绘学科的分类

1.1.3.1 大地测量学

大地测量学主要研究和测定地球的形状、大小和地球重力场以及测定特定地面上点的空间位置。大地测量学分几何大地测量学、物理大地测量学和卫星大地测量学（或空间大地测量学）三个分支学科。几何大地测量学是以一个与地球外形最为接近的几何体（旋转椭球）代表地球形状，用天文方法测定该椭球的形状和大小。物理大地测量学是研究用物理方法测定地球形状及其外部重力场的学科。卫星大地测量学是研究利用人造地球卫星进行地面点定位及测定地球形状、大小和地球重力场的理论、方法的学科。现代大地测量学是综合利用几何物理、空间大地测量的理论和方法，解决大地测量学中各种问题的学科。

1.1.3.2 摄影测量学

摄影测量学是研究用摄影和遥感的手段获取被测物体的信息，进行分析、处理，以确定物体的形状、大小和空间位置，并判定其属性的科学。摄影测量与遥感学分为地面摄影测量学、航空摄影测量学和航天遥感测量学。

1.1.3.3 工程测量学

工程测量学是研究工程建设和资源开发中，在规划、设计施工和运营管理各个阶段进行的控制测量、地形测绘和施工放样、变形监测的理论、技术和方法的学科，如图 1.1.1 所示。由于建设工程的内容不同，工程测量学又分为水利工程测量、建筑测量、矿山测量、道路测量以及桥梁和隧道工程测量。不同的工程内容、不同的施工工艺及施工材料施工测量的精度和方案也不同。

图 1.1.1　工程测量学

1.1.3.4　地图制图学（地图学）

地图制图学是研究地图的编制和应用的学科。它研究用地图图形信息反映自然界和人类社会各种现象的空间分布、相互联系及其动态变化，具有区域性学科和技术性学科的两重性。

1.1.3.5　海洋测绘学

海洋测绘学是以海洋水体和海底为对象所进行的测量和海图编制工作的学科，是陆地测绘方法在海洋的应用与发展，如图 1.1.2 所示。

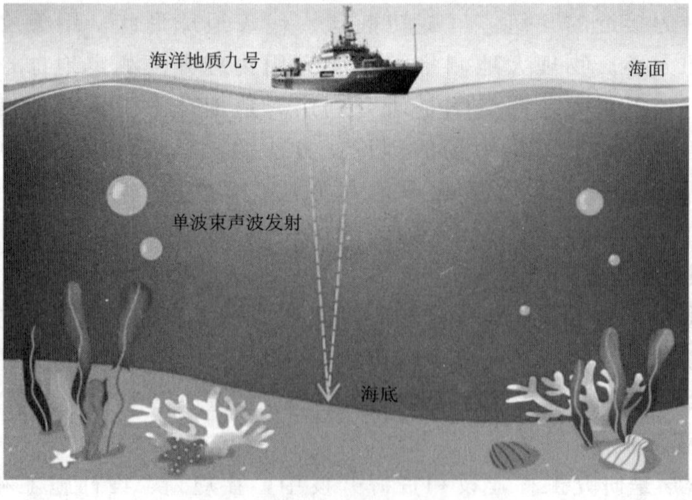

图 1.1.2　海洋测量学

1.1.3.6 普通测量学

普通测量学是研究对地球表面局部地区进行测绘工作的基本理论、工作方法、技术和应用的学科。其内容包括图根控制网的建立、地形图测绘及一般工程的测设。普通测量学是研究对地球局部地区且不考虑地球曲率的影响，使用常规测量仪器设备进行测定和测设。

1.1.3.7 地理信息系统

地理信息系统（Geographic Information System 或 Geo-Information System，GIS）又称为“地学信息系统”，是一种特定的十分重要的空间信息系统。它是在计算机硬、软件系统支持下，对整个或部分地球表层（包括大气层）空间中的有关地理分布数据进行采集、储存、管理、运算、分析、显示和描述的技术系统，是一门综合性学科。随着 GIS 的发展，也有称 GIS 为“地理信息科学”（Geographic Information Science），近年来，也有称 GIS 为“地理信息服务”（Geographic Information Service）。GIS 是一种基于计算机的工具，它可以对空间信息进行分析和处理（简而言之，是对地球上存在的现象和发生的事件进行成图和分析）。GIS 技术把地图这种独特的视觉化效果和地理分析功能与一般的数据库操作（例如查询和统计分析等）集成在一起，是一个辅助决策系统。

1.1.4 测绘学的发展

1-2

GPS 定位原理

测绘学是一门历史悠久的科学，早在几千年前，由于当时社会生产发展的需要，中国、古埃及、古希腊等国家的人民就开始制作和运用测量工具进行测量。测量工作一开始是用于土地整理。远在公元前四千多年古埃及，在尼罗河泛滥后农田边界的整理过程中，就产生了较早的测量技术。古埃及人通过天文观测，确定一年为 365 天，这是古埃及在古王国时期（公元前 3000 年）通用的历法；他们通过观测北极星来确定方向；古老的埃及金字塔，每一座都有标准的几何尺寸，说明那时的人们对长度和角度都有比较精确的测量手段。公元前 340 年，古希腊科学家亚里士多德在他的《论天》一书中明确提出地球的形状是圆的，并且通过对在不同纬度上观测北极星，北极星呈现出位置上的差别，推算出地球的周长为 4×斯特迪亚（斯特迪亚是古埃及及古希腊通用的长度单位）。我国汉代司马迁在《史记·夏本纪》中就有叙述，公元前 21 世纪时大禹治理洪水、开发国土时“左准绳，右规矩，载四时，以开九州，通九州，陂九泽，度九山”；北宋时期，我国就发明了指南针，后又创制了浑天仪等测量仪器，并绘制了相当精确的全国地图。

随着社会生产力的发展，测量逐渐应用到社会的许多生产部门。17 世纪发明望远镜后，人们利用光学仪器进行测量，使测量科学迈进了一大步。自 19 世纪末发展了航空摄影测量后，又使测量学增添了新的内容。目前，地形图的测绘基本以无人机航空摄影测量为主。现代光学及电子学理论在测量中的应用，创制了一系列激光、红外光、微波测距、测高、准直和定位的仪器，惯性理论在测量学中的应用，又创制了陀螺定向、定位仪器。

20 世纪 60 年代以来，随着电子计算技术的飞速发展，出现了自动化程度很高的电子水准仪、电子经纬仪、电子全站仪和自动绘图仪等。人造地球卫星的成功发射，使其很快就被应用于大地测量，自 1957 年苏联第一颗人造地球卫星发射成功后，测绘学科中出现了“卫星大地测量”的分支。此后由美国卫星建立的全球定位系统（Global Positioning System，GPS）技术在测绘科学中得到广泛应用，建立了利用卫星无线电导航原理的全球定位系统，同时，卫星遥感（Remote Sensing，RS）技术在测绘科学中的应用，可以获得丰富的地面信息，为自动化制图提供了大面积的、全球性的资料。

三维激光扫描技术是 20 世纪 90 年代中期开始出现的一项技术，是继 GPS 空间定位系统之后又一项测绘技术的新突破。它通过高速激光扫描测量的方法，大面积高分辨率地快速获取被测对象表面的三维坐标数据，可以快速、大量地采集空间点位信息，为快速建立物体的三维影像模型提供了一种全新的技术手段。

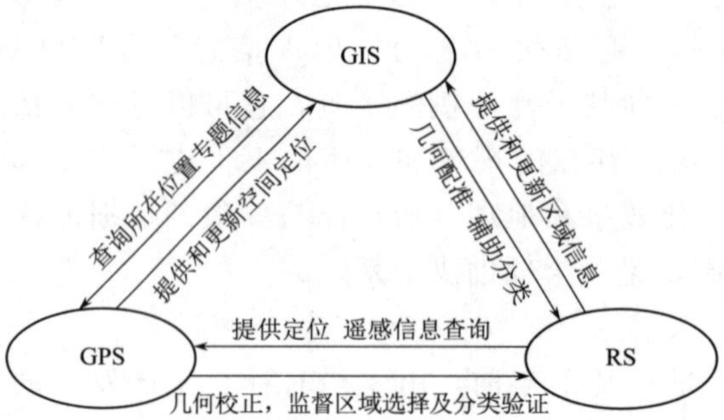

图 1.1.3 “3S”集成

3S 集成技术是将遥感（RS）、全球导航卫星系统（GPS）、地理信息系统（GIS）融为一个统一的有机体，如图 1.1.3 所示。它是一门非常有效的空间信息技术。就在集成体中的作用及地位而言，GIS 相当于人的大脑，对所得的信息加以管理和分析；RS 和 GNSS 相当于人的两只眼睛，负责获取海量信息及其空间定位。RS、GNSS 和 GIS 三者的有机结合，构成了整体上的实时动态对地观测、分析和应用的运行系统，为科学研究、政府管理、社会生产提供了新一代的观测手段、描述语言和思维工具。3S 集成的方式可以在不同的技术水平上实现。低级阶段表现为互相调用一些功能来实现系统之间的联系；高级阶段表现为三者之间不只是相互调用功能，而是直接共同作用，形成有机的一体化系统，对数据进行动态更新，快速准确地获取定位信息，实现实时的现场查询和分析判断。开发 3S 集成系统软件的技术方案一般采用栅格数据处理方式实现与 RS 的集成，使用动态矢量图层方式实现与 GIS 的集成。随着信息技术的飞速发展，3S 集成系统正在经历一个从低级到高级的发展和完善过程。

随着现代科学技术的发展，测绘科学也必然会向更高层次的电子化和自动化和可视化方向发展，如数字孪生技术、三维城市、智慧城市等运用而生。

任务 1.2 测量平面坐标系统

1.2.1 测量基准面和基准线

地面点的确定，需要全球建立参照系。需要全球的参照系，就需要研究地形的形状和大小。

众所周知，地球表面是极其不规则的，有高山、丘陵、平原、海洋等。陆地上最高的珠穆朗玛峰海拔 8848.86m，海洋中最深的马利亚纳海沟深达 11022m，起伏变化非常之大。但是这种起伏变化和庞大的地球半径（约 6371km）比较起来还是很小的。同时，就地球表面而言，海洋面积约占 71%，陆地仅占 29%，所以海水面所包围的形体基本上代表了地球的形状和大小。于是假想有一个静止的平均海水面，延伸至陆地下面形成一个封闭的曲面，这个曲面就称为大地水准面。但由于受风力及太阳、月亮、地球三者引力的影响，海水面时高时低，出现风浪和潮汐，很难具体确定平均海水面。对不同的国家或地区，通过测验潮汐确定平均海水面，作为该国家或地区的大地水准面。

水准面是处处与铅垂线（重力作用线）垂直的曲面。由于地球内部物质分布不均匀，使铅垂线方向产生不规则变化，如图 1.2.1 所示。所以大地水准面也是一个有微小起伏的不规则曲面，如图 1.2.2 所示。为了测量计算的方便，人们选择了一个与大地体形状和大小较为接近、表面规则的形体——旋转椭球来代替大地体，通过定位使旋转椭球与大地体的相对位置固定下来。这样，借助有规则形状的旋转椭球来确定地球表面的点位。我们把选定了形状和大小并在地球上定位的旋转椭球称为参考椭球，参考椭球的表面是一个规则的数学曲面，它是测量计算和投影制图所依据的面。

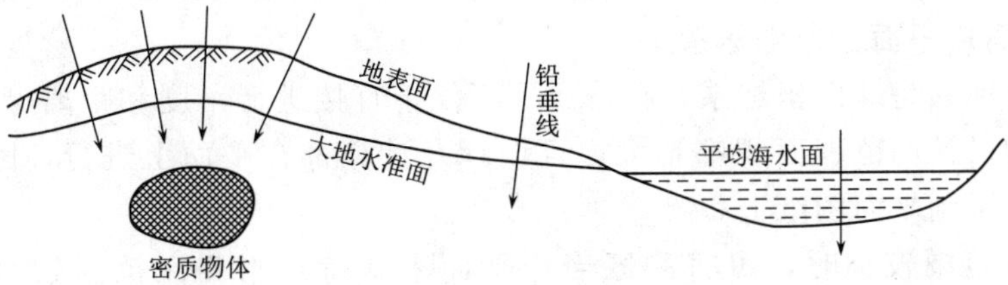

图 1.2.1 铅垂线变化示意图

1.2.2 地面点位的确定

在测量工作中，通常用下面几种坐标系统来确定地面点位。

地面点位的确定

1.2.2.1 地理坐标系

地理坐标系对地球椭球体而言，其围绕旋转的轴称为地轴。地轴的北端称为地球的北极，南端称为南极；过地心与地轴垂直的平面与椭球面的交线是一个圆，这就是地球的赤道；过英国格林尼治天文台旧址和地轴的平面与椭球面的交线称为本初子午线。以地球的北极、南极、赤道和本初子午线等作为基本要素，即可

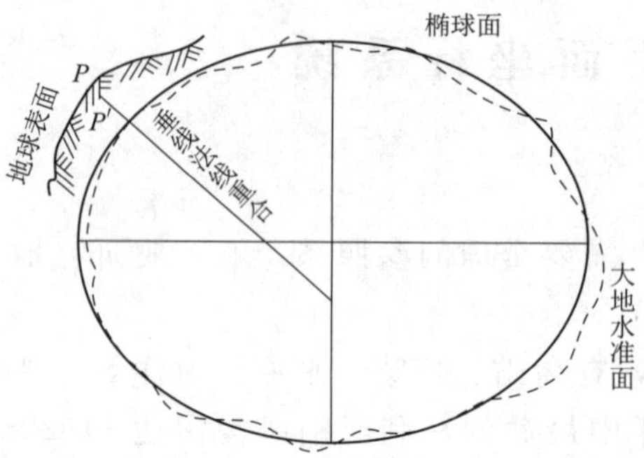

图 1.2.2 大地水准面和椭球面

构成地球椭球面的地理坐标系统。其以本初子午线为基准，向东、向西各分了180°，之东为东经，之西为西经；以赤道为基准，向南、向北各分了90°，之北为北纬，之南为南纬。

地理坐标系是指用经纬度表示地面点位的球面坐标系。在大地测量学中，对于地理坐标系统中的经纬度有三种描述，即天文经纬度、大地经纬度和地心经纬度。

1. 天文经纬度

天文经度在地球上的定义，即本初子午面与过观测点的子午面所夹的二面角；天文纬度在地球上的定义，即为过某点的铅垂线与赤道平面之间的夹角。天文经纬度是通过地面天文测量的方法得到的，其以大地水准面和铅垂线为依据，精确的天文测量成果可作为大地测量中定向控制及校核数据之用。

2. 大地经纬度

地面上任意一点的位置，也可以用大地经度 L、大地纬度 B 表示。大地经度是指过参考椭球面上某一点的大地子午面与本初子午面之间的二面角，大地纬度是指过参考椭球面上某一点的法线与赤道面的夹角。大地经纬度是以地球椭球面和法线为依据，在大地测量中得到广泛采用。

3. 地心经纬度

地心经纬度是地心经度和地心纬度的合称。包含地面某点地心之间连线和地球自转轴的平面，称为地心子午面。地心经纬度是随地球一起转动的非惯性坐标系统，根据其原点位置不同，分为地心坐标系统和参心坐标系统。

1.2.2.2 高斯平面直角坐标系

地理坐标系是球面坐标系，在球面上不便于直接进行角度和距离等各种计算，而工程各种设计的范围面积都不大，且设计及计算都在平面上进行，因此，需要将地面点投影到平面图纸上。

当测区范围较小时，可将测区当作平面来看待，当测区范围较大时，要建立平面坐标系，就不能忽略地球曲率的影响，为了解决球面与平面这对矛盾，则必须采用地图投影的方法将球面上的大地坐标转换为平面直角坐标。目前我国采用的是高斯投影，高斯投影是由德国数学家、测量学家高斯提出的一种横轴等角切椭圆柱投影，该投影解决了将椭球面转换为平面的问题。从几何意义上看，就是假设一个椭圆柱横套在地球椭球体外并与椭球面上的某一条子午线相切，这条相切的子午线称为中央子午线。假想在椭球体中心放置一个光源，通过光线将椭球面上一定范围内的物象映射到椭圆柱的内表面上，然后将椭圆柱面沿一条母线剪开并展成平面，即获得投影后的平面图形，如图 1.2.3 所示。

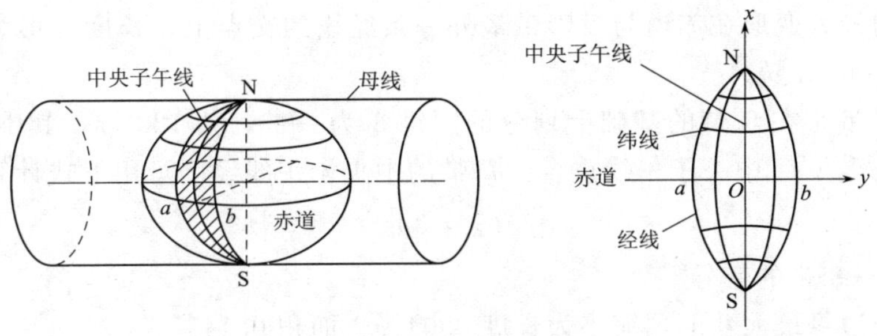

图 1.2.3 高斯投影概念

该投影的经纬线图形有以下特点：

(1) 投影后的中央子午线为直线，无长度变化。其余的经线投影为凹向中央子午线的对称曲线，长度较球面上的相应经线略长。

(2) 赤道的投影也为一直线，并与中央子午线正交。其余的纬线投影为凸向赤道的对称曲线。

(3) 经纬线投影后仍然保持相互垂直的关系，说明投影后的角度无变形。

高斯投影没有角度变形，但有长度变形和面积变形，离中央子午线越远，变形就越大，为了对变形加以控制，测量中采用限制投影区域的办法，即将投影区域限制在中央子午线两侧一定的范围，即分带投影，如图 1.2.4 所示。投影带一般分为 6°带和 3°带两种，如图 1.2.5 所示。

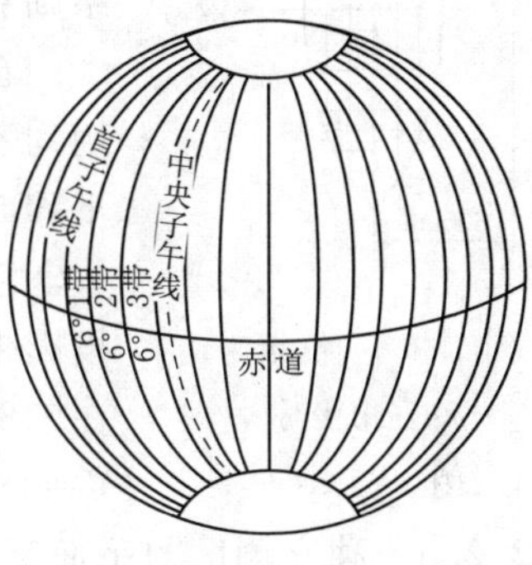

图 1.2.4 投影分带

6°带投影是从英国格林尼治起始子午线开始，自西向东，每隔经差 6°分为一带，将地球分成 60 个带，其编号分别为 1、2、…、60。每带的中央子午线经度可用下式计算：

$$L_6 = (6n - 3) \qquad (1.2.1)$$

式中 n——6°带的带号。

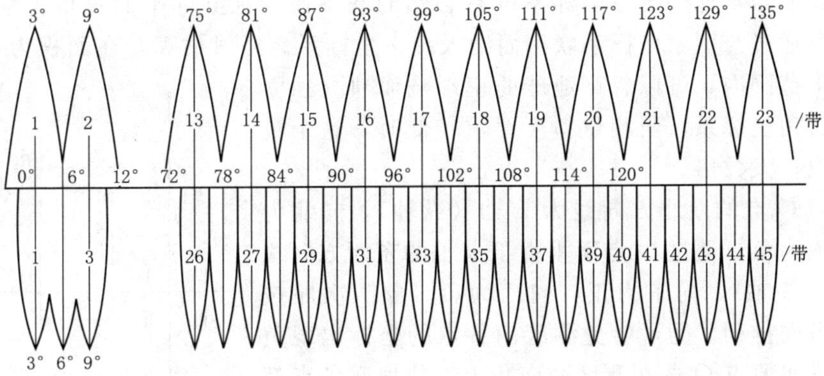

图 1.2.5 6°带和 3°带投影

6°带的最大变形在赤道与投影带最外一条经线的交点上，长度变形为 0.14%，面积变形为 0.27%。

3°投影带是在 6°带的基础上划分的。每 3°为一带，共 120 带，其中央子午线在奇数带时与 6°带中央子午线重合，每带的中央子午线经度可用下式计算：

$$L_3 = 3n^{\circ} \tag{1.2.2}$$

式中 n——3°带的带号。

3°带的边缘最大变形现缩小为长度 0.04%，面积 0.14%。

我国领土位于东经 72°～136°之间，共包括了 11 个 6°投影带，即 13～23 带；22 个 3°投影带，即 24～45 带。如成都位于 6°带的第 18 带，中央子午线经度为 105°。

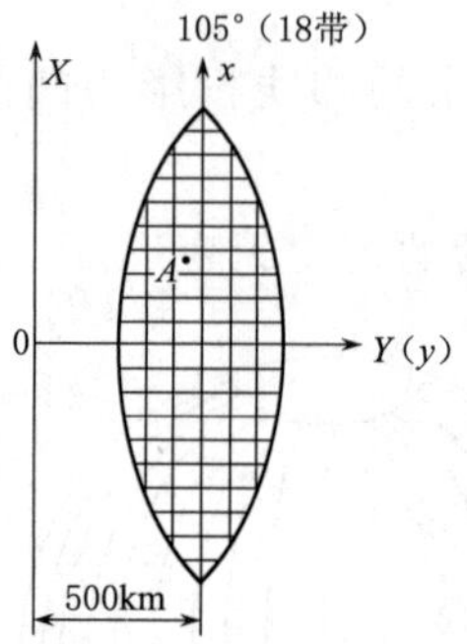

图 1.2.6 高斯平面直角坐标

通过高斯投影，将中央子午线的投影作为纵坐标轴，用 x 表示，将赤道的投影作为横坐标轴，用 y 表示，两轴的交点作为坐标原点，由此构成的平面直角坐标系称为高斯平面直角坐标系，如图 1.2.6 所示。对应于每一个投影带，就有一个独立的高斯平面直角坐标系，区分各带坐标系则利用相应投影带的带号。

在每一投影带内，y 坐标值有正有负，这对计算和使用均不方便，为了使 y 坐标都为正值，故将纵坐标轴向西平移 500km（半个投影带的最大宽度不超过 500km），并在 y 坐标前加上投影带的带号。如图 1.2.6 中的 A 点位于 18 投影带，其自然坐标为 $x=3395451$m，$y=-82261$m，它在 18 带中的高斯通用坐标则为 $X=3395451$m，$Y=18417739$m。

1.2.2.3 独立测区的平面直角坐标

当测区的范围较小，能够忽略该区地球曲率的影响而将其当作平面看待时，可在此平面上建立独立的直角坐标系。一般选定子午线方向为纵轴，即 x 轴，原点设在测区的西南角，以避免坐标出现负值。测区内任一地面点用坐标（x，y）来表示，它们与本地区统一坐标系没有必然的联系而为独立的平面直角坐标系。如有必要可通过与国家坐标系联测而纳入统一坐标系。经过估算，在面积为 300km² 的多边形范围内，可以忽略地球曲率影响而建立独立的平面直角坐标系，当测量精度要求较低时，这个范围还可以扩大数倍。

通过 O 点的南北方向线为 x 轴（纵轴），向北为正，向南为负；通过 O 点而垂直于 x 轴的东西方向线为 y 轴（横轴），向东为正，向西为负。象限次序按顺时针方向排列。为了避免测区内各点的坐标出现负值，通常将原点 O 选在测区西南角上，使地面各点都投影于第Ⅰ象限内，如图 1.2.7 所示。

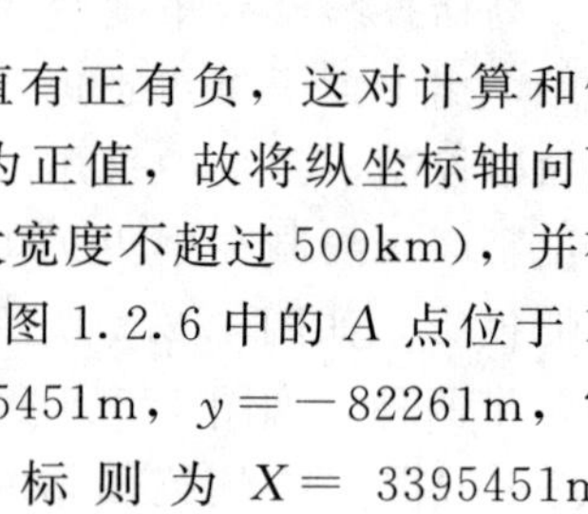

图 1.2.7 独立平面直角坐标系

1.2.2.4 我国常用的坐标系统

1.1954 北京大地坐标系

中华人民共和国成立初期，我国以苏联选定的克拉索夫斯基椭球和普尔科夫天文台为大地原点的椭球定位为依据，利用苏联境内的三角锁与我国境内的绥芬河、呼玛、吉拉林等处三角锁联测，并平差了我国东北部三角网，得出北京基线网点的坐标，作为全国坐标起算基础，建立了我国的大地坐标系，称为“1954 北京大地坐标系”。

2.1980 西安大地坐标系

由于 1954 年北京坐标系大地原点距离我国甚远，该坐标系所采用的参考椭球与我国范围内地表形态相差较大，自 1980 年我国采用 IUGG 十六届大会推荐的椭球，并将大地原点定在陕西省泾阳县永乐镇，建立了我国新的大地坐标系，称为“1980 西安大地坐标系”。原来北京坐标系的成果都要归算到西安坐标系中，但是考虑到归算的复杂性，北京坐标系的成果在某些部门或某些城市目前仍在使用。这两种坐标系都是建立在参考椭球上，属于参心坐标系。

3.2000 国家大地坐标系

随着社会的进步，国民经济建设、国防建设和社会发展、科学研究等对国家大地坐标系提出了新的要求，以前的局部坐标系统已经不能适应科学技术和空间技术发展的需要，迫切需要采用原点位于地球质量中心的坐标系统（以下简称“地心坐标系”）作为国家大地坐标系。采用地心坐标系，有利于采用现代空间技术对坐标系进行维护和快速更新，测定高精度大地控制点三维坐标，并提高测图工作效率。2000 国家大地坐标系，是我国当前最新的国家大地坐标系，于 2008 年 7 月 1 日起全面启用，属于地心坐标系，英文名称为 China Geodetic Coordinate System 2000，英文缩写为 CGCS2000。2000 国家大地坐标系的原点为包括海洋和大气的整个地球的质量中心；2000 国家大地坐标系的 Z 轴由原点指向历元 2000.0 的地球参考极的方向，该历元的指向由国际时间局给定的历元为 1984.0 的初始指向推算，定向的时间演化保证相对于地壳不产生残余的全球旋转，X 轴由原点指向格林尼治参考子午线与地球赤道面（历元 2000.0）的交点，Y 轴与 Z 轴、X 轴构成右手正交坐标系。该坐标系采用广义相对论意义下的尺度。

任务1.3 测 量 高 程 系 统

地理坐标或平面坐标只能反映地面点在参考椭球面上或投影到平面上的位置，不能反映地面的高低起伏情况，因此，需要建立一个统一的高程系统。

1-4 测量高程系统

1.3.1 高程的定义

1.3.1.1 绝对高程

测量工作中都以大地水准面作为高程起算的基准面。因此，地面任一点沿铅垂线方向到大地水准面的距离就称为该点的高程或海拔，简称高程，用 H 表示。如图 1.3.1 所示，图中的 H_A、H_B 分别表示地面上 A、B 两点的高程。

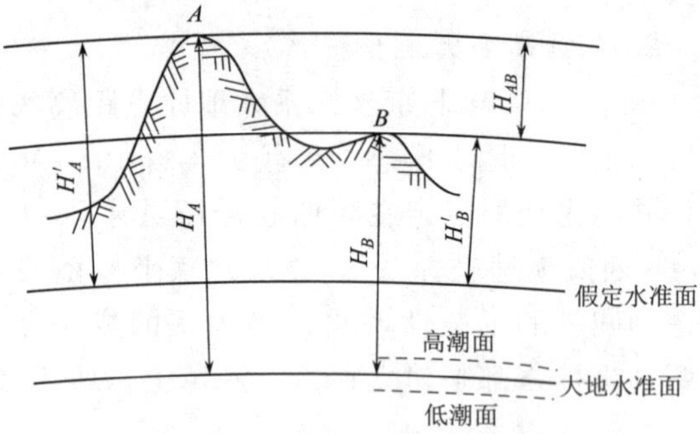

图 1.3.1 地面点的高程

1.3.1.2 相对高程

当测区附近暂没有国家高程点可联测时，也可临时假定一个水准面作为该区的高程起算面。地面点沿铅垂线至假定水准面的距离，称为该点的相对高程或假定高程。如图 1.3.1 中的 H'_A、H'_B分别为地面上 A、B 两点的假定高程。

1.3.1.3 高差

地面上两点之间的高程差称为高差，用 h 表示。例如，A 点至 B 点的高差可写为

$$h_{AB}=H_B-H_A=H'_B-H'_A \tag{1.3.1}$$

由上式可知，高差有正、有负，并用下标注明其方向，如果 h_{AB} 为正，表示 A 点比 B 点低，否则则高，另外，高差大小与高程系统选择无关。

1.3.2 我国的高程系统

1.3.2.1 1956 黄海高程系

我国规定以 1950—1956 年青岛验潮站记录的黄海平均海水面作为我国高程起算的统一大地水准面，第一次确定了黄海平均海水面的位置，由此基准面建立的高程系统称为“1956 黄海高程系”。为了明显而稳固地表示高程起算基准的位置，在山东省青岛市黄海海域附近的一个观象山上建立了国家水准原点，它是全国高程测量的起算基准点，通过与验潮站进行精密的水准联测，测得水准原点的高程为 72.289m。

1.3.2.2 1985 国家高程基准

由于 1956 黄海高程系验潮资料不到一个潮汐周期，存在海水平均位置观测的误差。1985 国家高程基准高程起算基准面是根据青岛验潮站 1952—1979 年间的验潮资料进行计算，进一步确定了黄海平均海水面的精确位置，再次测得水准原点

的高程为 72.260m，依此基准面建立的高程系统称为“1985 国家高程基准”，并于 1987 年开始启用。

1.3.2.3 其他高程系统

由于历史原因，我国曾使用过多个高程系统，不同部门不同时期往往都有所区别，例如沿江城市的水利系统还采用过上海吴淞口验潮站 1871—1900 年实测的最低潮位所确定的海面作为基准面，由此建立的高程系统（吴淞高程）。另外，还有废黄高程、坎门高程、广州高程等高程系统。

但不论采用什么高程系统，同一个项目或工程高程系统要统一。

任务1.4 测量工作概述

测量工作的基本任务是要确定地面点的几何位置。确定地面点的几何位置需要进行一些测量的基本工作，为了保证测量成果的精度及质量需遵循一定的测量原则。

1.4.1 测量基本工作内容

地球表面高低起伏，有各种地物，其外形是复杂的。测绘工作的基本任务是用测绘技术确定地面点的位置，即地面点定位。地面点定位过程有测绘和测设两个方面。测绘（测定）是利用测量手段测定地面点的空间位置，并以图形、数据等信息表示出来的过程，通常用于勘测设计、基础地理信息建设等；测设是利用测量手段把设计拟定的点位标定到地面上的过程，也称施工放样，主要用于各种工程施工定点、定线，作为施工作业的依据。

1.4.2 测量三要素

实际测量工作中，一般不能直接测出地面点的坐标和高程，通常根据已知坐标和高程的点，测出已知点与待定点之间的几何关系，然后推算出待定点的坐标和高程。如图1.4.1所示，设地而上有三个点 A、B、C 投影到水平面上的位置分别为 a、b、c。如果 A、B 点已知，要确定 C 点的位置，则需要测定水平角 β、距离 D 和高差 h_{BC}，才能得到 C 点的平面位置和高程。因此，以水平距离、水平角和高差称为确定地面点位置的三个基本元素，称为测量三要素，距离测量、角度测量和高程测量是测量的基本工作。

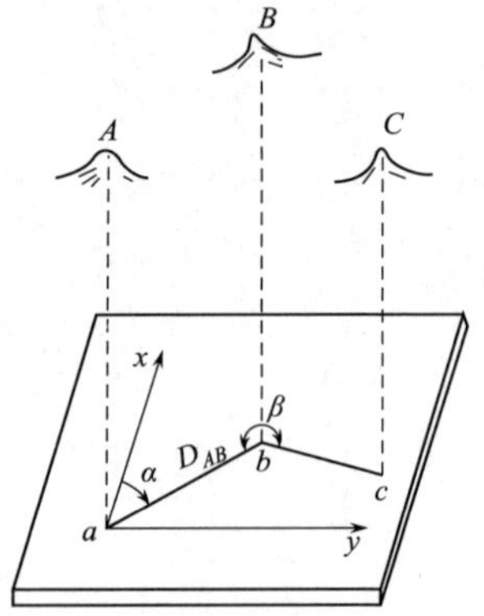

图1.4.1 地面点的相对位置

1.4.3 测量工作基本原则

地球表面的形状错综复杂、物体的种类多种多样。地面上的人造或天然的固定物体称为地物，如道路、河流、房屋。地面的高低起伏形态称为地貌。地物和地貌统称为地形。要把地形反映到图上，是通过测定地面上地物和地貌的一些特征点（也称碎部点）的平面位置和高程来实现的。把测定的地物、地貌的特征点人工展绘在图纸上，称为白纸测图。在野外测量时，将测量的特征点的坐标自动存储在测量仪器（如全站仪）中，并传输给计算机，再利用专门的绘图软件绘制地形图，这就是数字化测图。

进行测量工作时，如果从一个特征点开始逐点进行施测，最后虽可以得到其他各点的位置，但由于测量工作中存在不可避免的误差，会导致前一点的测量误差传递到下一点，使误差累积起来，最后可能达到不可容许的程度。因此，测量工作必须按照既定的原则进行。

在实际测量工作中要遵循“从整体到局部、由高级到低级、先控制后碎部”

的原则。首先在测区范围内选定若干具有控制意义的点组成控制网，这些点称为控制点，如图 1.4.2 中的 A、B、……、F 点，通过精密的测量仪器，把它们的平面位置和高程精确地测定出来，然后根据这些控制点测定出附近碎部点的位置。前者测定控制点位置的工作称为控制测量，后者测绘碎部点的工作称为碎部测量。由于控制点的位置比较准确，在每个控制点上测绘地形碎部点的误差只影响局部，不至影响整个测区，误差就不会从一个碎部点传递到另一个碎部点。在一定的观测条件下，各个碎部点均能保证具有应有的精度。

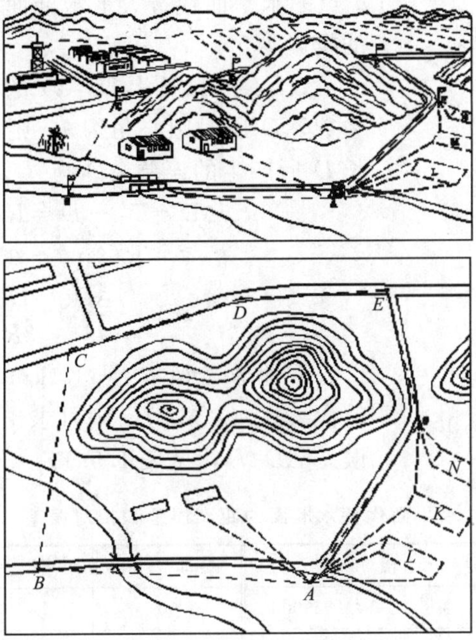

图 1.4.2　地形图测绘

综上所述，测量工作中，在布局上要“从整体到局部”，在精度控制上要“从高级到低级”，在工作步骤上要“先控制后碎部”，在质量把关上要做到“步步检核”。

任务1.5 用水平面代替水准面的限度

当测区范围较小时，可以把水准面看作水平面。探讨用水平面代替水准面对距离、角度和高差的影响，以便给出限制水平面代替水准面的限度。

1.5.1 对距离的影响

如图1.5.1所示，地面上A、B两点在大地水准面上的投影点是a、b，用过a点的水平面代替大地水准面，则B点在水平面上的投影为b'。

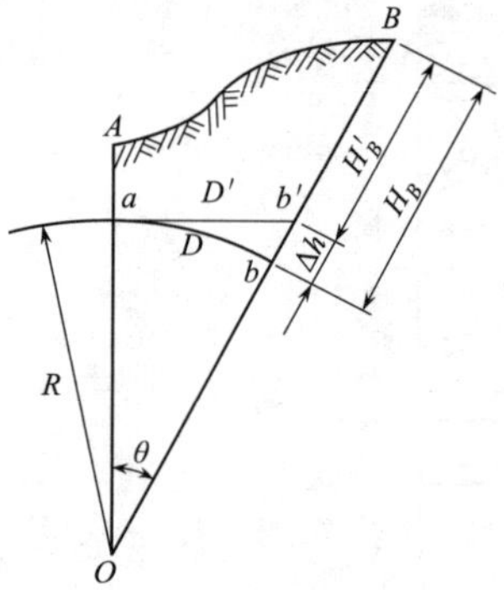

图1.5.1 用水平面代替水准面对水平距离、高差的影响

设ab的弧长为D，ab'的长度为D'，球面半径为R，D所对圆心角为θ，则以水平长度D'代替弧长D所产生的误差ΔD为

$$\Delta D = D' - D = R\tan\theta - R\theta = R(\tan\theta - \theta) \quad (1.5.1)$$

$$\frac{\Delta D}{D} = \frac{D^2}{3R^2} \quad (1.5.2)$$

取地球半径$R=6371\text{km}$，并以不同的距离D值代入式（1.5.2），则可求出距离误差ΔD和相对误差$\Delta D/D$，见表1.5.1。

表1.5.1 水平面代替水准面的距离误差和相对误差

距离 D/km	距离误差 ΔD/mm	相对误差 $\Delta D/D$	距离 D/km	距离误差 ΔD/mm	相对误差 $\Delta D/D$
10	8	1∶1220000	50	1026	1∶49000
20	128	1∶200000	100	8212	1∶12000

结论：在半径为10km的范围内进行距离测量时，可以用水平面代替水准面，而不必考虑地球曲率对距离的影响。

1.5.2 对水平角的影响

从球面三角学可知，同一空间多边形在球面上投影的各内角和，比在平面上投影的各内角和大一个球面角超值ε。

$$\varepsilon = \rho\frac{P}{R^2} \quad (1.5.3)$$

式中 ε——球面角超值，（″）；

P——球面多边形的面积，km^2；

R——地球半径，km；

ρ——一弧度的秒值，$\rho=206265''$。

以不同的面积P代入式（1.5.3），可求出球面角超值，见表1.5.2。

1.5.3 对高程的影响

如图1.5.1所示，地面点B的绝对高程为H_B，用水平面代替水准面后，B

点的高程为 H_B'，H_B 与 H_B' 的差值即为水平面代替水准面产生的高程误差，用 Δh 表示，则

表 1.5.2　　水平面代替水准面的球面角超值

球面多边形面积 P /km²	球面角超值 ε/(″)	球面多边形面积 P /km²	球面角超值 ε/(″)
10	0.05	100	0.51
50	0.25	300	1.52

结论：当面积 P 为 100km²，进行水平角测量时，可以用水平面代替水准面，而不必考虑地球曲率对距离的影响。

$$(R+\Delta h)^2=R^2+D'^2$$

$$\Delta h=\frac{D'^2}{2R+\Delta h}$$

上式中，可以用 D 代替 D'，相对于 $2R$ 很小，可略去不计，则

$$\Delta h=\frac{D^2}{2R} \tag{1.5.4}$$

以不同的距离 D 值代入式（1.5.4），可求出相应的高程误差 Δh，见表 1.5.3。

表 1.5.3　　水平面代替水准面的高程误差

距离 D/km	0.1	0.2	0.3	0.4	0.5	1	2	5	10
Δh/mm	0.8	3	7	13	20	78	314	1962	7848

结论：用水平面代替水准面，对高程的影响是很大的，因此，在进行高程测量时，即使距离很短，也应顾及地球曲率对高程的影响。

项 目 小 结

测量外业工作是一项很辛苦的工作，既要求个人认真细致地观察，也离不开团队的协同合作。通过本项目的学习，让学生明确测量人员基本的职业素养要求，培养精益求精的大国工匠精神；也让学生了解测量的发展，掌握测量的定义、内容和作用，理解获取测量点三维立置的平面坐标系统和高程系统是如何建立的。

自 测 题

1. 什么是测量？测量的作用和内容有哪些？

2. 高斯投影主要解决什么问题？我国测量坐标系是如何规定的？

3. 用画图的方式简述高程的定义及分类。我国常用的高程系统有哪些？

4. 如果 $H_A=10.234$m，$H_B=9.459$m，计算 h_{AB} 的高差，并说明高差的正负代表的含义。

5. 简述测量的三要素和测量工作的基本原则。

项目 2

水 准 测 量

【思维导图】

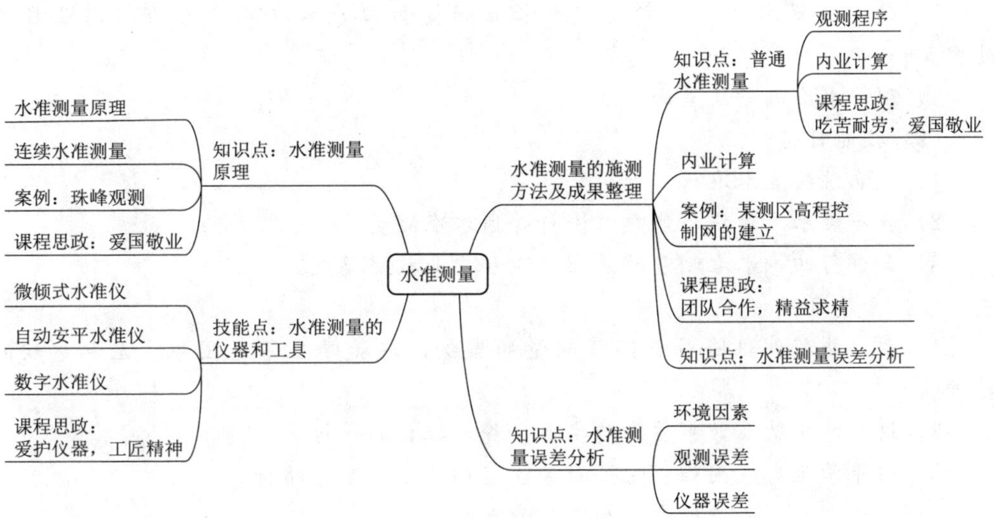

【项目简述】

精确测定地面点的平面位置和高程是测绘工作的主要任务之一，测量高程的仪器主要是水准仪。本项目着重论述水准测量的原理、水准仪的基本结构和工作原理，以及作业中消除或减弱水准测量误差应采取的措施等问题。

【项目载体】

给定虚拟的实验场景，按照图根水准测量项目要求，以水准测量为载体，介绍水准仪进行水准测量的原理、操作方法和水准测量的观测、记录与计算的步骤。

【项目实施方法及目标】

1. 项目实施方法

本项目分为四个阶段。

第一阶段，熟悉资料，了解项目任务。

第二阶段，任务驱动，学习掌握相关知识，完成知识目标。在此过程中，可能需要探寻查阅有关资料，完成项目任务实施之前的必要知识储备。

第三阶段，项目具体设计计算阶段，实施能力目标。在这个阶段，可能会遇到许多问题，因此在本阶段要着重培养学生发现问题、分析问题、解决问题的能力。通过这一阶段的实训，使学生的专业技能得到较大提高。

第四阶段，应用阶段，将第二阶段的成果表达出来。在这个过程中，训练学生的水准测量实操能力和内业计算能力。

2. 项目教学目标

“水准测量”课程教学目标包括知识目标、技能目标和素质目标三个方面。技能目标是核心目标，知识目标是基础目标，素质目标要求贯穿整个实训过程，是项目的重要保证。

(1) 知识目标。

1) 理解水准测量原理。

2) 了解水准仪的构造。

3) 熟练安置水准仪，掌握普通水准测量和四等水准测量外业与内业数据处理。

4) 理解水准测量误差的来源。

(2) 技能目标。

1) 能熟练安置水准仪。

2) 会布设水准路线，能熟练进行普通水准测量。

3) 会进行四等水准测量的外业观测和内业数据整理。

(3) 素质目标。

1) 引入珠穆朗玛峰最新高程测量的案例，培养学生不畏困难、无私奉献的精神。

2) 培养学生做人做事要脚踏实地、稳扎稳打的精神。

3) 培养学生克服困难、吃苦耐劳、坚韧顽强的职业精神。

4) 促进良好职业道德意识和职业素养的养成。

(4) 现行规范。

《工程测量通用规范》(GB 55018—2021)。

《水利水电工程施工测量规范》(SL 52—2015)。

《建筑工程质量验收统一标准》(GB 50300—2013)。

【思政导引】

珠穆朗玛峰（以下简称为珠峰），是喜马拉雅山脉的主峰，同时是世界海拔最高的山峰，位于中国与尼泊尔边境线上，北部在中国西藏定日县境内，南部在尼泊尔境内。作为世界最高峰——珠峰的准确高度，素来为世人瞩目。

人类测量珠峰的技术手段经过了怎样的发展？最新的珠峰高度是怎样测出的？

1975年7月23日，我国正式公布珠穆朗玛峰的海拔高程为8848.13m。其方法是在10个三角点上交会观测，这一结果采用了山东青岛黄海验潮站建立的水准原点（可以理解为海拔初始平面），并扣除了峰顶积雪深度，误差±0.36m。

2005年10月9日，中国国家测绘局公布最新的测量，珠峰的岩面海拔高度为8844.43m，冰层厚度3.50m。这次的测量采用了经典测量方法与GPS测量结合的方案，并首次动用了冰雪深雷达探测仪，获取了精确的雪深。

2020年12月8日，中国和尼泊尔两国联合对外宣布，经过两国团队的扎实工作，珠穆朗玛峰的最新高程为8848.86m。此次珠峰高程测量也是我国对珠峰展开的第四次大规模测绘和科考。

2020珠峰高程测量，我国采用了“综合运用GNSS卫星测量、水准测量、光电测距、雪深雷达测量、航空重力和遥感测量、似大地水准面精化和实景三维建模等多种传统和现代测绘技术，精确测定珠峰高程”的技术路线，并与尼泊尔扎实开展技术合作，最终确定了基于全球高程基准的珠峰雪面高程为8848.86m。

【知识拓展】

1. 观看视频《珠穆朗玛峰最新高程——8848.86m是如何测出来的?》。
2. 观看纪录片《珠峰测量，传承测绘精神》。

任务 2.1 高 程 测 量

2.1.1 水准测量原理

水准测量是运用水准仪所提供的水平视线来测定两点间的高差，然后根据某一已知点的高程和两点间的高差，计算另一待定点的高程。

2-1

水准测量原理与仪器工具

如图 2.1.1 所示，在 A、B 两点分别竖立水准尺，利用水准仪提供的水平视线在水准尺上分别读取数据 a 和 b，则两点间高差为

$$h_{AB}=a-b \tag{2.1.1}$$

式中 a——后视读数（简称后视），通常是已知高程点 A 的水平视线截尺读数；

b——前视读数（简称前视），是未知高程点 B 的水平视线截尺读数。

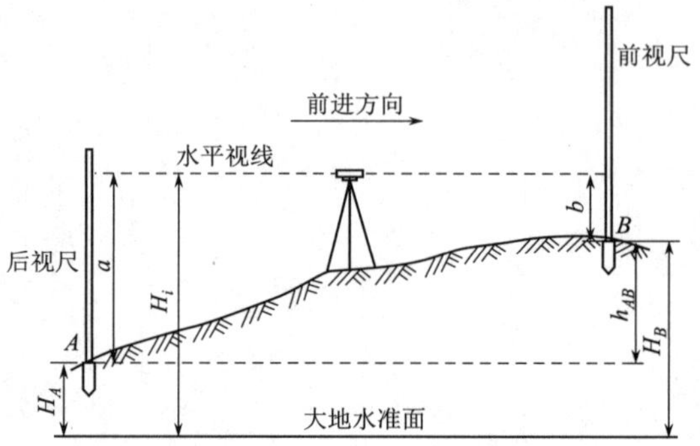

图 2.1.1 水准测量原理

A、B 两点的高差，等于后视读数减前视读数。高差有正负值，当后视读数 a 大于前视读数 b（即地面 B 点高于 A 点），高差 h_{AB} 为正值，反之为负值。测得 A 点至 B 点的高差后，可求得 B 点的高程

$$H_B=H_A+h_{AB} \tag{2.1.2}$$

式（2.1.2）是通过高差的计算而求得 B 点的高程。高程的计算也可以用视线高程的方法进行计算，即

$$H_B=(H_A+a)-b=H_i-b \tag{2.1.3}$$

式中 H_i——视线高程，它等于已知 A 点的高程 H_A 加 A 点尺上的后视读数 a。

用高差法计算点的高程，适用于在一个测站上有一个后视读数和一个前视读数；视线高程法适用于一测站上有一个后视读数和多个前视读数。每一个测站只有一个视线高程 H_i（作为每一站的常数），分别减去各待测点上的前视读数，即可求得各点的高程。

2.1.2 连续水准测量

连续水准测量，在 A、B 两点间高差较大或相距较远，安置一次水准仪不能测定两点之间的高差时使用。此时有必要沿 A、B 的水准路线增设若干个必要的临时立尺点，即转点（用作传递高程）。根据水准测量的原理依次连续地在两个立尺中间安置水准仪来测定相邻各点间高差，求和得到 A、B 两点间的高差值，如图 2.1.2 所示。

$$h_1=a_1-b_1$$

$$h_2=a_2-b_2$$

则

$$h_{AB}=h_1+h_2+\cdots\cdots+h_n=\sum h=\sum a-\sum b \tag{2.1.4}$$

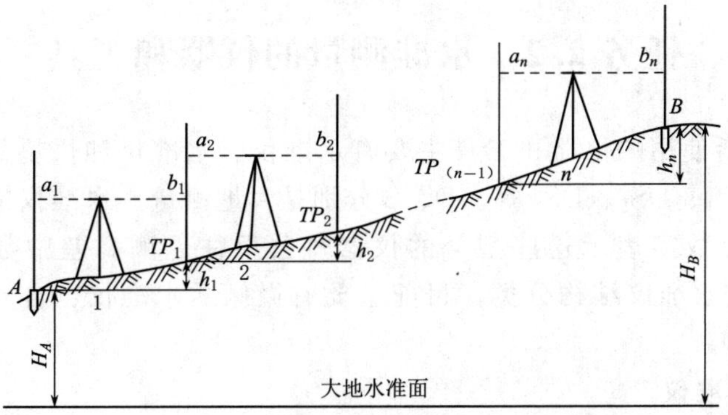

图 2.1.2　连续水准测量

任务 2.2 水准测量的仪器和工具

水准测量所使用的仪器和工具主要有水准仪、水准尺和尺垫等。水准仪按测量精度分为 $DS_{0.5}$、DS_1、DS_3 等。D、S 分别是大地测量、水准仪的汉语拼音的第一个字母，下标数字表示这些型号的仪器每公里往返测高差中数的中误差，以 mm 为单位。按水准仪结构分类，目前主要有微倾式水准仪、自动安平水准仪和电子水准仪三种。

2.2.1 微倾水准仪

DS_3 型水准仪主要由望远镜、水准器、基座和三脚架组成，仪器主要部件名称如图 2.2.1 所示。

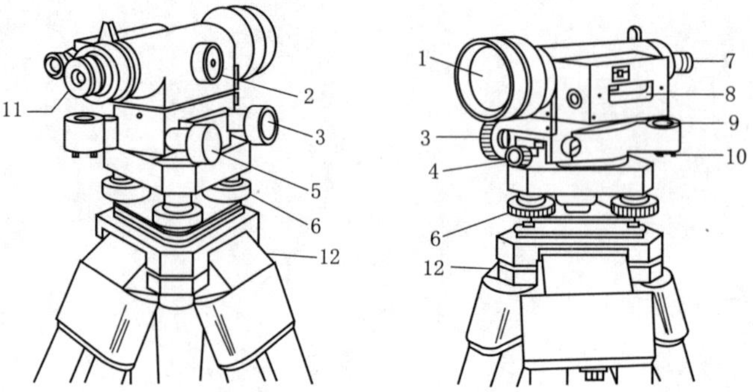

图 2.2.1 DS_3 型水准仪

1—物镜；2—物镜对光螺旋；3—水平微动螺旋；4—水平制动螺旋；5—微倾螺旋；6—脚螺旋；7—水准管观测窗；8—水准管；9—圆心准器；10—圆心准器校正螺旋；11—目镜及目镜对光螺旋；12—三脚架

2.2.1.1 望远镜

望远镜是用来精确瞄准远处目标。望远镜由物镜、目镜、十字丝和对光镜筒构成（图 2.2.2）。转动目镜对光螺旋，使十字丝像清晰。

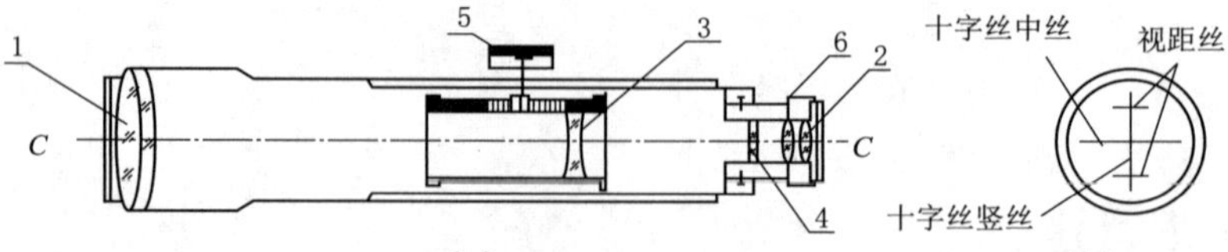

图 2.2.2 水准仪望远镜结构

1—物镜；2—目镜；3—调焦透镜；4—十字丝分划板；5—物镜对光螺旋；6—目镜调焦螺旋

十字丝中丝用来测量高差；上下的二根短丝是测距时用的，称作上线和下丝。

2.2.1.2 水准器

1. 管水准器

管水准器（亦称水准管）用于精确整平仪器。如图 2.2.3 所示，它是一玻璃管，其纵剖面方向的内壁研磨成一定半径的圆弧形，水准管上一般刻有间隔为2mm的分划线，分划线的中点0称为水准管零点，通过零点与圆弧相切的纵向切线LL称为水准管轴。水准管轴平行于视准轴。

水准管上2mm圆弧所对的圆心角τ，称为水准管的分划值，水准管分划越小，水准管灵敏度越高，用其整平仪器的精度也越高。DS_3型水准仪的水准管分划值为20″，记作20″/2mm。

为了提高判别水准管气泡居中的准确度，在水准管的上方设置一组符合棱镜（图2.2.4），借棱镜组的反射将气泡两端的半像反映在望远镜旁边的观察窗内。图2.2.4右下角图为水准管。

气泡不居中，水准管两端的影像错开，这时可转动微倾螺旋，使水准管连同望远镜沿竖向作微小转动达到水准管气泡居中，此时两端的影像吻合（图2.2.4右上角图）。这种设有微倾螺旋的水准仪称为微倾式水准仪。

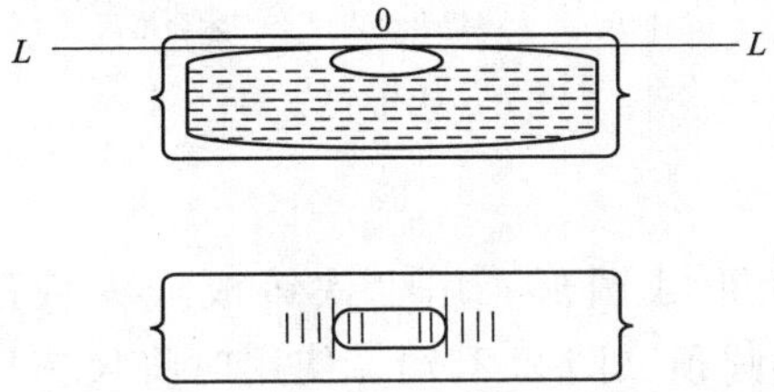

图2.2.3 管水准器

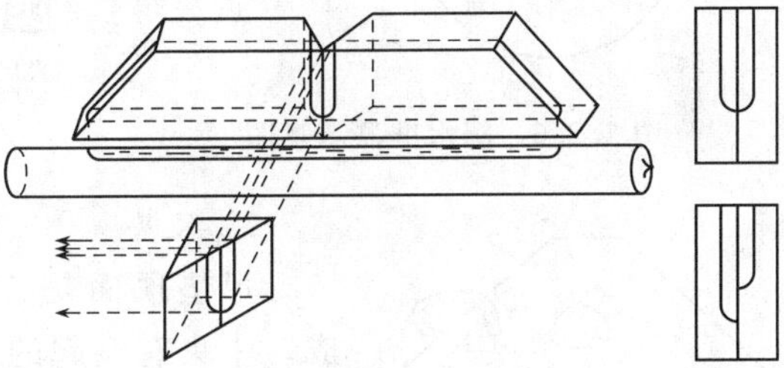

图2.2.4 符合棱镜

2. 圆水准器

圆水准器（图2.2.5）装在水准仪基座上，用于粗略整平。圆水准器顶面的玻璃内表面研磨成球面，球面的正中刻有圆圈，其圆心称为圆水准器的零点。过零点的球面法线$L'L'$，称为圆水准器轴。圆水准器轴$L'L'$平行于仪器竖轴VV。气泡中心偏离零点2mm时竖轴所倾斜的角值，称为圆水准器的分划值，一般为8′～10′，精度较低。

2.2.1.3 基座及三脚架

基座由轴座、脚螺旋和连接板组成。仪器上部通过竖轴插入轴座内，由基座承托，旋紧中心螺旋，使仪器与三脚架相连接。三脚架由木质（或金属）制成，脚架一般可伸缩，便于携带及调整仪器高度。

2.2.1.4 水准测量的工具

1. 水准尺

水准尺是水准测量的重要工具（图2.2.6），它是用优质木料或塑料制成。水准尺的零点一般在尺的底部，尺的刻划是黑（红）白相间，每格是1cm或0.5cm，每分米处均注数字。超过1m，有的加注红点，如有2个红点表示为2m；有的米数用数字表示，如15表示1.5m。

水准尺一般分为双面水准尺和塔尺两种。双面尺尺长3m，一面为黑面分划，黑白相间，尺底为零；另一面为红面分划，红白相间，尺底为一常数（如4.687m或4.787m）。普通水准测量用黑面读数，三、四等水准测量用黑、红面尺读数进行校核。塔尺可以伸缩，尺长一般为5m，适用于普通水准测量。

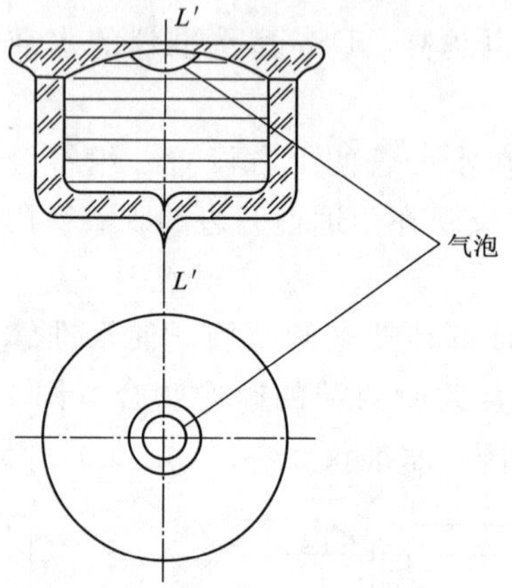

图2.2.5 圆水准器示意图

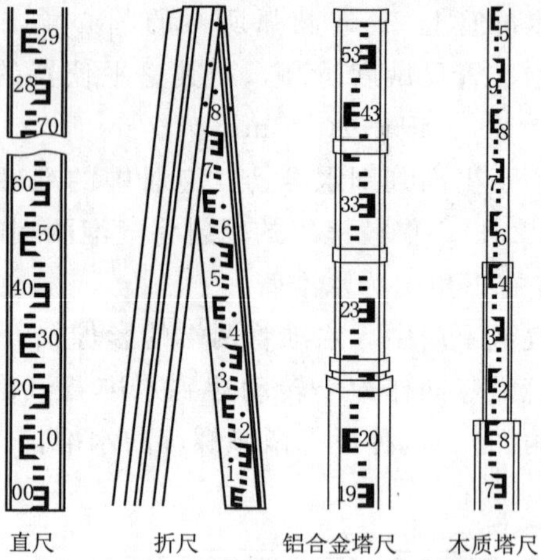

图2.2.6 水准尺

2. 尺垫

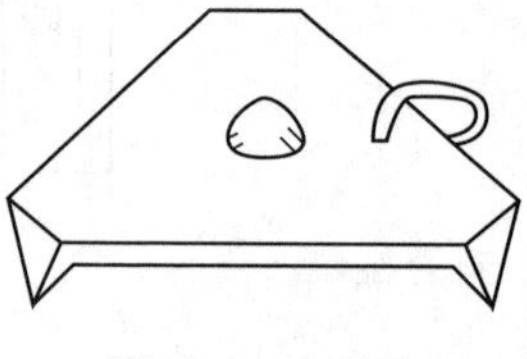

图2.2.7 尺垫

尺垫顶面是三角形或圆形，用生铁铸成或铁板压成，中央有突起的半圆顶（图2.2.7）。使用时将尺垫压入土中，在其顶部放置水准尺。应用尺垫的目的是临时标志点位，并避免土壤下沉和立尺点位置变动而影响读数。

2.2.2 自动安平水准仪

自动安平水准仪不用符合水准器和微倾螺旋，只用圆水准器进行粗平，然后借助自动补偿器自动地把视准轴置平，读得视线水平时的读数。这不仅可以大大缩短水准测量的工作时间，而且对于水准仪整置不当、地面有微小的震动或脚架的不规则下沉等原因所引起的视线微小倾斜，亦可迅速得到调整，使中丝读数仍为水平视线读数，从而提高了水准测量的精度。

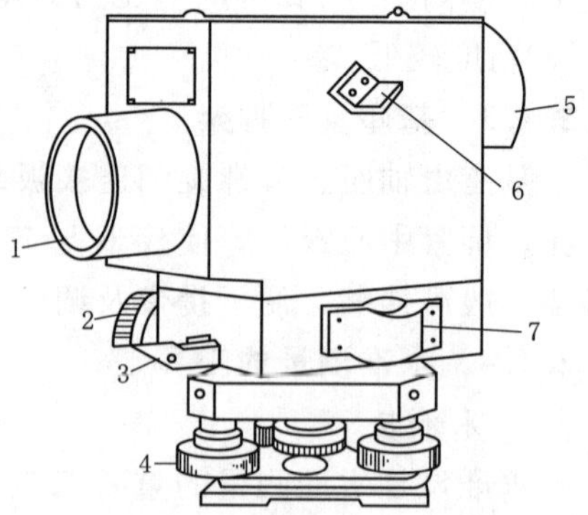

图2.2.8 自动安平水准仪

1—物镜；2—水平微动螺旋；3—制动螺旋；4—脚螺旋；5—目镜；6—反光镜；7—圆水准器

2.2.2.1 自动安平原理

自动安平水准仪自动安平原理如图2.2.8所示，当水准轴水平时，从水准尺 a_0 点通过物镜光心的水平光线将落在十字丝交点 A 处，从而得到正确读数。当视线倾斜一微小的角度 α 时，十字丝交点从 A 移至 A'，从而产生偏距 AA'。为了补偿这段偏距，可在十字丝之前 s 处的光路上，安置一个光学补偿器，水平线经过补偿器偏转一 β 角，恰好通过视准轴倾斜时十字丝交点 A'处，所以补偿器满足下列条件：

$$f\alpha = s\beta \tag{2.2.1}$$

从而达到补偿的目的。

补偿器的形式很多，图 2.2.8 是我国生产的 DSZ_3 型自动安平水准仪，补偿器采用了悬吊式棱镜装置（图 2.2.9）。在该仪器的调焦透镜和十字丝分划之间装置一个补偿器，这个补偿器由固定在望远镜筒上的屋脊棱镜以及用金属丝悬吊的两块直角棱镜所组成，并与空气阻尼器相连接。其剖面图见图 2.2.10。

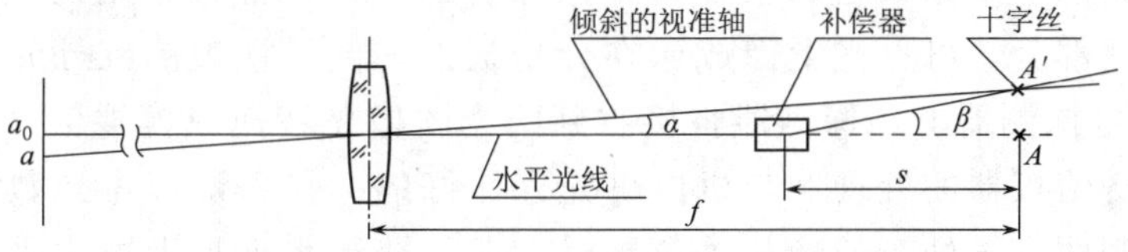

图 2.2.9 自动安平水准仪光路图

2.2.2.2 自动安平水准仪的使用

使用自动安平水准仪观测时，首先用脚螺旋使圆水准气泡居中（仪器粗平），然后用望远镜瞄准水准尺，由十字丝中丝在水准尺上读得的数，就是视线水平时的读数。操作步骤比普通微倾式水准仪简单，从而可提高工作效率。另外，自动安平水准仪的下方一般具有水平度盘，用于读取指示不同方向的水平方位。

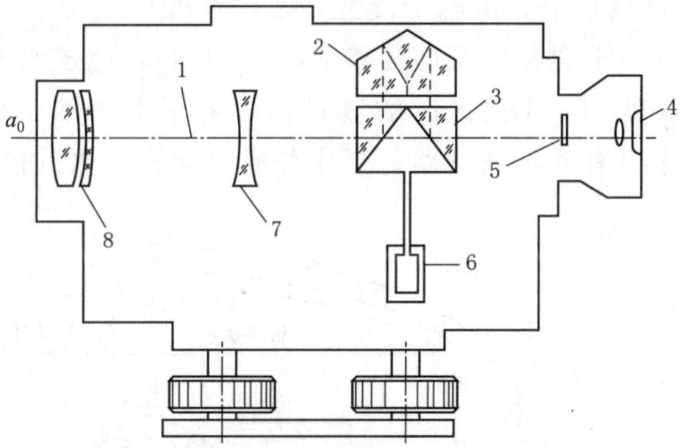

图 2.2.10 自动安平水准仪剖面图

1—水平光线；2—固定屋脊棱镜；3—悬吊直角棱镜；4—目镜；5—十字丝分划板；6—空气阻尼器；7—调焦透镜；8—物镜

2.2.3 电子水准仪

电子水准仪又称数字水准仪，是在自动安平水准仪的基础上发展起来的。它是以自动安平水准仪为基础，在望远镜光路中增加了分光镜和探测器（CCD），并采用条形码标尺和图像处理电子系统而构成的光、机、电及信息存储与处理一体化的水准测量系统。与光学水准仪比较，电子水准仪的特点是：

（1）读数客观。不存在误读、误记问题，没有人为读数误差。

（2）精度高。视线高和视距读数都是采用大量条码分划图像经处理后取平均得出来的，因此削弱了标尺分划误差的影响。多数仪器都有进行多次读数取平均的功能，可以削弱外界条件影响。不熟练的作业人员也能进行高精度测量。

（3）速度快。由于省去了报数、听记、现场计算的时间以及人为出错的重测数量，测量时间与传统仪器相比可以节省 1/3 左右。

(4) 效率高。只需调焦和按键就可以自动读数，减轻了劳动强度。视距还能自动记录、检核、处理并能输入电子计算机进行后处理，可实现内外业一体化。

2.2.3.1 电子水准仪的原理

电子水准仪的关键技术是自动电子读数及数据处理。目前各厂家采用了原理相差较大的三种数据处理算法方案，如徕卡 NA 系列采用相关法；蔡司 DiNi 系列采用几何法；拓普康 DL 系列采用相位法，这三种方法各有优劣。

图 2.2.11 为徕卡 DNA03 中文电子精密水准仪的机械光学结构图，用望远镜照准标尺并调焦后，标尺上的条形码影像入射到分光镜上，分光镜将其分成可见光和红外光两部分，可见光影像成像在分划板上，供目视观测红外光影像成像在 CCD 线阵光电探测器上，探测器将接收到的光图像先转换成模拟信号，再转换为数字信号传送给仪器的处理器与机内事先存储好的标尺条形码本源数字信息进行相关比较，当两信号处于最佳相关位置时，即可获得水准尺上的水平视线读数和视距读数，并将处理结果存储并送往屏幕显示。

2.2.3.2 条形码标尺

各厂家标尺编码的条形码图案不相同，不能互换使用。人工完成照准和调焦之后，标尺条形码一方面被成像在望远镜分划板上，供目视观测；另一方面通过望远镜的分光镜，标尺条码又被成像在光电传感器（又称探测器）上，即线阵 CCD 器件上，供电子读数，条码水准尺见图 2.2.12。因此，如果使用普通水准标尺（条形码标尺反面为普通标尺刻划），电子水准仪又可以同普通自动安平水准仪一样使用，不过这时的测量精度低于电子测量的精度。特别是精密电子水准仪，由于没有光学测微器，当作普通自动安平水准仪使用时，其精度更低。

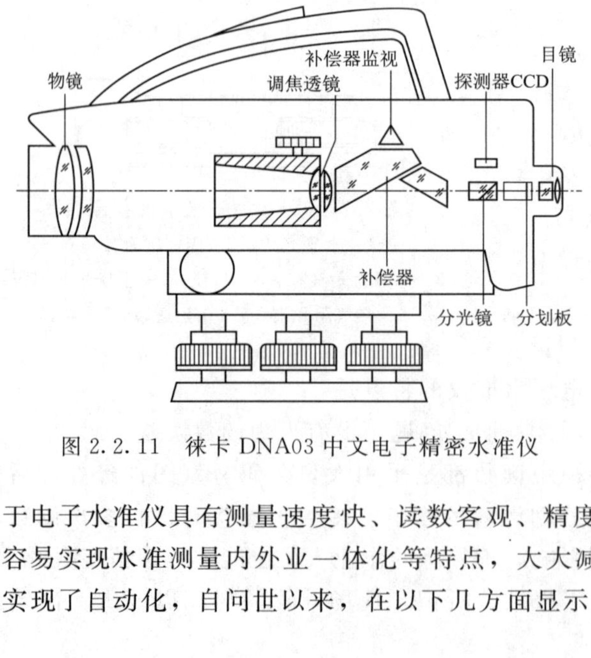

图 2.2.11 徕卡 DNA03 中文电子精密水准仪

图 2.2.12 条码水准尺

由于电子水准仪具有测量速度快、读数客观、精度高、测量数据便于输入计算机和容易实现水准测量内外业一体化等特点，大大减轻了外业劳动强度，使水准测量实现了自动化，自问世以来，在以下几方面显示出广阔的应用前景。

(1) 快速水准测量（用铟瓦尺可进行二等精密水准测量），其工作效率可提高30%～50%。

(2) 自动沉降监测，如用微型马达驱动器附在电子水准仪上，能快速自动地检测建筑物的沉降，配以应用软件可实现内外业一体化。

(3) 机器、转台等的精密工业测量。

(4) 仪器与计算机相连，可实现实时、自动的连续高程测量。

(5) 标准测量、地形测量、线路测量及施工放样等。

实训 2.1　水准仪的认识及使用实操

一、任务的目的

1. 了解 DS_3 型微倾式水准仪的基本构造、各部件及调节螺旋的名称和作用，掌握其使用方法。

2-2

水准仪的使用视频

2. 了解脚架的构造、作用，熟悉水准尺的刻划、标注规律及尺垫的作用。

3. 练习水准仪的安置、瞄准、精平、读数、记录和计算高差的方法。

二、所需仪器和工具

1. 微倾式水准仪 1 台、脚架 1 个、水准尺 2 根、尺垫 2 个、记录板 1 块。

2. 自备：铅笔、草稿纸。

三、实施方案

1. 分组认真观摩，每 4 个同学 1 组。指导教师现场通过演示讲解水准仪的构造、安置及使用方法，以及水准尺的刻划、标注规律及读数方法。

2. 选择场地架设仪器。从仪器箱中取水准仪时，注意仪器装箱位置，以便用后装箱。

3. 认识仪器。对照实物正确说出仪器的组成部分，各螺旋的名称及作用。

4. 粗平。先用双手按相对（或相反）方向旋转一对脚螺旋，观察圆水准器气泡移动方向与左手拇指运动方向之间运行规律，再用左手旋转第三个脚螺旋，经过反复调整使圆水准器气泡居中。

5. 瞄准。先将望远镜对准明亮背景，旋转目镜调焦螺旋，使十字丝清晰；再用望远镜瞄准器照准竖立于测点的水准尺，旋转对光螺旋进行对光；最后旋转微动螺旋，使十字丝的竖丝位于水准尺中线位置上或尺边线上，完成对光，并消除视差。

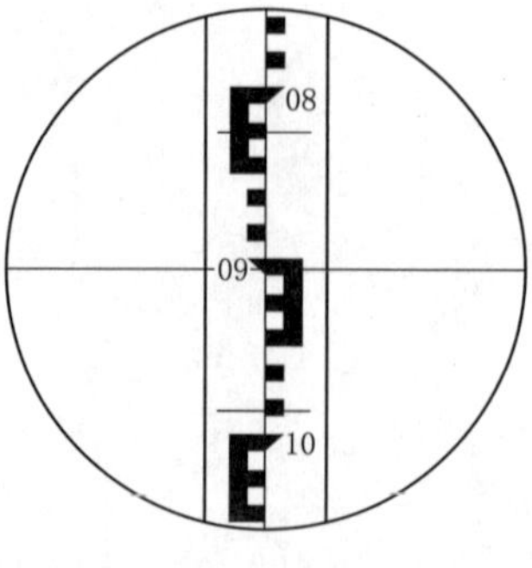

图 s2.1.1　观测水准尺读数

6. 精平。旋转微倾螺旋，从符合式气泡观测窗观察气泡的移动，使两端气泡吻合。

7. 读数。用十字丝中丝读取米、分米、厘米位的数字，估读出毫米位数字，并用铅笔记录。

如图 s2.1.1 所示，十字丝中丝的读数为 0907mm，或 0.907m。十字丝下丝的读数为 0989mm（或 0.989m），十字丝上丝的读数为 0825mm（或 0.825m）。

8. 计算。读取立于两个或更多测点上的水准尺读数，计算不同点间的高差。

四、实训中应注意事项

1. 三脚架应支在平坦、坚固的地面上，架设高度应适中，架头应大致水平，架腿制动螺旋应紧固，整个三脚架应稳定。

2. 安放仪器时应将仪器连接螺旋旋紧，防止仪器脱落。

3. 各螺旋的旋转应稳、轻、慢，禁止用蛮力，最好使用螺旋运行的中间位置。

4. 瞄准目标时必须注意消除误差，应习惯先用瞄准器寻找和瞄准。

5. 立尺时，应站在水准尺后，双手扶尺，以使尺身保持竖直。

6. 读数时不要忘记精平。

7. 做到边观测、边记录、边计算。记录应使用铅笔。

8. 避免水准尺靠在墙上或电杆上，以免摔坏；禁止用水准尺抬物，禁止坐在水准尺及仪器箱上。

9. 发现异常问题应及时向指导教师汇报，不得自行处理。

任务2.3 水准测量施测方法及成果整理

2.3.1 水准测量施测基础知识

2.3.1.1 水准点

用水准测量的方法测定的高程控制点，称为水准点，常用BM表示。为了满足各种类型的测图、施工和科研需要，国家测量机构按统一的精度要求在全国范围内建立了国家等级水准点。水准点的高程，可在当地测量主管部门索取。在局部地区，为满足测图控制和工程建设需要，还可建立低于国家等级的等外水准点。水准点可分为永久性水准点和临时性水准点。

1. 永久性水准点

水准点按其精度分为不同的等级。国家水准点分为四个等级，即一、二、三、四等水准点，按规范要求埋设永久性标石标记。一般用混凝土标石制成，深埋到地面冻结线以下，在标石的顶面设有用不锈钢或其他不易锈蚀的材料制成的半球状标志［图2.3.1（a）］。在城镇居民区，也可以采用把金属标志嵌在墙上的“墙脚水准点”［图2.3.1（b）］。

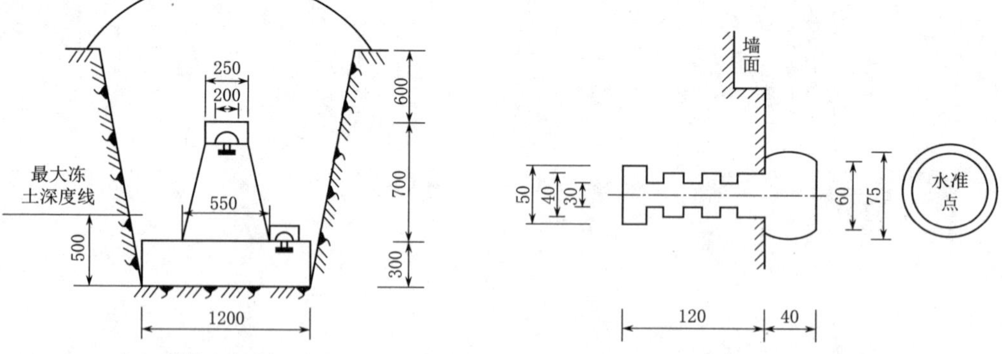

（a）混凝土水准标石　　（b）墙脚水准点

图2.3.1 永久性水准点（单位：mm）

2. 临时性水准点

地形测量中的图根水准点和一些施工测量使用的水准点，常采用临时性标志，一般用更简便的方法来设立，例如将木桩（桩顶钉一半圆球状铁钉）或大铁钉打入地面，也可在地面上突出的坚硬岩石或房屋四周水泥面、台阶等处用红油漆标记。临时性水准点的绝对高程，多从国家水准点上引测，引测有困难时，可采用相对高程。

埋设水准点后，应绘出水准点与附近固定建筑物或其他固定地物的关系图，在图上还要标明水准点的编号和高程，称为点之记，以便于日后寻找水准点的位置。

2.3.1.2 水准路线

水准测量的任务，是从已知高程的水准点开始测量其他水准点或地面点的高程。测量前应根据要求布置并选定水准点的位置，埋设好水准点标石，拟定水准测量进行的路线。水准路线有以下几种形式：

(1) 附合水准路线：即从一已知水准点 BM_1 沿着各个待定高程的点逐站进行水准测量，最后附合到另一个已知水准点 BM_2 上，这种形式的水准路线，可使测量成果得到可靠的检核［图 2.3.2 (a)］。

(2) 闭合水准路线：即从已知水准点出发，沿环线对各个待定高程的点逐站进行水准测量，最后又回到出发点。这种形式的水准路线也可以使测量成果得到检核［图 2.3.2 (b)］。

(3) 支水准路线：是由一已知高程的水准点开始，最后既不附合也不闭合到已知高程的水准点上。这种形式的水准路线由于不能对测量成果自行检核，因此必须进行往测和返测［图 2.3.2 (c)］。

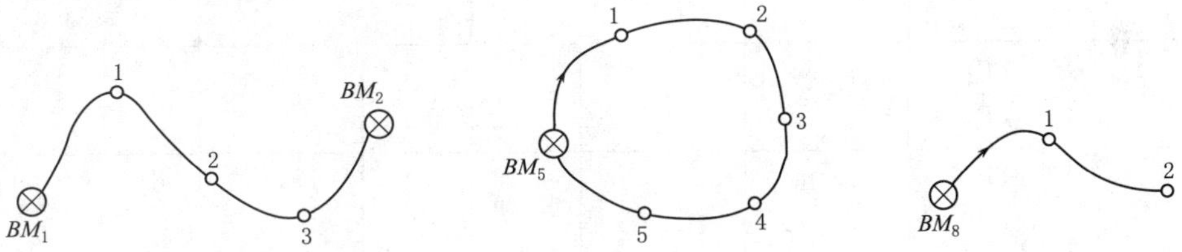

(a) 附合水准路线　　(b) 闭合水准路线　　(c) 支水准路线

图 2.3.2 水准路线

2.3.2 普通水准测量的实施及成果整理

2.3.2.1 普通水准测量的实施

在实际工作中，当待测高程点与已知水准点之间相距较远、高差较大或者遇到障碍物使得视线受阻，安置一次仪器不可能测得两点的高差时，必须在采用分段、连续设站的方法施测，见图 2.1.2，普通水准测量的外业观测程序如下。

2-3 普通水准测量的实施视频

(1) 将水准尺立于已知高程的水准点上作为后视。

(2) 水准仪置于施测路线附近合适的位置，在施测路线的前进方向上取后视距大致相等的距离放置尺垫，当尺垫踩实后，将水准尺立在尺垫上作为前视尺。

(3) 观测员将仪器用圆水准器粗平之后瞄准后视标尺，用微倾螺旋将附合水准气泡精确居中，用中丝读后视读数读至毫米，记录在相应栏内。

(4) 掉转望远镜瞄准前视标尺，此时水准管气泡一般将会有偏离少许，将气泡居中，用中丝读前视读数。记录员根据观测员的读数在手簿中记下相应数字，并立即计算高差。

(5) 第一站结束之后，记录员招呼后标尺员向前转移，并将仪器迁至第二测站。此时，第一测站的前视点便成为第二测站的后视点。依第一站相同的工作程序进行第二站的工作。依次沿水准路线方向施测直至全部路线观测完为止。记录、计算见表 2.3.1。

观测所得每一读数应立即记入手簿，水准测量手簿格式见表2.3.1。填写时应注意把各个读数正确地填写在相应的行和栏内。例如仪器在第1测站时，起点A上所得水准尺读数2.073应记入该点的后视读数栏内，照准转点TP_1所得读数1.526应记入TP_1点的前视读数栏内。后视读数减前视读数得A、TP_1两点的高差+0.547记入高差栏内。以后各测站观测所得均按同样方法记录和计算。各测站所得的高差代数和$\sum h$，就是从起点A到终点B总的高差。终点B的高程等于起点A的高程A、B间的高差。因为测量的目的是求B点的高程，所以各转点的高程不需计算。

表2.3.1 水准测量手簿

测站	测点	后视读数	前视读数	高差		高程	备注
				+	−		
1	A TP_1	2.073	 1.526	0.547		50.118	已知A点高程=50.118
2	TP_1 TP_2	1.624	 1.407	0.217			
3	TP_2 TP_3	1.678	 1.392	0.286			
4	TP_3 TP_4	1.595	 1.402	0.193			
5	TP_4 B	0.921	 1.503		0.582	 50.779	
Σ		7.891	7.230	1.243	0.582		
计算检核	$\sum a-\sum b=+0.661$　　$\sum h=+0.661$　　$H_b-H_A=+0.661$						

在每一测段结束后或手簿上每一页之末，必须进行计算检核。检查后视读数之和减去前视读数之和（$\sum a-\sum b$）是否等于各站高差之和$\sum h$，并等于终点高程减起点高程。如不相等，则计算中必有错误，应进行检查。但应注意这种检核只能检查计算工作有无错误，而不能检查出测量过程中所产生的错误，如读错记错等。检查测量过程中的差错，要采用下面将要叙述的方法。

2.3.2.2 水准测量的检核方法

为了保证水准测量成果的正确可靠，对水准测量的成果必须进行检核。检核方法有测站检核和水准路线检核两种。

1. 测站检核

为防止在一个测站上发生错误而导致整个水准路线结果的错误，可在每个测站上对观测结果进行检核，方法如下。

（1）两次仪器高法。

在每个测站上用两次不同仪器高度的水平视线，来测量两点间的高差（改变仪器高度应在 10cm 以上），理论上测得的高差应相等，如果两次高差观测值不等，对于一般水准测量，当两次所得高差之差小于 5mm 时可认为合格，取其平均值作为该测站所得高差，否则应进行检查或重测。

（2）双面尺法。

利用双面水准尺分别由黑面和红面读数得出的高差，扣除一对水准尺的常数差后，两个高差之差小于 5mm 时可认为合格，否则应进行检查或重测。用双面尺进行水准测量的观测步骤可采用“后前前后”或“后后前前”。

2. 水准路线

在普通水准测量中，采用两次仪器高法或双面尺法进行测站检核还不能保证整条水准路线的观测高差没有错误，如转点上的尺垫在仪器搬站期间被碰到等所引起的误差不能用测站检核检查出来，还需要用水准路线的高差闭合差来检验。为使测量成果得到可靠的检核，最好把水准路线布设成附合水准路线或闭合水准路线。

2-4 水准测量成果整理

（1）附合水准路线。理论上在两已知高程水准点间所测得各站高差之和应等于起讫两水准点间高程之差。即

$$\sum h = H_{终} - H_{起} \tag{2.3.1}$$

如果它们不能相等，其差值称为高程闭合差，用 f_h 表示。所以附合水准路线的高程闭合差为

$$f_h = \sum h - (H_{终} - H_{起}) \tag{2.3.2}$$

高程闭合差的大小在一定程度上反映了测量成果的质量。

（2）闭合水准路线。在闭合水准路线上亦可对测量成果进行检核。对于闭合水准路线，因为它起止于同一个点，所以理论上整条路线各站高差之和应等于零，即

$$\sum h = 0$$

如果高差之和不等于零，则其差值即 $\sum h$ 就是闭合水准路线的高程闭合差，即

$$f_h = \sum h \tag{2.3.3}$$

（3）支水准路线。支水准路线必须在起终点间用往返测进行检核。理论上往返测所得高差的绝对值应相等，但符号相反，或者是往返测高差的代数和应等于零，即

$$\sum h_{往} = -\sum h_{返}$$

如果往返测高差的代数和不等于零，其值即为水准支线的高程闭合差，即

$$f_h = \sum h_{往} + \sum h_{返} \tag{2.3.4}$$

闭合差的大小反映了测量成果的精度。在各种不同性质的水准测量中，都规定了高程闭合差的限值，用 $f_{h容}$ 表示。《城市测量规范》（CJJ 8—99）规定：图根

水准测量各路线高差闭合差的容许值，在平坦地区为

$$f_{h容}=\pm 40\sqrt{L} \tag{2.3.5}$$

式中 L——路线的长度，以 km 为单位，小于 1km 按 1km 计。

在工地，每公里水准测量的站数超过 16 站时，为

$$f_{h容}=\pm 12\sqrt{n} \tag{2.3.6}$$

式中 n——单程测站数。

当实际闭合差小于容许闭合差时，表示观测精度满足要求，否则应对外业资料进行检查，甚至返工重测。

2.3.2.3 水准测量成果的计算

当实际的高程闭合差在容许值以内时，说明观测成果合格，可以进行高差闭合差的分配、高差改正数和待定点高程的计算。

1. 高程闭合差的分配

对于闭合或附合水准路线，一般按与路线的长度 L 或测站数 n 成正比的原则，把高差闭合差反号分配到各测段的高差上。各测段高差的改正数为

$$\begin{cases} v_i=-\dfrac{f_h}{\sum L}L_i \\ v_i=-\dfrac{f_h}{\sum n}n_i \end{cases} \tag{2.3.7}$$

式中 v_i——测段的高差改正数，mm；

L_i——各测段路线之长，m；

n_i——测站数；

$\sum L$——水准路线总长，m；

$\sum n$——测站总数。

改正数凑整至 mm，然后按式（2.3.8）进行验算：

$$\sum v=-f_h \tag{2.3.8}$$

如果经检验不满足式（2.3.8），表明计算有误，应重算，如果因凑整引起的微小不符值则可将它分配到任一侧段上。

2. 高程计算

设各测段的实测高差为 $\sum h_{测}$，相应的改正数为 v_i，则改正后的测段高差为 $\hat{h}_i$ 为

$$\hat{h}_i=\sum h_{测}+v_i \tag{2.3.9}$$

对于支水准路线，取往返测高差的平均值，作为改正后的往测方向的高差，即

$$\hat{h}_i=\frac{h_{往}-h_{返}}{2} \tag{2.3.10}$$

经检验，改正后的总高差等于它相应的理论值后，即可计算各水准点高程。设测段的起点高程为 H_{i-1}，则测段的终点高程为

$$H_i = H_{i-1} + \hat{h}_i \tag{2.3.11}$$

【例 2.1】图 2.3.3 是一附合水准路线等外水准测量示意图，BM_1、BM_2 为已知水准点，1、2、3 为待定点，已知点高程、各测段测站数及测量高差如图 2.3.3 标注。

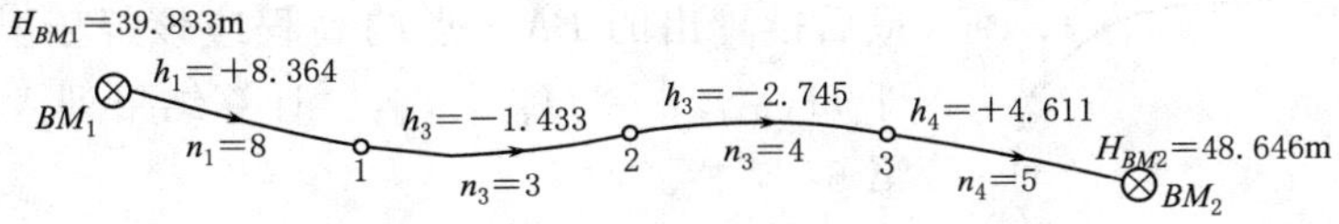

图 2.3.3　附合水准路线测量成果示意图

全部计算在表 2.3.2 中进行，计算步骤如下：

表 2.3.2　　　　**附合水准路线计算**

测段号	点名	测站数	观测高差/m	改正数/m	改正后高差/m	高程/m	备注
1	2	3	4	5	6	7	8
	BM_1					39.833	
1		8	+8.364	−0.014	+8.350		
	1					48.183	
2		3	−1.433	−0.005	−1.438		
	2					46.745	
3		4	−2.745	−0.007	−2.752		
	3					43.993	
4		5	+4.661	−0.008	+4.653		
	BM_2					48.646	
Σ		20	+ 8.847	−0.034	+8.813		
辅助计算	$f_h=+0.034$m $f_{h容}=\pm 12\sqrt{20}=\pm 54$ (mm)						

（1）填写观测数据及已知数据。将测段号、点号、测站数、观测高程及已知点的高程填入附合水准路线成果计算表中的相关各栏内。

（2）高差闭合差计算与检核：

$$f_h = \sum h_{测} - (H_{终} - H_{始}) = 8.847 - (48.646 - 39.833) = +0.034(\text{m})$$

由于图 2.3.3 中标注了测段的测站数，说明是山地观测，因此依据总测站数 n 计算高差闭合差的容许值为

$$f_{h容} = \pm 12\sqrt{n} = \pm 12\sqrt{20} = \pm 54(\text{mm})$$

$f_h \leqslant f_{h容}$，符合图根水准测量的要求，可以分配闭合差。计算的高差闭合差及其容许值填于表 2.3.2 下方的辅助计算栏。

（3）高差闭合差的调整。本例中，将高差闭合差反符号，按式（2.3.7）依次计算各测段的高差改正数，第一测段的高差改正数为

$$v_1 = -\frac{f_h}{\sum n} \cdot n_1 = -\frac{34}{20} \times 8 = -14(\text{mm})$$

同法算得其余各测段的高差改正数分别为 −5mm、−7mm、−8mm，依次列

入表 2.3.2 中第 5 栏。

(4) 计算待定点的高程。点 1 的高程计算过程为

$$H_1 = H_{BM1} + \hat{h}_1 = 39.833 + 8.350 = 48.183(\text{m})$$

其余各点的高程计算过程以此类推，作为检核，最后推算出的 BM_2 点的高程应该等于其已知高程，即 $H_{BM2(算)} = H_{BM2(已知)}$。计算结果列入表 2.3.2 中第 6、7 栏。

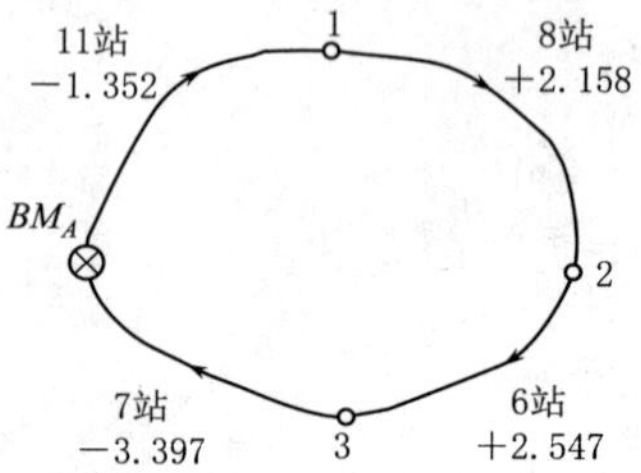

图 2.3.4 闭合水准路线测量成果示意图

【例 2.2】如图 2.3.4 所示一闭合水准路线，BM_A 为已知水准点，BM_A 点高程为 51.732m，其观测成果如图 2.3.4 所示，计算 1、2、3 各点的高程。将图中各数据按高程计算顺序列入表 2.3.3 进行计算。

表 2.3.3 **水准测量成果计算表**

测段号	点名	测站数	观测高差/m	改正数/mm	改正后高差/m	高程/m
1	2	3	4	5	6	7
	BM_A					51.732
1		11	−1.352	6	−1.346	
	1					50.386
2		8	2.158	4	2.162	
	2					52.548
3		6	2.574	3	2.577	
	3					55.125
4		7	−3.397	4	−3.393	
	BM_A					51.732
Σ		32	−0.017	17	0	
辅助计算	$f_h = 30\text{mm}$ $f_{h容} = \pm 12\sqrt{n} = \pm 68$ (mm)					

计算步骤如下：

(1) 计算实测高差之和 $\sum h_{测} = 3.766\text{m}$。

(2) 计算高差闭合差：

$$H_B - H_A = 425.062 - 421.326 = 3.736(\text{m})$$

$$f_h = 3.766 - 3.736 = 0.030(\text{m}) = 30\text{mm}$$

(3) 计算容许闭合差：

$$fh_{容} = \pm 12\sqrt{n} = \pm 68(\text{mm})$$

$f_h \leqslant f_{h容}$，故其精度符合要求，可做下一步计算。

(4) 计算高差改正数。高差闭合差的调整方法和原则与附合水准路线的方法一样。本例各测段改正数 v_i 计算如下：

$$v_1 = -\frac{f_h}{\sum n} \cdot n_1 = -\frac{17}{32} \times 11 = 6(\text{mm})$$

$$v_2=-\frac{f_h}{\sum n}\cdot n_1=-\frac{17}{32}\times 8=4(\text{mm})$$

$$\cdots\cdots$$

$$\text{检核}\ \sum v=-f_h=-0.030(\text{m})$$

(5) 高程计算。测段起点高程加测段改正后高差，即得测段终点高程，以此类推。最后推出的终点高程应与起始点的高程相等，即：

$$H_1=H_{BMA}+\hat{h}_1=51.732-1.346=50.386(\text{m})$$

其余各点的高程计算过程以此类推，作为检核，最后推算出的 BM_A 点的高程应该等于其已知高程，即 $H_{A(算)}=H_{A(已知)}=51.732\text{m}$ 计算结果列入表 2.3.3 第 6、7 栏。

3. 水准测量应注意事项

(1) 由于普通水准测量通常不作测量校核，很难在测站中发现错误，故应避免读数时出现误差，并尽可能减少读数误差。

(2) 读数时应让扶尺员把水准尺立直，每次读数前符合水准器应精平。

(3) 记录时养成良好习惯，做到字体端庄清晰、数位对齐、数字齐全（前后视读数均为 4 位数，不足的用 0 占位）、大小合适，高度以不超过每行的 1/2 为宜。

(4) 转点必须放尺垫，而已知点和待定点不能放尺垫。

(5) 普通水准测量对前后视的距离要求稍低，但是原则上最大视距应不超过 150m，前后视应基本相等。

(6) 高差闭合差应控制在限差范围内。

2-5 四等水准测量的方法

2.3.3 四等水准测量的实施及成果整理

精确测定控制点高程的工作称为高程控制测量。高程控制测量首先要在测区建立高程控制网，为了测绘地形图或建筑物施工放样以及进行科学研究工作而需要进行的高程测量，我国在全国范围内建立一个统一的高程控制网。高程控制网由一系列的水准点构成，沿水准路线按一定的距离埋设固定的标志称为水准点，水准点分为临时性和永久性水准点，等级水准点埋设永久性标志，三、四等水准点埋设普通标石，普通水准点见图 2.3.5。图根水准点可根据需要埋设永久性或临时性水准点，临时性水准点埋设木桩或在水泥板或石头上用红油漆画出临时标志表示。

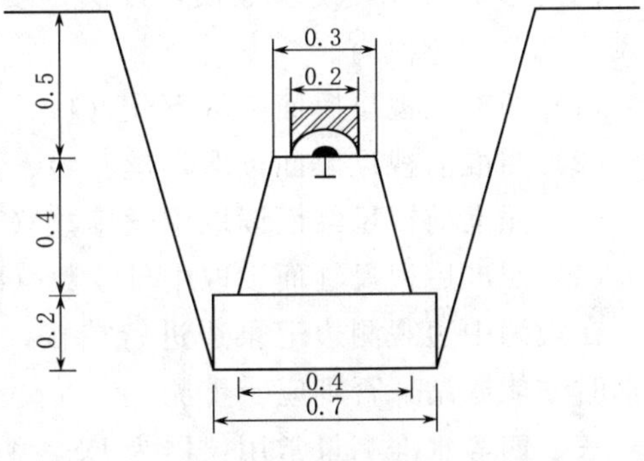

图 2.3.5 普通水准点示意图（单位：m）

2.3.3.1 四等水准测量技术指标

在水利水电工程测量中，除了建立必要的平面控制，还要建立首级高程控制和图根高程控制，而小区域内的首级高程控制常采用三、四等及图根水准测量。三、四等及图根水准测量的具体技术要求见表 2.3.4。

表 2.3.4　三、四等及图根水准测量技术要求

技术项目 \ 等级	三　等	四　等	图根水准
所用仪器	DS_3 型水准仪 双面水准尺	DS_3 型水准仪 双面水准尺	DS_3 型水准仪 双面水准尺
测站观测程序	后前前后	后后前前	后后前前
视线最低高度	三丝能读数	三丝能读数	中丝读数＞0.3m
最大允许视距	75m	100m	150m
前、后视距差	≤±2.0m	≤±3.0m	≤±20mm
视距读数法	三丝读数（下一上）	三丝读数（下一上）	直接读出视距
K＋黑－红	≤±2mm	≤±3mm	≤±4mm
黑、红面高差之差	≤±3mm	≤±5mm	≤±6mm
每段前后视距离累积差	≤±5m	≤±10m	≤±100m
路线总长（L）	≤200km	≤80km	≤30km
高差闭合差	$\leqslant \pm 12\sqrt{L}$（mm）	$\leqslant \pm 20\sqrt{L}$（mm）	$\leqslant \pm 40\sqrt{L}$（mm）
其他	每一测段都测偶数站	每一测段都测偶数站	

2-6

四等水准测量一个测站观测实操

2.3.3.2　四等水准测量的实施

1. 测站观测程序

在每一站上，首先安置仪器于前、后视点等距离处，调整圆水准器使气泡居中，然后分别瞄准后、前视尺，估读视距，使前、后视距离差不超过 2m。如超限，则需移动前视尺或水准仪，以满足要求。然后按下列顺序进行观测，并记录于表 2.3.5 相应栏内。

（1）照准后视尺黑面读取下丝（1）、上丝（2）、中丝读数（3）。

（2）照准前视尺黑面读取下丝（4）、上丝（5）、中丝读数（6）。

（3）照准前视尺红面读取中丝读数（7）。

（4）照准后视尺红面读取中丝读数（8）。

在观测中边观测边记录边进行校核，各项计算符合表 2.3.4 中相应等级限差要求时才能搬站，否则应予重测。

三、四等水准测量常用仪器为 DS_3 型水准仪，标尺为红、黑两面水准木标尺。作业之前，要对水准仪和水准尺进行检验，详细检验项目和指标要求可参阅《国家三、四等水准测量规范》（GB 12898—91）。在作业中为抵消因水准尺磨损而造成的标尺零点差，要求每一水准测段的测站数应为偶数站。

三、四等水准测量转点使用尺垫，转点应选择坚硬的地面上，尺垫要踩实。观测应在标尺分划线成像清晰稳定时进行，若成像不好，应酌情缩短视线长度。

表 2.3.5 **四等水准记录手簿**

测点编号	立尺点名称	后尺 下丝 / 上丝	前尺 下丝 / 上丝	方向及尺号	中丝读数/m		K+黑−红 /mm	高差中数 /m	备注
		后距	前距		黑	红			
		视距差 d	$\sum d$						
1	BM_1 ～ TP_1	1.743 (1)	1.113 (4)	后 K_1	1.529 (3)	6.214 (8)	+2 (14)	0.6290 (18)	
		1.315 (2)	0.685 (5)	前 K_2	0.899 (6)	5.686 (7)	0 (13)		
		42.8 (9)	42.8 (10)	后前	0.630 (15)	0.528 (16)	+2 (17)		
		0.0 (11)	0.0 (12)						
2	TP_1 ～ TP_2	0.625	1.034	后 K_2	0.366	5.151	+2	−0.3820	K_1=4.687
		0.062	0.460	前 K_1	0.747	5.434	0		
		56.3	57.4	后前	−0.381	−0.283	+2		
		−1.1	−1.1						
3	TP_2 ～ TP_3	1.718	1.936	后 K_1	1.420	6.107	0	−0.2265	K_2=4.787
		1.122	1.353	前 K_2	1.646	6.434	−1		
		59.6	58.3	后前	−0.226	−0.327	+1		
		+1.3	+0.2						
4	TP_3 ～ BM_2	1.473	1.508	后 K_2	1.233	6.021	−1	−0.0425	
		1.002	1.043	前 K_1	1.276	5.963	0		
		47.1	46.5	后前	−0.043	+0.058	−1		
		+0.6	+0.8						
检核		$\sum(9)$：205.8　$\sum(10)=205.0$　末站(12) = +0.8　总距离 $L=410.8$ $\sum(3)=4.548$　$\sum(8)=23.493$　$\sum(6)=4.568$　$\sum(7)=23.517$ $\sum(15)=-0.020$　$\sum(16)=-0.024$　$\sum(17)=+4$　$\sum(18)=-0.0220$ $[\sum(15)+\sum(16)]/2=-0.022$							

2-7

四等水准记录手簿的记录计算

以上三、四等水准观测程序可简称为“后前前后”，在地质比较硬的条件下四等水准测量可以采用“后后前前”的观测程序。

2. 测站计算与校核

N 站的计算工作有下列几项（参见表 2.3.5）。

（1）视距部分。

后视距离（9）＝［下丝读数（1）－上丝读数（2）］×100

前视距离（10）＝［下丝读数（4）－上丝读数（5）］×100

后、前视距差（11）＝后视距离（9）－前视距离（10）

后、前视距累积差（12）＝本站视距差（11）＋上站视距累积差（12）

（2）高差部分。

前视标尺黑、红面读数差（13）＝K_2＋（6）－（7），其绝对值不应超过 3mm。

后视标尺黑、红面读数差（14）$=K_1+$（3）－（8），其绝对值不应超过 3mm。

K_1、K_2 分别为后、前两水准尺的黑、红面的起点差，亦称尺常数，尺常数为 4.687m 和 4.787m。

黑面高差（15）＝（3）－（6）　　红面高差（16）＝（8）－（7）

黑、红面高差之差（17）＝（15）－［（16）±0.1］＝（14）－（13），其绝对值应小于 5mm。

式中（16）±0.1m 是由于两根水准尺红面有起点差，二者相差 0.1m，取“＋”或“－”号应视红面常数来确定，当后视尺常数 K 是 4.687 时，则红面高差比黑面高差小，则应加上 0.1m，反之，则应减去 0.1m，计算见表 2.3.5。

高差中数（18）＝［（15）＋（16）±0.1］/2，作为该测站所测的高差。

表 2.3.5 中括号内的数字表示观测与计算检核顺序。当整个水准路线测量完毕，还应逐页检核计算有无错误，检核的方法是：

先计算 $\sum(3)$、$\sum(6)$、$\sum(8)$、$\sum(7)$、$\sum(9)$、$\sum(10)$、$\sum(15)$、$\sum(16)$、$\sum(18)$，然后用下式校核：

$\sum(9)-\sum(10)=$末站(12)

测站为奇数 $[\sum(15)+\sum(16)\pm 0.1]/2=\sum(18)$

测站为偶数 $[\sum(15)+\sum(16)]/2=\sum(18)$

水准路线总长度 $L=\sum(9)+\sum(10)$

3. 四等水准观测应注意的事项

（1）观测时，必须用测伞遮蔽阳光，迁站时应一手抱住仪器一手抱住脚架，不准把仪器扛在肩上。

（2）仪器若架设在较为松软的地方观测时，必须踩实脚架腿，以减小仪器下沉引起的误差。

（3）迁站时，只能将仪器和后视尺向前移动，本站的前视尺的尺垫不动，作为下一测站的后视尺。

（4）除线路转弯处，每一测站上仪器和前后视水准尺应尽量在一条直线上。

4. 四等水准高程的计算

四等水准高程的计算方法与普通水准计算方法相同，只是闭合差的限差为 $\pm 20\sqrt{L}$(mm)，若满足要求，进行高差闭合差的调整，计算各水准点的高程；反之，应进行重测。图 2.3.6 为一附合四等水准路线，已知高程和观测数据注记在图上，其计算过程和结果见表 2.3.6。

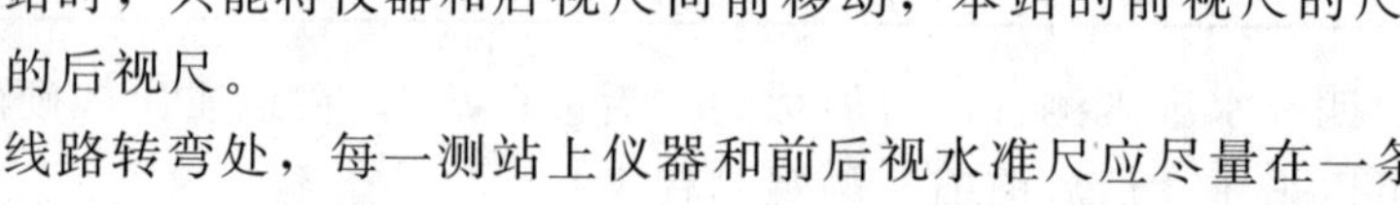

图 2.3.6　四等附合水准路线

表 2.3.6 **四等水准高程计算表**

点名	距离/km	观测高差/m	改正数/m	改正后高差/m	高程/m	备注
A					**89.768**	已知 $H_1=89.768$m $H_2=94.055$m
	2.7	3.982	−0.005	3.977		
1					93.745	
	3.6	2.860	−0.007	2.853		
2					96.598	
	3.2	−2.536	−0.007	−2.543		
B					**94.055**	
$\sum$	9.5	4.306	−0.019	4.287		
计算及检核	$f_h=\sum h+H_1-H_2=4.306+89.768-94.055=+19$ (mm) $f_{h容}=\pm 20\sqrt{L}=\pm 20\times\sqrt{9.5}=\pm 69$(mm)　$\|f_h\|<\|f_{h容}\|$					

实训2.2 普通水准测量实操

一、任务的目的

1. 练习水准路线的选点、布置。

2. 掌握普通水准测量路线的观测、记录、计算检核以及集体配合、协调作业的施测过程。

3. 掌握水准测量路线成果检核及数据处理方法。

4. 独立完成一条闭合水准测量路线的外业数据采集和内业计算。

二、所需仪器和工具

1. 水准仪1台、三脚架1个、双面水准尺2根、尺垫2个、记录板1块、记号笔一支。

2. 自备：铅笔、计算器。

三、实施方案

1. 分组领取仪器后，根据教师给定的已知高程点，在测区选点。选择4～5个待测高程点，并标明点号，形成一条闭合水准路线。

2. 在距已知高程点与第1个转点大致等距离处架设水准仪，在起点与第1个转点上竖立水准尺。

3. 仪器整平后便可进行观测，同时记录观测数据。用双仪器高法（或双尺面法）进行测站检核。

4. 第一站施测完毕，检核无误后，水准仪搬至第二站，第一站的前视上的水准尺位置不变，尺面转向仪器；另一把水准尺竖立在第二个待测点上，进行观测，依此类推。

5. 当两点间距离较长或两点间的高差较大时，在两点间可选定一或两个转点作为分段点，进行分段测量。在转点上立尺时，尺子应立在尺垫上的凸起物顶上。

6. 水准路线施测完毕后，应求出水准路线高差闭合差，以对水准测量路线成果进行检核。

7. 在高差闭合差满足要求［$f_{h容}=\pm 40\sqrt{L(\mathrm{km})}$，单位mm］时，对闭合差进行调整，求出数据处理后各待测点高程。

四、实施中应注意事项

1. 前、后视距应大致相等。

2. 读取读数前，应仔细对光以消除视差。

3. 每次读数时，都应精平（转动微倾螺旋，使符合式气泡吻合）。并注意勿将上、下丝的读数误读成中丝读数。

4. 观测过程中不得进行粗平。若圆水准器气泡发生偏离，应整平仪器后，重新观测。

5. 应做到边测量、边记录、边检核，误差超限应立即重测。

6. 双仪器高法进行测站检核时，两次所测得的高差之差应≤6mm；双面尺法检核时，前、后视黑红面读数差要≤3mm；两次所测得的高差之差应≤5mm（两次所测得的高差，因尺常数不同，理论值应相差 0.1m）。

7. 尺垫仅在转点上使用，在转点前后两站测量未完成时，不得移动尺垫位置。

五、表格填写及计算

普通水准测量（双面尺）

<table>
<tr><th rowspan="2">测　站</th><th rowspan="2">点　号</th><th rowspan="2">方向及尺号</th><th colspan="2">水准尺读数</th><th rowspan="2">K＋黑－红/mm</th><th rowspan="2">平均高差/m</th><th rowspan="2">高程/m</th><th rowspan="2">备注</th></tr>
<tr><th>黑面</th><th>红面</th></tr>
<tr><td rowspan="3"></td><td rowspan="3"></td><td>后</td><td></td><td></td><td></td><td rowspan="2"></td><td rowspan="3"></td><td rowspan="3"></td></tr>
<tr><td>前</td><td></td><td></td><td></td></tr>
<tr><td>后前</td><td></td><td></td><td></td><td></td></tr>
<tr><td rowspan="3"></td><td rowspan="3"></td><td>后</td><td></td><td></td><td></td><td rowspan="2"></td><td rowspan="3"></td><td rowspan="3"></td></tr>
<tr><td>前</td><td></td><td></td><td></td></tr>
<tr><td>后前</td><td></td><td></td><td></td><td></td></tr>
</table>

实训 2.3 四等水准测量实操

一、实训目的

1. 熟练掌握水准仪的操作，掌握四等闭合水准路线测量的观测、记录和计算方法。

2. 了解三、四等闭合水准测量的主要技术指标，掌握闭合差改正方法。

二、实训仪器与工具

自动安平水准仪 1 台、水准尺 2 把、尺垫 2 个、记录板 1 个。

三、实训内容

四等水准测量是高程控制测量的常用方法，在每个测站上安置一次水准仪，采用步测法或视距测量方法保证仪器处于中间位置。采用“后后前前”的观测顺序，进行测站检核。

四、实训步骤

（1）从实习场地的已知水准点出发，选定一条闭合水准点路线。设置 6～8 个测站，视线长度约为 30m。

（2）安置水准仪时，可用步测使前、后视距相等。在每一测站，按顺序进行观测。

四等水准测量观测步骤：

瞄准后视尺的黑面，精确整平，读取下、上、中三丝读数。

瞄准后视尺的红面，读取中丝读数。

瞄准前视尺的黑面，精确整平，读取下、上、中三丝读数。

瞄准前视尺的红面，读取中丝读数。

这种观测顺序简称为“后后前前”（黑、红、黑、红）的观测程序。

（3）每测段外业数据记录表中。每站读数结束，随即进行各项计算，并进行各项检核，满足限差要求后，才能搬站，限差要求见表 S2.3.1。

表 S2.3.1　水准测量技术要求

等级	视线长度	前后视距差	前距累积差	黑红面读数差	黑红面高差之差	高差闭合差	
						平原	山区
三	≤75m	≤2.0m	≤5.0m	≤3.0mm	≤2.0mm	$\leqslant 12\sqrt{L}$	$\leqslant 4\sqrt{n}$
四	≤80m	≤3.0m	≤10.0m	≤5.0mm	≤3.0mm	$\leqslant 20\sqrt{L}$	$\leqslant 6\sqrt{n}$

注　L 为水准路线总长，km。

（4）依次设站，用相同的方法进行观测，直至路线终点，计算路线高差闭合差。按四等水准测量的规定，路线高差闭合差的容许值为 $\leqslant 20\sqrt{L}$（mm），其中 L 为路线总长，单位为 km。

五、实训注意事项

（1）四等水准测量比普通水准测量有更严格的技术规定，要求达到较高的精度，其关键在于前、后视距要相等，从后视转为前视，望远镜不能重新调焦，水准尺应竖直，最好用附有圆水准器的水准尺。

（2）每站观测结束后，应立即进行计算和各项规定的检核，若有超限，则应重测该站。全路线观测完毕，路线高差闭合差应在容许值以内，方可结束实习。

（3）实习结束后，应上交合格的测量记录表和计算表。

四等水准测量外业记录表

日　期：____年____月____日　　天　气：________　　仪器型号：________

组　号：________　　观 测 者：________　　记 录 者：________　　司 尺 者：________

测点编号	后尺 上丝 / 下丝 / 后距 / 视距差	前尺 上丝 / 下丝 / 前距 / 累加差	方向及尺号	标尺读数 黑面/m	标尺读数 红面/m	K＋黑－红/mm	高差中数/m	备注
	(1)	(4)	后尺、1#	(3)	(8)	(14)	(18)	
	(2)	(5)	前尺、2#	(6)	(7)	(13)		
	(9)	(10)	后－前	(15)	(16)	(17)		
	(11)	(12)						已知水准点的高程＝________m
								尺1# 的 K＝
								尺2# 的 K＝

四等水准点高程计算表

组　　号：　　　　　　　　　　　　　　　计算者姓名：　　　　　　　　　　　　路线名称：　—

点　　号	路线长/m	实测高差/m	改正数/mm	改正后高差/m	高程/m

任务 2.4　水准测量误差来源及影响

2-8

水准误差来源分析视频

在进行水准测量工作中，由于人的感觉器官反馈的差异、仪器和自然条件等的影响，使测量成果不可避免的产生误差，因此应对产生的误差进行分析，并采用适当的措施和方法，尽可能减少误差或予以消除，使测量的精度符合要求。水准测量误差有下列几个方面。

2.4.1　仪器误差

2.4.1.1　水准仪器误差

在测量工作之前，应对水准仪进行检验校正，但往往不可能校正得十分完善，会残存少许误差，这主要是水准管轴与视准轴不平行导致的，这项误差可通过后视与前视距离相等予以消除。

2.4.1.2　水准尺误差

水准尺的尺长变化、尺刻划不准确，都会导致水准测量读数的误差。因此，水准尺应经过检定，符合要求后方可使用。

2.4.2　观测误差

2.4.2.1　水准管气泡居中的误差

水准管气泡是否居中可以采用水平目测判断。但由于眼睛分辨力的限制，气泡可能并没有严格居中，存在着水准管气泡居中的误差。

设水准管气泡的分划值为 τ''，居中误差一般为 $0.15\tau''$，它对读数上引起的误差为

$$m_\tau = \pm\frac{0.15\tau''}{\rho''}\cdot D \tag{2.4.1}$$

式中　D——水准仪至水准尺的距离；

ρ''——弧度，$\rho''=206265''$。

若$D=75\text{m}$，$\tau''=20''$则 $m_\tau=\pm1.1\text{mm}$。

2.4.2.2　读数误差

产生读数误差的原因有：视差的存在和估读毫米。存在视差应重新进行目镜和物镜对光，消除视差。水准尺一般为厘米分划，估读毫米产生的误差与望远镜的放大倍数和尺子到仪器的距离有关。望远镜放大倍数大，距离近、尺像就大，估读就准确；反之，估读误差就大。所以，放大率为 20 倍的望远镜，视线距离以不超过 75m 为宜。

2.4.2.3　水准尺倾斜误差

水准尺是否竖直，影响到水准测量读数的精度。尺子倾斜，将使读数值增大，其误差值为 b_1 $(1-\cos\alpha)$，如图 2.4.1 所示，b_1 为尺倾斜 α 角度的读数值。若尺子倾斜 3°，在水准尺 1m 处读数时将产生 1.4mm 的误差；在 2.5m 处将产生 3.4mm 的误差。尺子倾斜而引起的误差与尺子倾斜的大小及视线截尺的高度有关。为了减小扶尺不竖直而产生的读数误差，可在水准尺上安置圆水准器，使尺

子竖直。

2.4.3 外界条件影响的误差

2.4.3.1 仪器下沉和尺垫下沉的影响

如土质疏松及仪器、尺子的重量等，可能会使仪器、尺垫下沉；土壤的弹性等也会使仪器、尺垫上升。假设仪器下沉的变化和时间成比例，当观测了后视读数，转到观测前视读数时，由于仪器下沉，前视读数就减少，计算两点间的高差就会增大。要消除或减少仪器下沉误差的影响，应选择稳固的地方安置仪器，脚架尖入土稳定，在观测过程中不要用手扶脚架，缩短观测时间也可以减少仪器下沉误差的影响。在精度要求高的测量中，也可以应用双面尺法进行观测，观测的顺序是黑面后视、黑面前视，然后是红面前视、红面后视，简称“后前前后”。计算黑面尺与红面尺的高差，取其平均值，可减少或消除此项误差影响。

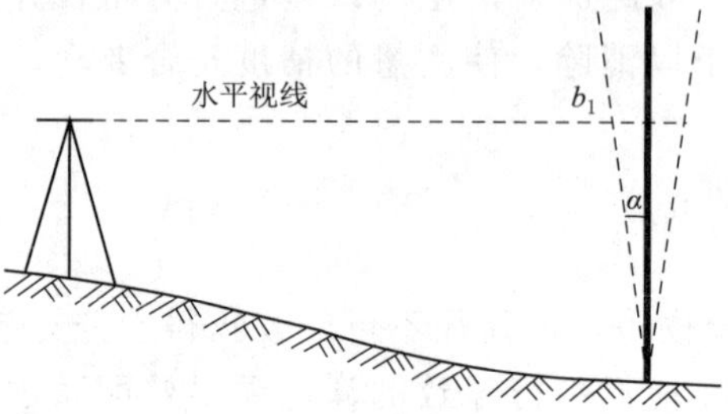

图 2.4.1 水准尺倾斜误差

转点的位置应放尺垫。当观测转点的前视读数后，仪器搬至下一站，若尺垫下沉（或上升），对该点的后视读数增大，使测量的高差增加。为了减少尺垫下沉误差的影响，应选择坚固稳定的地方作转点，使用尺垫时要用力踏实，在观测过程中保护好转点位置，精度要求高时也可用往返观测平均值来减少其误差的影响。

2.4.3.2 地球曲率和大气折光的影响

使后视距与前视距相等，以减少地球曲率对高差的影响。晴天在日光的照射下，地面的温度较高，靠近地面的空气温度也较高，其密度较上层为稀，水平视线经过密度不同的空气层被折射，一般情况下形成一向下弯曲的曲线，它与理论水平线所得读数之差，就是由大气折光引起的误差，视线离地面越近，视线越长，大气折光影响越大。故只能缩短视线，并使视线离地面有一定的高度及使前后视距相等来减弱大气折光的影响。按规定，视线高不应低于 0.3m。

2.4.3.3 温度的影响

温度的变化不仅会引起大气折光的变化，而且当烈日照射水准管时，由于水准管本身和管内液体温度的升高，气泡向着温度高的方向移动，从而影响了水准管轴的水平，产生了气泡居中误差。所以，测量中应随时注意为仪器打伞遮阳。

2.4.4 水准测量注意事项

（1）水准测量过程中应尽量用目估或步测保持前、后视距基本相等来消除或减弱水准管轴不平行于视准轴所产生的误差，同时选择适当观测时间，限制视线长度和高度来减少折光的影响。

（2）仪器脚架要踩牢，观测速度要快，以减少仪器下沉。

（3）估数要准确，读数时要仔细对光，消除视差，必须使水准管气泡居中，读完以后再检查气泡是否居中。

(4) 检查塔尺相接处是否严密，消除尺底泥土。扶尺者要身体站正，双手扶尺，保证扶尺竖直。

(5) 记录要原始数据，当场应填写清楚，在记错或算错时，应在错字上画斜线，将正确数字写在错数上方。

(6) 读数时，记录员要复诵，以便核对，并应按记录格式填写，字迹要整齐、清楚、端正。所有计算成果必须经校核后才能使用。

(7) 测量者要严格执行操作规程，工作要细心，加强校核，防止错误。观测时，如果阳光较强要撑伞，给仪器遮阳。

项 目 小 结

本项目主要讲述了水准测量的知识，项目下的4个任务围绕着学习目标逐一展开，任务2.1主要针对水准测量的工作原理进行了讲述；任务2.2主要是对水准测量的仪器和工具的特点及使用方法进行了讲述；任务2.3讲述了水准测量施测方法，内容较多且细致，是本项目的重点任务，由于成果整理中包含较多计算，因此也是本项目中难度较大的一个任务；任务2.4介绍了水准测量误差的来源及影响。任务2.3介绍的普通水准测量和四等水准测量的施测方法以及成果整理是本项目的重点内容，应该着重加强学习。

自 测 题

1. 什么是后视、前视？
2. 什么是转点？转点的作用是什么？
3. 什么是视差？产生视差的原因是什么？如何消除？
4. 水准测量中为什么要求前后视距离相等？
5. 水准测量误差有哪几项？在测量工作中应如何操作才能消除或减少其误差的影响？
6. 四等水准测量的观测程序是什么？进行四等水准测量有哪些注意事项？
7. 计算并调整下表闭合水准路线的观测成果，求出各点的高程。
8. 计算并调整下表附合水准路线的观测成果，按普通水准测量要求求出各点的高程。

点 号	测站数	实测高差/m	改正数/m	改正后高差/m	高程/m
A					30.666
	2	−2.687			
1					
	1	+0.426			
2					
	3	+3.121			
3					
	1	+0.919			
4					
	2	−1.760			
A					30.666
校核					

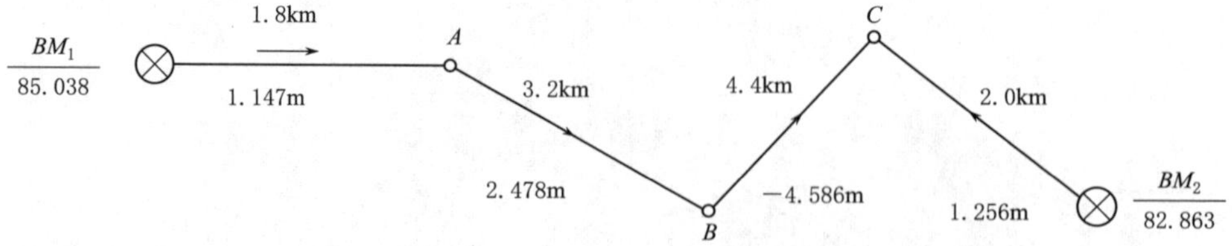

测站	点号	路线长 L_i/km	实测高差/m	改正数/m	改正后高差/m	高程/m
1	BM_1					85.038
	A					
2	A					
	B					
3	B					
	C					
4	C					
	BM_2					82.863
检核						

项目3

角　度　测　量

【思维导图】

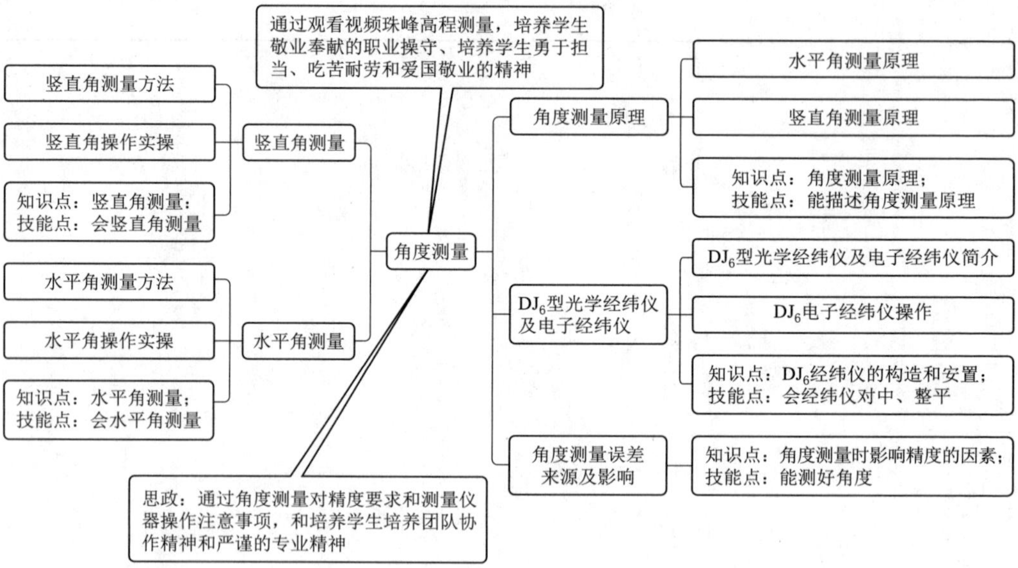

【项目简述】

精确测定地面点的平面位置和高程是测绘工作的主要任务之一，通常采用的方法是在野外测定一定数量的角度和长度，再经过计算得到。测量角度的传统仪器主要是经纬仪，包括光学经纬仪和电子经纬仪两大类别。本项目着重论述角度测量的原理、经纬仪的基本结构和工作原理，以及作业中消除或减弱仪器误差应采取的措施等。

【项目载体】

给定虚拟的实验场景，按照图根导线项目要求进行角度测量为载体，介绍光学经纬仪进行角度测量的原理、操作方法，以及角度测量的观测、记录与计算的步骤。

【项目实施方法及目标】

1. 项目实施方法

本项目分为四个阶段。

第一阶段，熟悉资料，了解项目任务。

第二阶段，任务驱动，学习掌握相关知识，完成知识目标。完成项目任务实施之前的必要知识储备。

第三阶段，项目具体实操阶段，实施能力目标。在这个阶段，可能会遇到许多问题，因此在本阶段要着重培养学生发现问题、分析问题、解决问题的能力。通过这一阶段的实训，令学生的专业技能得到较大提高。

第四阶段，应用阶段，将第二阶段的成果表达出来。在这个过程中，训练学生的角度测量和内业计算能力。

2. 项目教学目标

“角度测量”课程教学目标包括知识目标、技能目标和素养目标三个方面。技能目标是核心目标，知识目标是基础目标，素质目标贯穿整个实训过程，是项目的重要保证。

（1）知识目标。

1）掌握水平角、竖直角的概念及水平角、竖直角的测量原理。

2）了解经纬仪的构造、掌握经纬仪的安置。

3）掌握测回法、方向观测法的步骤。

4）掌握竖直角测量的用途、竖盘的构造及竖盘指标差的概念。

5）掌握使用经纬仪进行竖直角的测量的步骤。

（2）技能目标。

1）能理解水平角和竖直角的概念和角度测量的原理。

2）能熟练的进行经纬仪的对中、整平。

3）会使用经纬仪进行测回法和方向观测法测水平角。

4）能熟练进行竖直角测量。

（3）素质目标。

1）培养学生负责、严谨、求实的科学作风和团结协作的精神风貌。

2）培养学生克服困难、吃苦耐劳、坚韧顽强的职业精神。

3）促进良好职业道德意识和职业素养的养成。

（4）现行规范。

《工程测量通用规范》(GB 55018—2021)。

《水利水电工程施工测量规范》(SL 52—2015)。

《建筑工程质量验收统一标准》(GB 50300—2013)。

【思政引导】

在《感动中国2020年度人物颁奖盛典》上给自然资源部第一大地测量队的颁奖辞这样写道：“在中国共产党波澜壮阔的百年征程上，初心历久弥坚；在中国共产党矢志不渝的百年奋斗路上，一代又一代中国共产党人顽强拼搏、不懈奋斗。百年奋斗中形成的红船精神、井冈山精神、长征精神等一系列伟大精神，构筑起中国共产党人的精神谱系，为我党提供了丰厚的滋养，引领奋进之路，无往而不胜。国测一大队所代表的测绘精神就是其中之一。以国测一大队为代表的一代代测绘人所诠释的‘热爱祖国、忠诚事业、艰苦奋斗、无私奉献’的测绘精神，已成为建党百年共产党人精神财富的组成部分。67年来，测绘人与新中国一起成长，国测一大队也和新中国一起成长，他们是测绘精神的代表。为了本色初心他们奉献了一辈子，‘为国家苦行，为科学先行，穿山跨海，经天纬地，你们的身影，是插在大地上的猎猎风旗’。”颁奖词里对国测一大队给予了高度评价，一代代的测绘人在他们平凡的工作岗位上作出了不平凡的贡献。多年来，国测一大队测绘出的精准测绘成果，已广泛应用到水利、国土、规划、交通、防灾减灾、自然资源管理和开发利用等多个领域，为三峡工程、青藏铁路、西气东输、南水北调等多个重大工程提供了强有力的测绘支撑，为国家经济建设和社会发展提供了精准的测绘服务保障。

【知识拓展】

1. 观看“感动中国2020年度人物国测一大队：用生命‘描绘’祖国万里河山”视频。

2. 观看新闻联播视频：国测一大队用脚步丈量祖国壮美山河的“大地英雄”。

任务 3.1 角度测量原理

3-1

角度测量原理及经纬仪介绍

3.1.1 水平角测量原理

水平角是指空间两条相交直线在某一水平面上投影之间的夹角。如图 3.1.1 所示，A、P、B 是三个地面标志点，PA、PB 两条空间直线在过 P 点的水平面上投影为 pa 和 pb，它们之间的夹角$\angle apb$ 称为 P 对 A、B 两点的水平角，常用字母 β 表示。

要测定水平角，可以设想将一个有顺时针角度分划的圆盘（度盘）置于测站点 P 上，使其圆心与 P 点重合或者位于同一铅垂线上，并安置水平。在度盘的中心上方，设置一个既可以水平转动、又可以铅垂俯仰的望远镜照准装置，以及与其水平转动联动的位于度盘上的读数指标线，这样望远镜分别照准 A、B 点，即可得到度盘上指标线处的读数 a_0、b_0，显然水平角为

$$\beta = b_0 - a_0$$

式中　a_0，b_0——P 对于 A、B 目标点的方向值。

3.1.2 垂直角测量原理

垂直角是指空间直线与水平面的夹角，亦称“高度角”或“竖直角”。规定从水平面开始，向上量为正，也称为仰角；向下量为负，也称为俯角，通常用希腊字母 α 表示。

在图 3.1.2 中，照准方向线 OA 与过 O 点水平线 OA' 的夹角 α，即为 O 点至 A 点的垂直角。为了测定垂直角，可以设想在望远镜照准装置赖以俯仰的横轴的一端安置一个度盘，0°～180°直径方向与铅垂线同向，盘面铅垂，圆心与横轴重合，称为垂直度盘；再于垂直度盘上设置一个与望远镜方向同步的读数指标线。这样，当望远镜照准目标 A 时，依指标线在垂直度盘上读取读数 δ，水平位置的读数 δ_0 与 δ 之差，即为 O 点对于 A 点的垂直角 α。实际仪器中是使读数指标固定于一不变位置，通常在铅垂线方向（或水平方向），而度盘与望远镜连在一起，且 0°～180°直径方向与望远镜轴线平行，随望远镜的俯仰而旋转，照准目标后读取铅垂方向读数 δ，按 $\alpha = 90° - \delta$ 计算，同样也可得到垂直角。

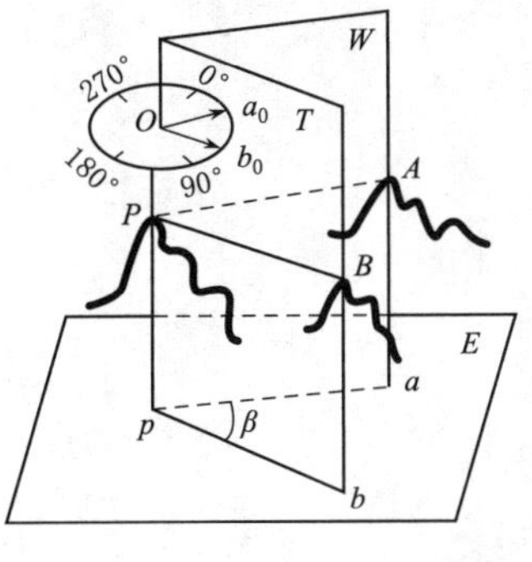

图 3.1.1　水平角测量原理

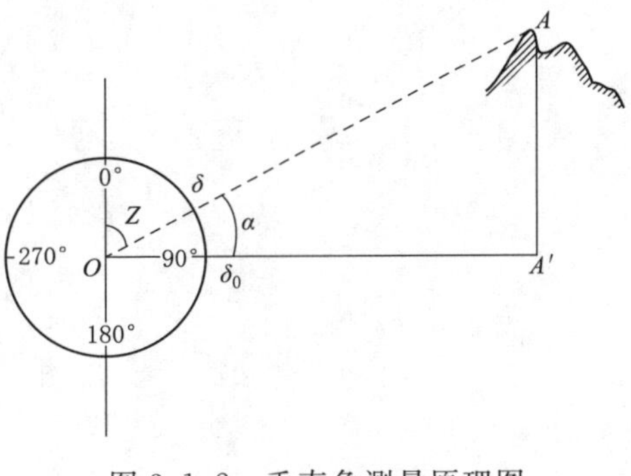

图 3.1.2　垂直角测量原理图

在重力的作用下，地面上每一点均有一条指向下的铅垂线方向（即自由落体方向），定义铅垂线的反方向（指向天顶）称为该点的天顶方向，从天顶方向量到某一空间直线方向的角度（在铅垂面内）称为天顶距，用 Z 表示，显然 OA 直线方向的天顶距 Z 与垂直角 α 的关系为

$$\alpha = 90^\circ - Z \tag{3.1.1}$$

实际应用时可使用垂直角也可使用天顶距。另外，天顶距可以大于 90°，故无正负之分。

任务3.2 DJ_6型光学经纬仪

经纬仪是一种主要用于精确测量水平角和垂直角的仪器。根据测角精度不同，经纬仪分为DJ_{07}型、DJ_1型、DJ_2型、DJ_6型和DJ_{15}型。其脚符07、1、2、6、15表示该类仪器的精度等级，其含义为一测回的测角中误差分别为±0.7″、±1.0″、±2.0″和±6.0″等。

水利工程测量中最常用的是DJ_2型和DJ_6型经纬仪。DJ_2型经纬仪主要用于控制测量，DJ_6型则主要用于图根控制测量和碎部测量。两种经纬仪的结构大体相同，本书主要介绍DJ_6型经纬仪结构原理和使用方法。

3.2.1 DJ_6经纬仪的基本结构

图3.2.1是DJ_6光学经纬仪外观。

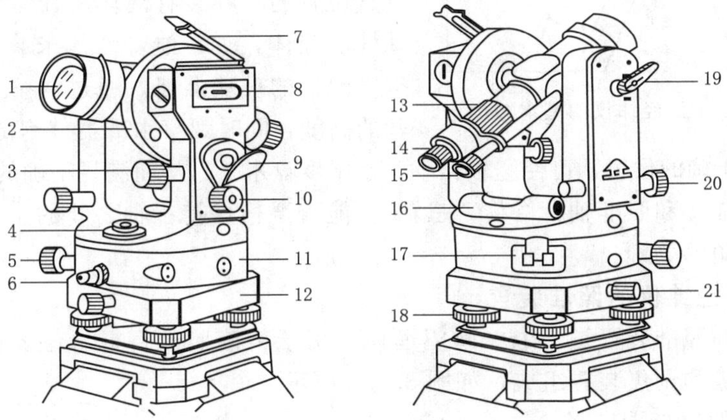

图3.2.1 DJ_6光学经纬仪外观

1—物镜；2—竖直度盘；3—竖盘指标水准管微动螺旋；4—圆水准器；5—照准部微动螺旋；6—照准部制动扳钮；7—水准管反光镜；8—竖盘指标水准管；9—度盘照明反光镜；10—测微轮；11—水平度盘；12—基座；13—望远镜调焦筒；14—目镜；15—读数显微镜目镜；16—照准部水准管；17—复测扳手；18—脚螺旋；19—望远镜制动扳钮；20—望远镜微动螺旋；21—轴座固定螺旋

经纬仪的种类虽然很多，但其基本构造都主要由脚架、基座和照准部组成，如图3.2.2所示。脚架用于架设仪器；基座支撑着照准部并连接脚架；照准部是经纬仪的主体，它由如下组件构成。

竖轴：仪器照准部旋转所围绕的几何轴线，亦称“垂直轴”或“纵轴”。它由主轴和轴套组成，两者密合而又旋转灵活，其旋转的稳定程度是衡量仪器质量优劣的重要标志。测角时，它应位于铅垂线方向，并通过下部悬挂的垂球对准地面标志点，以保证照准部绕地面点的铅垂线水平旋转。

水平度盘：经纬仪上度量水平角的量器，为金属或光学玻璃制成的圆盘。盘面与竖轴正交，度盘中心由竖轴穿过，保证由指标读取的角为该点的水平角。

横轴：测量仪器上望远镜绕其俯仰纵转的几何轴线，亦称“水平轴”。它被支

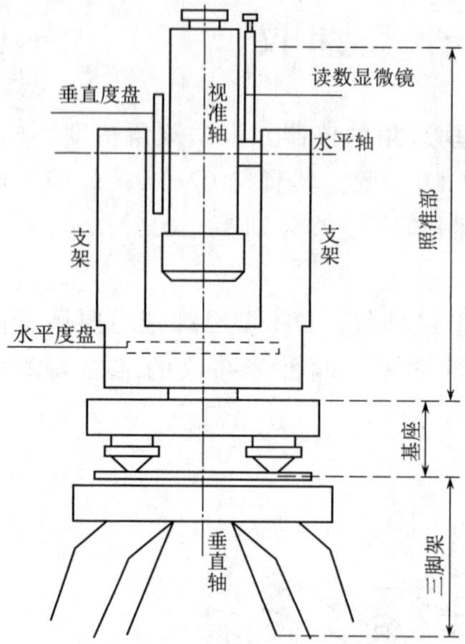

图 3.2.2 DJ_6 经纬仪的基本结构

架撑起在水平度盘上方，与水平度盘平行而与竖轴垂直。

垂直度盘：经纬仪上度量垂直角的量器，亦称“竖盘”。安装在横轴的一端，盘面与横轴正交，度盘中心由横轴穿过，一般可随望远镜一同俯仰转动。

照准轴：望远镜物镜中心与十字丝交点的连线，它是照准目标的基准方向线，也称“视准轴”。它应与横轴正交并过横轴与竖轴的交点，以保证望远镜的俯仰面为过测站的铅垂面。

水准器：是安置平面或轴线处于水平或垂直位置的一种装有液体（通常为有较好流动性的液体，如乙醚，液体未装满，留有真空气泡）的玻璃器皿。通过调整三个基座螺丝的高度，同时观察水准器气泡的移动变化，使气泡到达正确的位置，可使竖轴铅垂，水平度盘水平，从而满足正确的测角状态。

竖轴、横轴和照准轴，俗称“三轴”。能否严格保持三轴之间的正交关系，是保证正确测角的关键。

3.2.2 DJ_6 经纬仪的照准装置

经纬仪的照准装置是一个单筒望远镜，用于精确照准目标。主要由物镜、目镜、十字丝板和调焦装置组成，如图 3.2.3 所示。

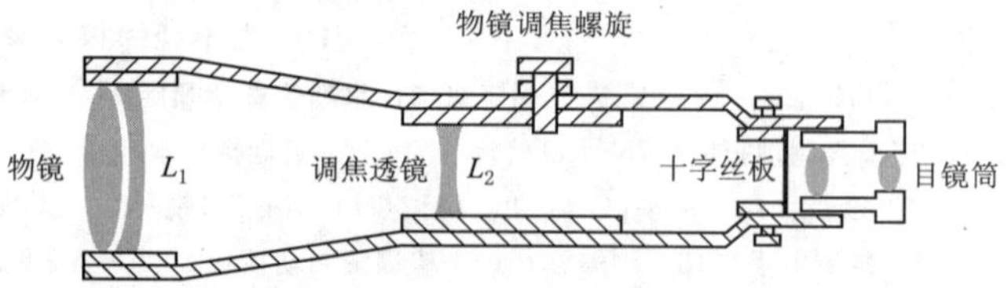

图 3.2.3 望远镜的组成

望远镜的物镜是一个能消除像差、提高成像质量的复合透镜；调焦透镜是一个能随调焦螺旋旋转而前后移动的凹透镜，它与物镜一起构成透镜组。透镜组的焦距随物镜与调焦透镜间的距离大小而变化，这样，对于不同距离的目标，通过旋转调焦螺旋来改变透镜组的焦距，使得目标影像总是落于十字丝板上；目镜是一个能使物像放大成虚像的复合凸透镜，由于十字丝板安置在目镜的前焦点之内，按照成像规律，物像将被目镜放大成倒立的虚像，观测时，由目镜向内观察即可看到目标放大的倒像。经纬仪上的望远镜角度放大倍数一般为 20～30，高精度经纬仪有 2～3 个可选目镜，角度放大倍数可达 45～55 倍。

十字丝板是望远镜用以照准目标的十字刻划板，常见的刻划形式如图 3.2.4 所示。十字的中心与物镜中心的连线，称为照准轴，是照准目标的基准线。中央的纵丝，用以测定水平角，当目标细长时，可用单丝照准；目标稍粗时，其头部影像置于中央空白处，再用单丝切分；若目标较粗时，可用双丝夹切。横丝，也称水平丝，用于测定垂直角，使其与目标顶部和特定部位相切。与纵丝垂直的上下两条短横丝，以及与横丝正交的左右两条短竖丝，称视距丝，它们分别与竖置、横置的标尺相配合，可直接读出距离。

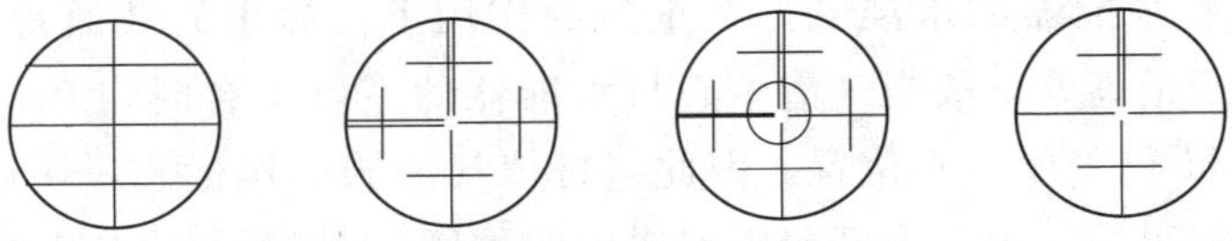

图 3.2.4　十字丝刻划

3.2.3　DJ_6 经纬仪的读数系统

经纬仪的测读角度的一系列装置，称为经纬仪的读数系统，通常包括度盘、光路系统和测微装置。

3.2.3.1　度盘

度盘系优质玻璃刻制而成，度盘的直径和最小刻度值的大小，决定经纬仪的精度等级。水利工程测量使用的经纬仪，其度盘直径多在 60～90mm，最小刻划值在 20′～1°。

3.2.3.2　测微装置及使用

用于测读度盘上不足一个分划间隔相应角度的装置，称为测微装置。不同类型的经纬仪，有不同测微原理和结构的测微装置。但采用较多的是测微尺和双平板玻璃测微器。

图 3.2.5 是 Theo 020 经纬仪所采用的测微尺。它分为 60 个小格，每格代表 1′。光路中的成像透镜组，将度盘分划影像成像在测微尺平面上，并保证度盘上 1°的分划间隔与测微尺 0～60 格的宽度一致，这样即可依测微尺上的 0 指标线进行读数和测微。首先读取位于测微尺 0～60 格之间的度盘刻划值；再顺着测微尺读取 0 分划线至度盘刻划线间的小整格数，即为分；然后以 0.1 格的精度，估读不足一小格的部分，并乘以 6 化为秒。例如，图 3.2.5 的读数为：水平度盘 213°01′24″，垂直度盘 95°55′30″。

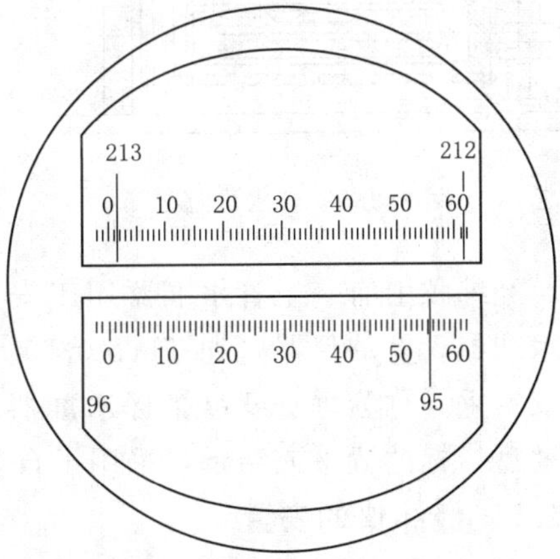

图 3.2.5　Theo 020 经纬仪测微尺

3.2.4　DJ_6 经纬仪的置平装置

整置经纬仪的竖轴铅垂和使竖盘读数指标处于铅垂或水平位置的装置，称为经纬仪的置平装置。它的主要构件是水准器和竖盘自动归零装置。

按照水准器的形状可以分为管状水准器和圆水准器两种。

管状水准器为一内壁具有一定曲率半径的光滑玻璃管，其内充有冰点低、附着力小、流动性强的液体和留有一个真空气泡，亦称水准气泡，如图 3.2.6 所示。通常用石膏将其固定在金属支架内，并在一端设置有可调升降的改正螺丝。管水准器纵断面内壁的中点，称为水准器的零点 O，过该点作管水准器纵向圆弧的切线 HH，称为管水准器的水准轴。在重力的作用下，静止的液面是一个水准面，且气泡总是居于最高处，故当气泡中心与水准器的零点重合时，（称为气泡居中）表明水准轴 HH 已处于水平位置。因此，可依气泡居中作标志，用以安置面、线水平。由于气泡很长，为准确判定气泡居中的程度，通常不刻出 O 点，而以 O 点为中心在两端刻出对称的分划线，如图 3.2.7 所示，并以气泡两端是否与对称分划线相切，作为判定气泡是否居中以及倾斜程度的依据。

水准器相邻两分划的弧长一般为 2mm。它所对的圆心角，称为水准器的分划值 t，即

$$t=(2\mathrm{mm}/R)\rho'' \tag{3.2.1}$$

式中　R——管水准器内壁圆弧的曲率半径。

t 值愈小，水准器的灵敏度愈高。DJ_6 级经纬仪上管水准器的分划值多为 30″～60″。

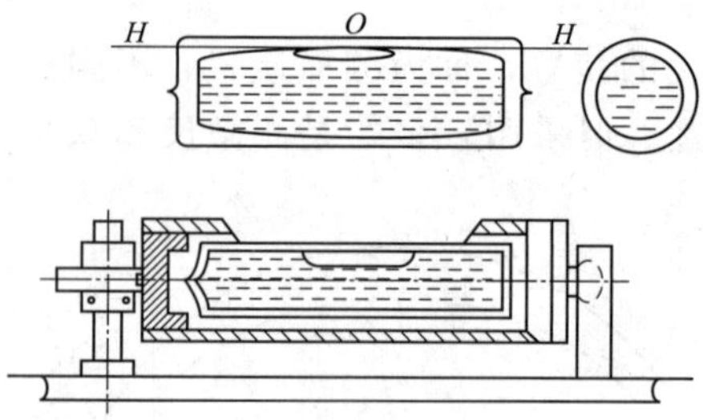

图 3.2.6　管水准器

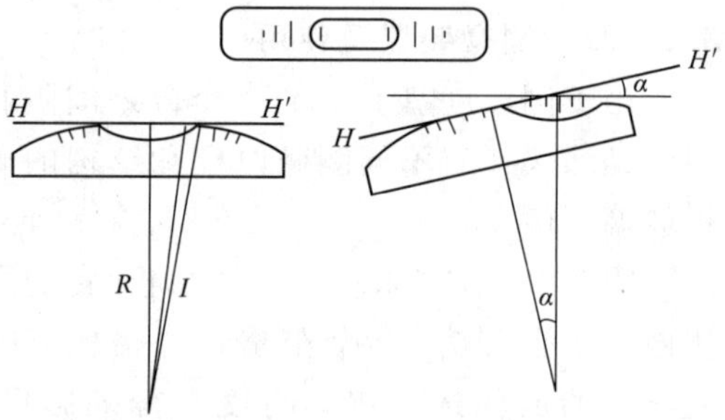

图 3.2.7　管水准器分划

经纬仪上有一个管水准器用于安置水平度盘水平或竖轴铅垂，亦称水平度盘管水准器；有的仪器（如 Theo 030）还有一个管水准器，用于垂直度盘指标的置平或铅垂，称为垂直度盘指标水准器；也有些仪器只有水平度盘管水准器，而垂直度盘指标的置平或铅垂，采用了自动归零装置。

3.2.5　经纬仪的安置

在开始角度观测之前，必须正确安置经纬仪。安置经纬仪包括对中、整平两个步骤。

3-2
经纬仪安置

3.2.5.1　对中

对中的目的是使经纬仪的水平度盘中心与测站点标志中心位于同一铅垂线上。精确对中目前常用的方法有光学对点法和激光对点法，本书以光学对点法为例介绍经纬仪的安置。

将脚架腿伸开，长短适中，保持脚架面概略水平，平移脚架同时从光学对点

器中观察地面情况，当地面标志点出现在视场中央附近时，停止移动，缓慢踩实脚架。旋转基座螺旋并观察地面标志点的移动情况，使对点器的十字丝中心对准地面标志点，此时圆水准器不居中。松开脚架腿固定螺丝，适当调整三个脚架腿的长度，使圆水准器居中，此时地面标志点略微偏离十字丝中心，松开中心连接螺旋，平行移动仪器使光学对点器与测站点标志完全重合，注意：松开中心连接螺旋，而不是完全松开。重复上述过程 2～3 次，直至地面点落于十字丝中心，同时圆水准器也处于居中状态，对中完成。利用光学对点器对中较垂球法精度高，一般误差在 1mm 左右，同时不受风力的影响，操作过程简单快速，因而应用普遍。

为什么光学对点器对中需要升降脚架整平呢？如图 3.2.8 所示，当用光学对点器对中以后，即对中了 A 点，若通过调节三个脚螺旋整平仪器，则光学对点器对中了 A_1，与测站点偏离较大，因此光学对点器对中，整平时不能用调节脚螺旋整平仪器的方法，而只能用升降架腿的方法整平。不论采用何种方法进行对中，绝对的对中是不可能的。因此，按角度测量的不同要求，允许有不同的偏差范围。例如，在大比例尺水利工程测量中一般要求对中误差应小于 $D/8000$，其中 D 是观测方向中的最短边长。

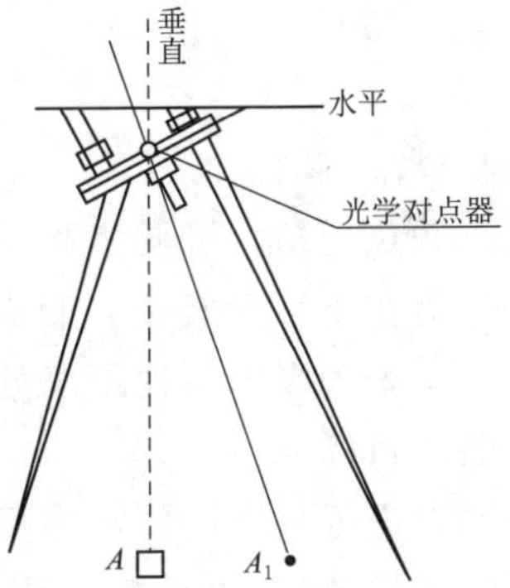

图 3.2.8　光学对中器对中原理

对中时应注意：

（1）对中后应及时固紧连接螺旋和架腿固定螺丝。

（2）检查对中偏差应在规定限差要求之内。

（3）在坚滑地面上设站时，应将脚架腿用绳子串牢或用砖、石顶住，以防架腿滑动。

（4）在山坡上设站时，应使脚架的两个腿在下坡，一个腿在上坡，以保障仪器稳定、安全。

3.2.5.2　整平

整平的目的是让经纬仪竖轴位于铅垂线上。整平是借助照准部水准器完成的。一般先让圆气泡居中，使仪器概略置平。用管水准器置平时，通常是先让管水准器平行于某两个脚螺旋的连线，如图 3.2.9（a）所示，旋转这两个脚螺旋，使气泡居中。然后转动照准部 90°，使管水准器垂直于该两个脚螺旋连线，如图 3.2.9（b）所示。此时，只转动第三个脚螺旋，使气泡居中，如此反复 2～3 次，仪器在互相垂直的两个方向上均达到气泡居中，即达到了精确置平。

整平时应注意：

（1）转动脚螺旋时不可过猛，否则气泡不易稳定。

（2）应掌握气泡移动规律，即左手拇指的运动方向就是气泡的移动方向，右手则相反。

（3）当三个脚螺旋高低相差过大，出现转动不灵活时，应重新调整仪器架头水平并对中，然后再整平，不可强行旋转。

（4）当旋转第三个脚螺旋时，不可再转动前两个脚螺旋，反之亦然。

（5）若反复数次难以整平，可能与管水准器未校正好有关。这时只要气泡总是偏在管水准器某一固定位置即可。

（a）　　（b）

图 3.2.9　经纬仪整平

3.2.5.3　调焦

3-3

经纬仪调焦和照准实操

调焦包括目镜调焦和物镜调焦，物镜调焦的目的是使照准目标经物镜所成的实像落在十字丝板上，目镜调焦的目的是使十字丝连同目标的像（即观测目标）一起位于人眼的明视距离处，使目标的像和十字丝在视场内都很清晰，以利于精确照准目标。

先进行目镜调焦，将望远镜对向天空或白墙，转动目镜调焦环，使十字丝最清晰（最黑）。由于各人眼睛明视距离不同，目镜调焦因人而异。再进行物镜调焦，转动物镜调焦螺旋，使当前观测目标成像最清晰。

要检验调焦是否正确，可将眼睛在目镜后上下左右移动，若目标影像和十字丝影像没有相对移动，则说明调焦正确；否则，观察到目标影像和十字丝影像相对移动，则说明调焦不正确，这种现象称为视差。它将影响观测的精度，特别是进行高等级观测时，尤其应当注意。

3.2.5.4　照准

开始角度观测之前，还应做好下列准备工作：①寻找目标；②选定零方向点（即第一个观测方向），按顺时针排列目标，确定观测顺序；③准备记簿，填写测站点名、观测日期、天气、测量员、记簿员姓名等项目；④若进行垂直角测量需量取仪器高、觇标高并记录。照准目标就是用十字丝的中心部位照准目标，不同的角度测量所用的十字丝是不同的，但都是用接近十字丝中心的位置照准目标。在水平角测量中，应用十字丝的纵丝（竖丝）照准目标，根据目标的大小和距离的远近，可以选择用单丝或双丝照准目标。当所照准的目标较粗时，常用单丝平分之；若照准的目标较细时，则常用双丝对称夹住目标，如图 3.2.10（a）所示。当目标倾斜时，应照准目标的根部以减弱照准误差的影响。

进行竖直角测量时，应用十字丝的横丝（中丝）切准目标的顶部或特殊部位，在记录时一定要注记照准位置，见图 3.2.10（b）。

具体的照准操作方法是，松开照准部和望远镜的制动螺旋，转动照准部和望远镜，用粗瞄准器使望远镜大致照准目标，然后从镜内找到目标并使其移动到十字丝中心附近，固定照准部和望远镜制动螺旋，再旋转其微动螺旋，便可准确照准目标的固定部位，读取水平角或竖直角数值。

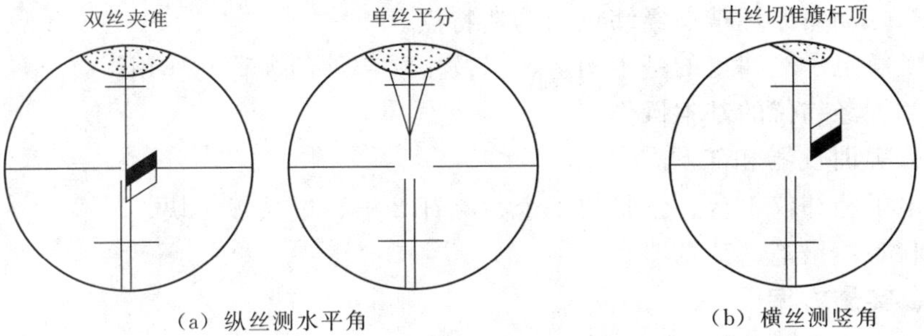

图 3.2.10 水平角测量瞄准照准标志的方法

为了减少仪器的隙动误差，使用微动螺旋精确照准目标时，一定要用旋进方向。测水平角时，照准部的旋转一定要按规定的方向旋转，以减少仪器的带动误差。

3.2.6 水平度盘配置

为了减弱度盘的刻划误差和方向值的计算方便，在水平角观测时，通常规定某一目标清晰、成像稳定的目标作为“零方向”，将度盘读数调整为0°或某一规定值，这一操作过程称为配置度盘。

具体操作步骤：

(1) 当仪器整平后，用盘左照准目标。

(2) 转动度盘变换手轮，使度盘读数调整至预定读数即可。

(3) 为防止观测时，碰动度盘变换手轮，度盘“置数”后，应及时盖上护盖。

当观测角要求较高时，通常在一个测站上观测好几个测回，为了减弱度盘刻划误差的影响，各测回的“零方向”值为

$$m=\frac{180^\circ}{n}(i-1)$$

式中 n——测回数；

i——测回序号。

所谓“盘左”就是当望远镜照准目标时，竖盘在望远镜的左侧称为“盘左”又称为“正镜”；竖盘位于望远镜的右侧时称为“盘右”又称为“倒镜”。

用盘左观测水平角时称为“上半测回”；用“盘右”观测水平角时称为“下半测回”；上半测回和下半测回合称“一测回”。

实训3.1 电子经纬仪实操

一、任务的目的

1. 根据测角原理掌握经纬仪的构造特点。

2. 了解电子经纬仪的基本构造，以及主要部件的名称与作用。

3. 掌握经纬仪的基本操作。

二、实训仪器和工具

1. 电子经纬仪1台、三脚架1个、测钎2根、记录板1块。

2. 自备：铅笔、计算器。

三、实施方案

1. 分组认真观摩

指导教师现场讲解电子经纬仪的构造，各螺旋的名称、功能及操作方法，仪器的安置及使用方法。

2. 架设仪器

各小组在给定的测站点上架设仪器（从箱中取经纬仪时，应注意仪器的装箱位置，以便用后装箱）。在测站点上撑开三脚架，高度应适中，架头应大致水平；然后把经纬仪安放到三脚架的架头上。安放仪器时，一手扶住仪器，一手旋转位于架头底部的连接螺旋，使连接螺旋穿入经纬仪基座压板螺孔，并旋紧螺旋。

3. 熟悉仪器

对照实物正确说出仪器的组成部分、各螺旋的名称及作用。

4. 对中训练

（用光学对中器对中）

（1）将仪器中心大致对准地面测站点。

（2）通过旋转光学对中器的目镜调焦螺旋，使分划板对中圈清晰；通过推、拉光学对中器的镜管进行对光，使对中圈和地面测站点标志都清晰显示。

（3）移动脚架或在架头上平移仪器，使地面测站点标志位于对中圈内。

（4）逐一松开三脚架架腿制动螺旋并利用伸缩架腿（架脚点不得移位）使圆水准器气泡居中，大致整平仪器。

5. 整平

转动照准部，使水准管平行于任意一对脚螺旋，同时相对（或相反）旋转这两只脚螺旋（气泡移动的方向与左手大拇指行进方向一致），使水准管气泡居中；然后将照准部绕竖轴转动90°，再转动第三只脚螺旋，使气泡居中。如此反复进行，直到照准部转到任何方向，气泡在水准管内的偏移都不超过刻划线的1格为止。

检查：（1）检查对中器中地面测站点是否偏离分划板对中圈。若发生偏离，则松开底座下的连接螺旋，在架头上轻轻平移仪器，使地面测站点回到对中器分划板对中圈内。

（2）检查照准部水准管气泡是否居中。若气泡发生偏离，需再次整平，即重复前面过程，最后旋紧连接螺旋。

6. 瞄准

取下望远镜的镜盖，将望远镜对准天空（或远处明亮背景），转动望远镜的目镜调焦螺旋，使十字丝最清晰；然后用望远镜上准星瞄准远处一线状目标（如远处的避雷针、天线等），旋紧望远镜和照准部的制动螺旋（物镜调焦螺旋），使目标影像清晰；再转动望远镜和照准部的微动螺旋，使目标被十字丝的纵向单丝平分，或被纵向双丝夹在中央。

7. 读数

瞄准目标后，读取读数。

四、实训中注意事项

1. 三脚架应支在平坦、坚固的地面上，架设高度应适中，架头应大致水平，架腿制动螺旋应紧固，整个三脚架应稳定。

2. 安放仪器时应将仪器连接螺旋旋紧，防止仪器脱落。

3. 各螺旋的旋转应稳、轻、慢，禁止用蛮力，最好使用螺旋运行的中间位置。

4. 日光下测量时应避免将物镜直接瞄准太阳。瞄准目标时必须注意消除误差，应习惯先用瞄准器寻找和瞄准。

5. 测量水平角瞄准目标时，应尽可能瞄准其底部，以减少目标倾斜所引起的误差。

6. 仪器安放到三脚架上或取下时，要一手先握住仪器，以防仪器摔落。

五、控制标准与评价

1. 每位同学通过训练要达到如下要求：

（1）在 5min 内完成经纬仪的对中和整平。对中误差：＜2mm；整平误差：水准管气泡偏离不超过 1 格。

（2）1～2 分钟完成目标的瞄准。

（3）能熟悉并记住实施中的注意事项。

2. 学生根据上述要求对自己实训做出正确的自我评价。写出改进的措施：____。

任务3.3　水平角测量

3.3.1　测回法测量水平角

3-4

测回法测角

在水利工程测量中，观测水平角常用的方法有测回法、方向观测法和复测法。其中前两种方法类似，只有两个观测方向的称测回法，多于两个观测方向的称方向观测法；只有当精度要求较高，而使用的仪器等级较低时，方采用复测法。水平角观测方法应按仪器的型号和对角度观测的精度要求而定，但都必须进行“盘左”“盘右”观测。

测回法适用于两个方向的单角测量，如图3.3.1所示，以O点为测站，对中、整平仪器后即可用测回法进行观测，其观测方法如下：

图3.3.1　测回法观测水平角

（1）用盘左精确照准A目标（消除十字丝视差，双丝夹住目标或单丝平分目标底部），度盘“置零”，记录此数为$a_{左}$。

（2）顺时针转动仪器的照准部，照准右边的B目标，读取水平度盘的读数$b_{左}$。

以上两步用盘左观测称为上半测回，其角值称为上半测回角值，大小为

$$\beta_{左}=b_{左}-a_{左}$$

（3）倒转望远镜用盘右观测，按上述方法先观测B目标，记录水平度盘读数$b_{右}$。

（4）逆时针转动仪器的照准部，观测A目标，读数、记录$a_{右}$。

以上(3)、(4)步用盘右观测称为下半测回，其角值称为下半测回角值，大小为

$$\beta_{右}=b_{右}-a_{右}$$

上、下两个半测回称为一测回，其角值大小为上、下两半测回角值的平均值，即

$$\beta=\frac{1}{2}(\beta_{左}+\beta_{右})$$

为提高观测精度，常采用多个测回进行水平角观测，为减弱度盘刻划误差，各测回间应变换度盘位置，前文步骤中已讲述。测回法观测水平角的限差要求见表3.3.1。

表3.3.1　　测回法观测限差要求

项　目	半测回角值之差/(″)	测回角值之差/(″)
限差大小	36	24

注　半测回角值之差就是上半测回角值和下半测回角值之差；测回角值之差又称为测回差，就是各测回角值之差。

测回法观测水平角的记录、计算格式见表 3.3.2。

表 3.3.2　　测回法观测水平角的记录手簿

测站	目标	竖盘位置	水平度盘度数 /(° ′ ″)	半测回角值 /(° ′ ″)	一测回平均角值 /(° ′ ″)	各测回平均值 /(° ′ ″)
一测回 B	A	左	0 06 24	111 39 54	111 39 51	111 39 52
	C		111 46 18			
	A	右	180 06 48	111 39 48		
	C		291 46 36			
二测回 B	A	左	90 06 18	111 39 48	111 39 54	
	C		201 46 06			
	A	右	270 06 30	111 40 00		
	C		21 46 30			

3.3.2　方向法观测水平角

当一个测站上须观测多个角度时，若采用“测回法”观测较麻烦，通常采用方向观测法。方向观测法又简称为“方向法”。如图 3.3.2 所示，设测站为 P，观测目标为 A、B、C、D，观测记录、计算方法如下。

3-5 方向法测水平角视频

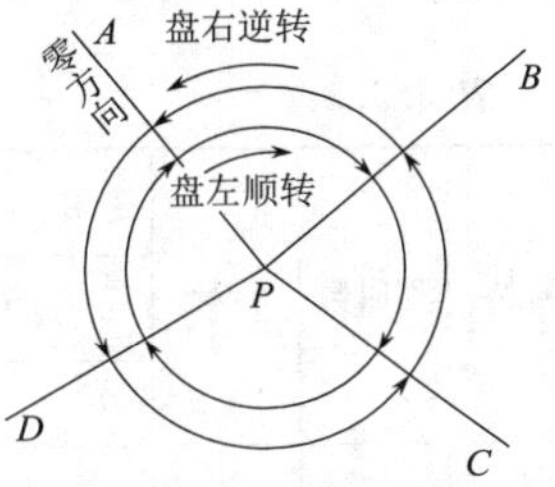

图 3.3.2　方向法观测水平角

3.3.2.1　观测方法

（1）用盘左观测（上半测回观测）：在四个目标中，选择一个目标清晰、成像稳定的目标作为“零方向”，度盘“置零”，即度盘配置为略大于 0°的读数处，读数、记录。然后按顺时针方向转动照准部分别观测 B、C、D 目标，读数、记录。由于观测方向较多、观测时间长等原因可能造成度盘“零位置”发生变化，而影响观测精度。为了检核应再次照准 A 目标，读数、记录。由于在上半测回中两次照准零方向 A 目标，仪器转动了一周，故称为“归零”。该次“归零”称为上半测回“归零”。

（2）用盘右观测（下半测回观测）：倒转望远镜即（盘右）照准 A 目标，读数、记录，然后逆时针转动照准部分别照准目标 D、C、B、A，读数、记录。在观测中又两次照准目标 A，故称为下半测回“归零”。

上、下两半测回合起来称为“一测回”。其余各测回观测只需按要求变换零方向的度盘位置即可，其观测、记录方法完全相同。这种观测方法因两次照准零方向，仪器转动一周，该方法又称为“全圆方向法”。当一个测站的观测个数大于 3 个时，必须采用该方法。因观测过程中有误差存在，两次照准零方向的值不相等，其差值称为“归零差”。只有当上下半测回的“归零差”都符合规定要求时，才能进行后面的计算。

3.3.2.2　方向观测法记录、计算方法

方向观测法的记录、计算表格见表 3.3.1。上半测回观测时，当照准目标后分

别读取目标 A、B、C、D、A 的水平度盘读数，记录在表格的第 2 栏内。

下半测回观测时，分别照准目标 A、D、C、B、A，并读取相应的水平度盘读数，记录在表格的第 3 栏内。记录时，观测值应与相应的目标栏对齐。

(1) $2C$ 值的计算：

$$2C = L - (R \pm 180°) \tag{3.3.1}$$

式中 L——盘左读数；

R——盘右读数，当 $R \geqslant 180°$时，取“－”，当 $R < 180°$时，取“＋”号。

(2) 平均读数的计算：

盘左读数与盘右读数±180°之和的平均值。表 3.3.3 第 7 栏中零方向有两个平均值，取这两个平均值的中数记在第 7 栏上方，并加上括号。

(3) 归零方向值的计算：

表 3.3.3 第 8 栏中归零后方向值的计算，是用第 7 栏中各方向值减去零方向括号内之值。例如：第 1 测回方向 B 的归零方向值为 51°15′36″－0°02′06″＝51°13′30″。一测站按规定测回数测完后，应比较同一方向各测回归零后方向值，检查其较差是否超限，限差要求见表 3.3.4，如满足限差要求，则取各测回同一方向值的中数记入表 3.3.3 中第 9 栏。

表 3.3.3　方向观测法记录手簿

测站	测回数	目标	读数		2C＝左－(右±180°)	平均读数＝$\frac{1}{2}$[左＋(右±180°)]	归零后方向值	各测回归零方向值的平均值
			盘左	盘右				
			(° ′ ″)	(° ′ ″)	(″)	(° ′ ″)	(° ′ ″)	(° ′ ″)
1	2	3	4	5	6	7	8	9
P	1					(0 02 06)		
		A	0 02 06	180 02 00	+6	0 02 03	0 00 00	
		B	51 15 42	231 15 30	+12	51 15 36	51 13 30	
		C	131 54 12	311 54 00	+12	131 54 06	131 52 00	
		D	182 02 24	2 02 24	0	182 02 24	182 00 18	
		A	0 02 12	180 02 06	+6	0 02 09		
P	2					(90 03 32)		
		A	90 03 30	270 03 24	+6	90 03 27	0 00 00	0 00 00
		B	141 17 00	321 16 54	+6	141 16 57	51 13 25	51 13 28
		C	221 55 42	41 55 30	+12	221 55 36	131 52 04	131 52 02
		D	272 04 00	92 03 54	+6	272 03 57	182 00 25	182 00 22
		A	90 03 36	270 03 36	0	90 03 96		

表 3.3.4　方向观测法限差要求［《工程测量通用规范》(GB 55018—2021)］

限差项目	DJ_2型	DJ_6型
半测回归零差	12″	24″
同一测回 2C 变动范围	18″	—
各测回零方向值之较差	12″	24″

一测回观测完成后，应及时进行计算，并对照检查各项限差，如有超限，应立即重测。

3.3.3 原始观测数据更改的规定及水平角观测注意事项

为了保证测量结果的真实、可靠、整洁、美观，养成良好的工作作风，要求做到以下几点：

(1) 原始记录（点名、读数）不得涂改、转抄。

(2) 铅笔粗细适当，字迹工整，记错的可用直线正规划去，并在旁边写上正确读数，但不得连环涂改。

(3) 手簿项目填写齐全，不留空页，不撕页。

(4) 记录数字字体正规，符合规定。

3.3.3.1 原始观测数据更改的规定

(1) 读记错误的秒值不许改动，应重新观测。读记错误的度、分值，必须在现场更改，但同一方向盘左、盘右、半测回方向值三者不得同时更改两个相关数字，同一测站不得有两个相关数字连环更改，否则均应重测。

(2) 凡更改错误，均应将错误数字、文字用横线整齐划去，在其上方写出正确数字或文字。原错误数字或文字应仍能看清，以便检查。需重测的方向或需重测的测回可用从左上角至右下角的斜线划去。凡划改的数字或划去的不合格成果，均应在附注栏内注明原因。需重测的方向或测回，应注明其重测结果所在页数。废站也应整齐划去并注明原因。

(3) 补测或重测结果不得记录在测错的手簿页数之前面。

3.3.3.2 水平角观测注意事项

(1) 仪器高度要和观测者的身高相适应；三脚架要踩实，仪器与脚架连接要牢固，操作仪器时不要手扶三脚架，走动时要防止碰动脚架，使用各种螺旋时用力要适当，不可过猛、过大。

(2) 对中要认真、仔细。特别是对于短边观测水平角时，对中要求应更严格。

(3) 当观测目标间高低相差较大时，更需注意仪器整平。

(4) 观测目标要竖直，尽可能用十字丝中心部位瞄准目标（旗杆）底部，并注意消除视差。

(5) 有阳光照射时，要打伞遮光观测；一测回观测过程中，不得再调整照准部管水准器气泡；如气泡偏离中心超过1格时，应重新整平仪器、重新观测；在成像不清晰的情况下，要停止观测。

(6) 一切原始观测值和记事项目，必须现场记录在正式外业手簿中，字迹要清楚、整齐、美观，不得涂改、擦改、重笔、转抄。手簿中各记事项目，每一测站或每一观测时间段的首末页都必须记载清楚、填写齐全。方向观测时，每站第1测回应记录所观测的方向序号、点名和照准目标，其余测回仅记录方向序号即可。

(7) 在一个测站上，只有当观测结果全部计算，检查合格后，方可迁站。

实训3.2 水平角测量实操

水平角测量——测回法实操

3-6

测回法测角实操

一、任务目的

（1）进一步熟悉电子经纬仪的使用方法。

（2）掌握测回法观测水平角的观测、记录和计算方法。

（3）了解用电子经纬仪按测回法观测水平角的各项技术指标。

二、所需仪器和工具

（1）电子经纬仪1台、三脚架1个、测钎2根、记录板1块、记号笔1支。

（2）自备：铅笔、计算器。

三、实施方案

（1）在指定的场地内，选择边长大致相等的3个点并用记号笔作标记，分别以O、A、B命名。

（2）在A、B两点插上测钎。

（3）将O点作为测站点，安置经纬仪进行对中、整平。

（4）使望远镜位于盘左位置（即观测员用望远镜瞄准目标时，竖盘在望远镜的左边，也称正镜位置），瞄准左边第一个目标A，即瞄准A点测钎，置零并做好记录。

（5）按顺时针方向，转动望远镜瞄准右边第二个目标B，读取水平度盘读数并记录，并在观测记录表格中计算盘左上半测回水平角值（$B_{目标读数}-A_{目标读数}$）。

（6）将望远镜盘左位置换为盘右位置（即观测员用望远镜瞄准目标时，竖盘在望远镜的右边，也称倒镜位置），先瞄准右边第二个目标B，读取水平度盘读数并记录。

（7）按逆时针方向，转动望远镜瞄准左边第一个目标A，读取水平度盘读数并记录，并在观测记录表格中计算出盘右下半测回角值（$B_{目标读数}-A_{目标读数}$）。

（8）比较计算的两个上、下半测回角值，若限差满足要求，取平均求出一测回平均水平角值。

（9）如果需要对一个水平角测量n个测回，则在每测回盘左位置瞄准第一目标A时，都需要配置度盘。每个测回度盘读数需变化$\dfrac{180°}{n}$（n为测回数）。

（10）除需要配置度盘读数外，各测回观测方法与第一测回水平角的观测过程相同。比较各测回所测角值，若有限差要求，取平均求出各测回平均角值。

四、实训中应注意事项

（1）观测过程中，若发现气泡偏移超过一格时，应重新整平仪器并重新观测该测回。

（2）计算半测回角值时，当每一目标读数a大于第二目标读数b时，则应在第一目标读数a上加上360°。

(3) 仪器迁站时，必须卸下仪器，然后装箱搬运，严禁将仪器装在三脚架上迁站。

(4) 使用中，若发现仪器功能异常，不可擅自拆卸仪器，应及时报告实验指导教师或实验室工作人员。

五、表格填写及计算

水平角观测记录（测回法）

日　期________　天　气________　班　级________　小　组______

仪器型号________　地　点________　观 测 者________　记 录 者______

测站	盘位	目标	水平度盘读数 /(° ′ ″)	半测回角值 /(° ′ ″)	一测回角值 /(° ′ ″)	备注

六、控制标准与评价

(1) 每位同学通过训练要达到如下要求：①在 10 分钟内独立完成 1 个测回的观测、记录、计算；②能正确完成表格填写、计算；③能熟悉并记住实施中的注意事项；④上、下半测回角值互差不应超过±36″，超限须重新观测该测回；⑤各测回互差不应超过±24″，超限须重新观测。

(2) 学生根据上述要求对自己实训做出正确的自我评价。写出改进的措施：

____

____。

实训3.3 水平角测量
——方向观测法实操

3-7

方向观测法水平角测量实操

一、任务目的

（1）学会方向观测法的观测程序和表格填写、计算。

（2）了解方向观测法的精度要求及重测原则。

二、所需仪器和工具

（1）电子经纬仪1台、三脚架1个、测钎3～4根、记录板1块、记号笔1支。

（2）自备：铅笔、计算器。

三、实施方案

（1）在指定的场地内，选择边长大致相等的4个点并用记号笔作标记，分别以O、A、B、C命名。

（2）在A、B、C三点插上测钎。

（3）将O点作为测站点，安置经纬仪进行对中、整平。

（4）使望远镜位于盘左位置（即观测员用望远镜瞄准目标时，竖盘在望远镜的左边，也称正镜位置），瞄准左边第一个目标A，即瞄准A点测钎，置零并做好记录。

（5）按顺时针方向，转动望远镜瞄准右边第二个目标B，读取水平度盘读数并记录。再转动望远镜瞄准右边第三个目标C，读取水平度盘读数并记录。

（6）继续旋转照准部至A方向，再读取水平度盘读数，检查归零差是否合格。

（7）将望远镜盘左位置换为盘右位置（即观测员用望远镜瞄准目标时，竖盘在望远镜的右边，也称倒镜位置），先瞄准目标A，读取水平度盘读数并记录。

（8）按逆时针方向，转动望远镜瞄准左边目标C，读取水平度盘读数并记录。再转动望远镜瞄准左边目标B，读取水平度盘读数并记录。

（9）继续逆时针旋转照准部至A方向，再读取水平度盘读数，检查归零差是否合格。

四、实训中应注意事项

（1）每半测回观测前应先旋转照准部1～2周。

（2）一测回内不得重新调焦和两次整平仪器。

（3）选择距离适中、通视良好、成像清晰的方向作零方向。

（4）管水准器气泡偏离中心不得超过1格以上。

（5）进行水平角观测时，应尽量照准目标的下部。

五、表格填写及计算

方向观测法观测水平角记录手簿

班　级______　组　号______　观 测 者______　记 录 者 ______

天　气______　日　期：____年____月____日

测站	测回	目标	水平读盘读数		2c＝左－右±180° /(″)	平均读数 /(° ′ ″)	归零后方向值 /(° ′ ″)	各测回归零方向值 /(° ′ ″)
			盘左 /(° ′ ″)	盘右 /(° ′ ″)				

六、控制标准与评价

（1）每位同学通过训练要达到如下要求：①在 10 分钟内独立完成 1 个测回的观测、记录、计算；②能正确完成表格填写、计算；③能熟悉并记住实施中的注意事项；④上、下半测回角值互差不应超过±36″，超限须重新观测该测回；⑤各测回互差不应超过±24″，超限须重新观测。

1）归零差：

a. 上半测回归零差超限，应立即重测。

b. 当下半测回的归零差超限时，则重测整个测回。

2）2c 互差：

a. 零方向的 2c 互差超限时，则重测整个测回。

b. 其他方向的 2c 互差超限时，则重测超限方向，并联测零方向。当一测回重测方向超过 1/3 总方向数时，应重测整个测回。

3）测回互差：

a. 当各测回同一归零方向值超限时，重测超限方向，并联测零方向。

b. 重测的方向数超过该站全部方向测回总数的 1/3 时，全部成果重测。

（2）学生根据上述要求对自己实训做出正确的自我评价。写出改进的措施：

____

____

____。

任务3.4 竖直角测量

3-8
竖直角测量

3.4.1 竖盘结构及注记形式

3.4.1.1 竖盘结构

经纬仪的竖盘垂直装在望远镜旋转轴（横轴）的一端，横轴垂直于竖盘且过竖盘中心，图3.4.1为DJ_6光学经纬仪的竖盘构造图。当望远镜在竖直面内绕横轴转动时，竖盘随望远镜一起转动，竖盘的影像通过棱镜和透镜所组成的光具组10，成像在读数显微镜的读数窗内。光具组10的光轴和读数窗中测微尺的零分划线构成竖盘读数指标线，读数指标线相对于转动的度盘是固定不动的。因此，当转动望远镜照准高低不同的目标时，固定不动的指标线便可在转动的度盘上读得不同的读数。光具组10又和竖盘指标水准管相连，并使竖盘指标水准管轴1和光具组光轴4相垂直，当转动竖盘指标水准管微动螺旋时，读数指标线作微小移动；当竖盘指标水准管气泡居中时，读数指标线处于正确位置。因此，在进行竖直角观测时，每次读取竖盘读数之前，都必须先使竖盘指标水准管气泡居中。

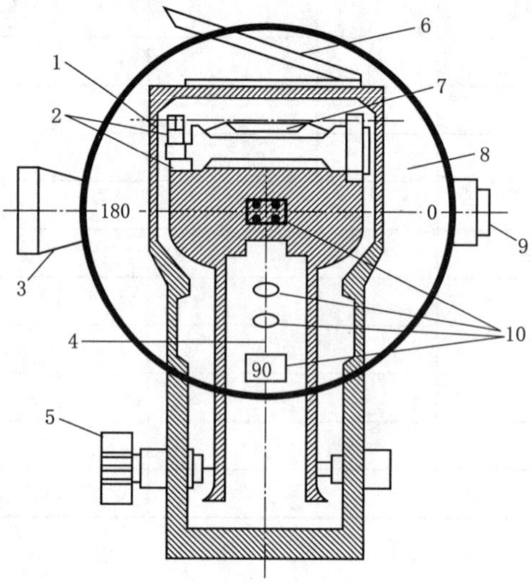

图3.4.1 竖盘结构

1—指标水准管轴；2—水准管校正螺丝；3—望远镜；4—光具组光轴；5—指标水准管微动螺旋；6—指标水准管反光镜；7—指标水准管；8—竖盘；9—目镜；10—光具组（透镜和棱镜）

3.4.1.2 竖盘注记形式

竖盘的注记形式很多，常见的多为全圆式顺时针或逆时针注记。图3.4.2（a），为J6、030、T1、T2等经纬仪竖盘的注记形式；图3.4.2（b）为DJ_6-1型经纬仪竖盘注记形式；图3.4.2（c）为蔡司010等仪器的竖盘注记形式。为显示直观起见，将盘左望远镜水平时的竖盘正确读数位置标为指标位置。因此，可以说光学经纬仪竖盘指标多在下方铅垂线位置，010仪器的竖盘指标则在水平位置。

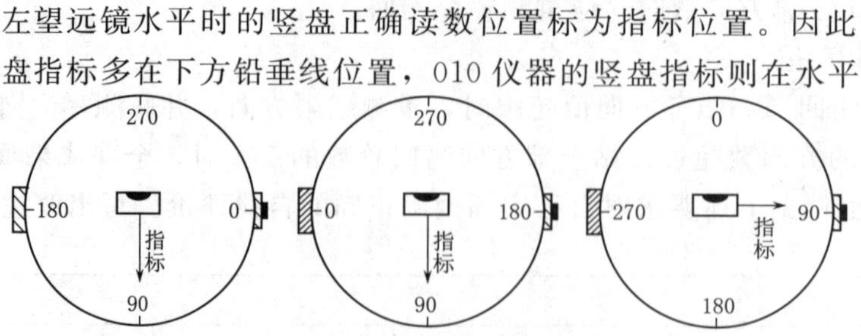

（a） （b） （c）

图3.4.2 竖盘注记形式

3.4.2 竖直角和指标差的计算公式

3.4.2.1 竖直角计算公式

根据竖角的基本概念，它是在竖直面内目标方向与水平方向的夹角。所以要测定竖角，必然也与观测水平角一样是两个方向读数之差。不过任何注记形式的竖盘，当视线水平时，不论是盘左还是盘右，其读数是个定值，正常状态应该是90°的整倍数。所以测定竖角时实际只对视线指向的目标进行读数即可。以仰角为例，只需对所用仪器把望远镜放在大致水平位置观察一下读数，望远镜逐渐上倾时观察读数是增加还是减少，就可得出竖角计算公式。

(1) 当望远镜视线慢慢上扬，竖盘读数逐渐增加，则竖直角 α＝瞄准目标时的读数减去视线水平时的读数。

(2) 当望远镜视线慢慢上扬，竖盘读数逐渐减少，则竖直角 α＝视线水平时的读数减去瞄准目标时的读数。

如图 3.4.2 (b) 为常用的 DJ_6 光学经纬仪的竖直度盘注记形式。设 L 为盘左时视线照准目标时的读数，R 为盘右时视线照准目标时的读数。

从图 3.4.3 可以看出，当望远镜视线慢慢上扬，盘左时竖盘读数逐渐减少，盘右时竖盘读数增加盘左、盘右水平视线的读数为定值 90°或 270°。

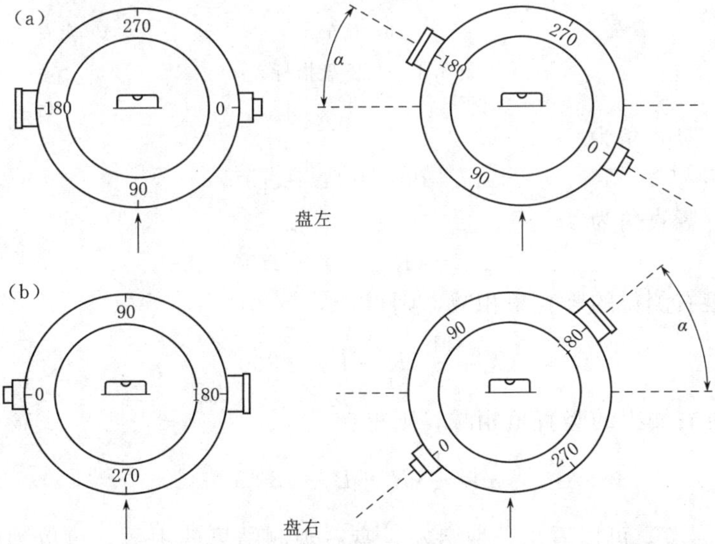

图 3.4.3 DJ_6 竖直度盘注记形式

设盘左时测得的竖直角为 α，则

$$\alpha_{左}=90°-L \tag{3.4.1}$$

设盘右时测得的竖直角为 α，则

$$\alpha_{右}=R-270° \tag{3.4.2}$$

由于竖盘读数 L 和 R 通常含有误差，$\alpha_{左}$、$\alpha_{右}$不相等，取二者的平均值为竖直角 α 的大小，则

$$\alpha = \frac{1}{2}(\alpha_{左} + \alpha_{右}) = \frac{1}{2}[(R - L) - 180°] \tag{3.4.3}$$

3.4.2.2 指标差的计算公式

所谓指标差是指当望远镜照准轴水平，竖直度盘指标水准器气泡居中时，竖直度盘读数应为一固定值（90°或 270°），如果竖直度盘指标线偏离正确位置，使读数与应有读数有一个小角度的偏差 x，这个偏差就称为竖直度盘指标差（图 3.4.4）。如指标线沿度盘注记增大的方向偏移，使读数增大，则 x 为正；反之 x 为负。

从图 3.4.4 可以看出：

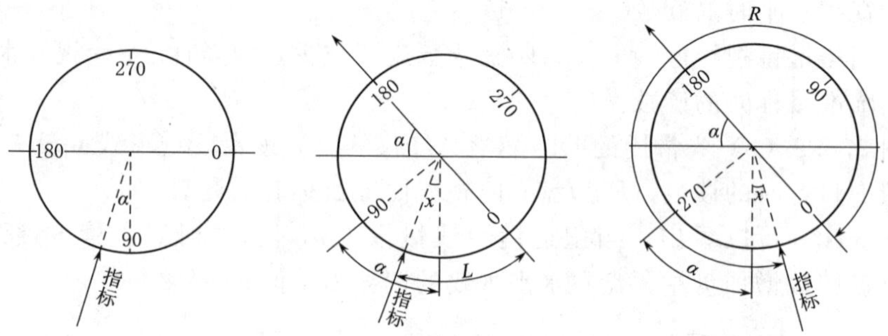

图 3.4.4 竖盘指标差

盘左时，竖直角为

$$\alpha_{左} = 90° - (L - x) \tag{3.4.4}$$

盘右时，竖直角为

$$\alpha_{右} = (R - x) - 270° \tag{3.4.5}$$

盘左、盘右测得的竖直角相减，则得：

$$x = \frac{1}{2}(R + L) - 360° \tag{3.4.6}$$

盘左、盘右测得的竖直角相减，则得：

$$\alpha = \frac{1}{2}(R - L - 180°) \tag{3.4.7}$$

从式（3.4.7）可以看出，取盘左、盘右观测结果的中数，可以消除指标差的影响。

3.4.2.3 垂直角（竖直角）测量及手簿的记录、计算

（1）在测站上安置好仪器，对中、整平、量取仪器高。

（2）当仪器安置好后，用盘左位置照准目标，固定照准部和望远镜，转动水平微动螺旋和竖直微动螺旋，使十字丝的横丝精确切准目标的特定部位。

（3）旋转竖盘指标水准器微动螺旋，使其气泡居中，重新检查目标切准情况，确认无误后即可读数，记入手簿中相应位置。手簿格式见表 3.4.1。对于有自动安平补偿器的经纬仪，则无指标水准器，如上海 DJ_6、威特 T1A、蔡司 020 等不需

此项操作，观测时，切准目标后即可观测读数。

（4）纵转望远镜，盘右照准同一目标的同一特定部位，按第（3）的操作并读数，记入手簿中相应位置。

以上观测称为一测回。图根控制的竖角观测，一般要求中丝两测回，且两个测回要分别进行，不得用两次读数的方法代替。当一个测站上要观测多个目标时，可将3～4个目标作为一组，先观测本组所有目标的盘左，再纵转望远镜观测本组所有目标的盘右，将该数分别记入手簿相应栏内，这样可以减少纵转望远镜的次数，节约观测时间，但要防止记簿时记错位置。对某一目标观测一测回结束后，即可用式（3.4.6）计算其指标差 i，记入手簿指标差栏内对应位置；然后用式（3.4.3）、式（3.4.4）或式（3.4.5）计算其竖直角 α 的大小，记入手簿竖角栏内对应位置，其公式的选择以心算方便为原则（注意竖盘注记形式不同的仪器，计算时用其相应的计算公式）。当两个测回所测竖角互差不超过限差规定（24″）时，取其平均值作为最后结果，记入手簿相应位置。在一个测站上一次设站观测结束后，如果本站所有指标差互差不超过限差要求（24″）时，则本站竖角观测合格，否则超限目标应重测。具体记簿、计算方法见表3.4.1中。上述观测法仅用十字丝的中丝照准目标，故称为中丝法。

表3.4.1　竖直角观测记录手簿

测站	目标	竖盘位置	竖盘读数 /(° ′ ″)	半测回竖直角 /(° ′ ″)	指标差 /(″)	一测回竖直角 /(° ′ ″)
A	*B*	左	81 18 42	+8 41 18	+6	+8 41 24
		右	278 41 30	+8 41 30		
	C	左	124 03 30	−34 03 30	+12	−34 03 18
		右	235 56 54	−34 03 06		

3.4.2.4　竖直角观测的注意事项

（1）横丝切准目标的特定部位，要在观测手簿相应栏内注明或绘图表示，不能含糊不清或没有交待。同一目标必须切准同一部位。

（2）盘左、盘右照准目标时，应使目标影像位于纵丝附近两侧的对称位置上，这样有利于消除横丝不水平引起的误差。

（3）每次读数前必须使指标水准器气泡居中（对自动安平经纬仪则无此要求）。

（4）图根控制的竖直角观测时刻一般不予限制，但对于视线过长或通过江河湖海等水面时，应选择在中午前后进行观测。避免在日出前和日落后股气差较大时观测。高级控制时，宜在10—15时观测。

（5）每次设站应及时量取仪器高和观标高，量至厘米，记入观测手簿相应栏内，并将量取观标高的特定部位在手簿相应栏内注明。否则，将出现返工。

（6）记簿要求同水平角观测。

任务3.5 角度测量误差来源及影响

3-9

角度误差分析

角度测量误差主要有仪器误差、观测误差及受外界条件的影响等几个方面。

3.5.1 仪器误差

仪器误差是指仪器不能满足设计理论要求而产生的误差，包括：①由于仪器制造和加工不完善而引起的误差；②由于仪器检校不完善而引起的误差。

消除或减弱上述误差的具体方法如下：

(1) 采用盘左、盘右观测取平均值的方法，可以消除视准轴不垂直于水平轴、水平轴不垂直于竖轴和水平度盘偏心差的影响。

(2) 采用在各测回间变换度盘位置观测，取各测回平均值的方法，可以减弱由于水平度盘刻划不均匀给测角带来的影响。

(3) 仪器竖轴倾斜引起的水平角测量误差，无法采用一定的观测方法来消除。因此，在经纬仪使用之前应严格检校，确保水准管轴垂直于竖轴；同时，在观测过程中，应特别注意仪器的严格整平。

3.5.2 观测误差

3.5.2.1 仪器对中误差

在安置仪器时，由于对中不准确，使仪器中心与测站点不在同一铅垂线上，称为对中误差。如图3.5.1所示，A、B为两目标点，O为测站点，O'为仪器中心，OO'的长度称为测站偏心距，用e表示，其方向与OA之间的夹角θ称为偏心角。β为正确角值，β'为观测角值，由对中误差引起的角度误差$\Delta\beta$为

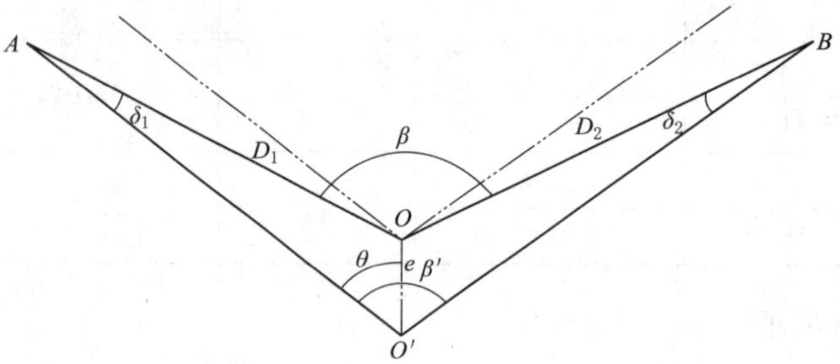

图3.5.1 对中误差示意图

$$\Delta\beta=\beta-\beta'=\delta_1+\delta_2$$

因δ_1和δ_2很小，故

$$\delta_1\approx\frac{e\ \sin\theta}{D_1}\rho$$

$$\delta_2\approx\frac{e\ \sin(\beta'-\theta)}{D_2}\rho$$

$$\Delta\beta=\delta_1+\delta_2=e\rho\left[\frac{\sin\theta}{D_1}+\frac{\sin(\beta'-\theta)}{D_2}\right]$$

分析上式可知，对中误差对水平角的影响有以下特点：

(1) $\Delta\beta$与偏心距e成正比，e越大，$\Delta\beta$越大。

(2) $\Delta\beta$与测站点到目标的距离D成反比，距离越短，误差越大。

(3) $\Delta\beta$ 与水平角 β' 和偏心角 θ 的大小有关，当 $\beta'=180°$，$\theta=90°$ 时，$\Delta\beta$ 最大。

$$\Delta\beta = e\rho\left(\frac{1}{D_1}+\frac{1}{D_2}\right)$$

例如，当 $\beta'=180°$，$\theta=90°$，$e=0.003\text{m}$，$D_1=D_2=100\text{m}$ 时

$$\Delta\beta = 0.003\text{m}\times 206265''\times\left(\frac{1}{100\text{m}}+\frac{1}{100\text{m}}\right)=12.4''$$

注意：对中误差引起的角度误差不能通过观测方法消除，所以观测水平角时应仔细对中，当边长较短或两目标与仪器接近在一条直线上时，要特别注意仪器的对中，避免引起较大的误差。一般规定对中误差不超过3mm。

3.5.2.2 目标偏心误差

水平角观测时，常用测钎、测杆或觇牌等立于目标点上作为观测标志，当观测标志倾斜或没有立在目标点的中心时，将产生目标偏心误差。如图 3.5.2 所示，O 为测站，A 为地面目标点，AA' 为测杆，测杆长度为 L，倾斜角度为 α，则目标偏心距 e 为

$$e = L\sin\alpha$$

目标偏心对观测方向影响为

$$\delta = \frac{e}{D}\rho = \frac{L\sin\alpha}{D}\rho$$

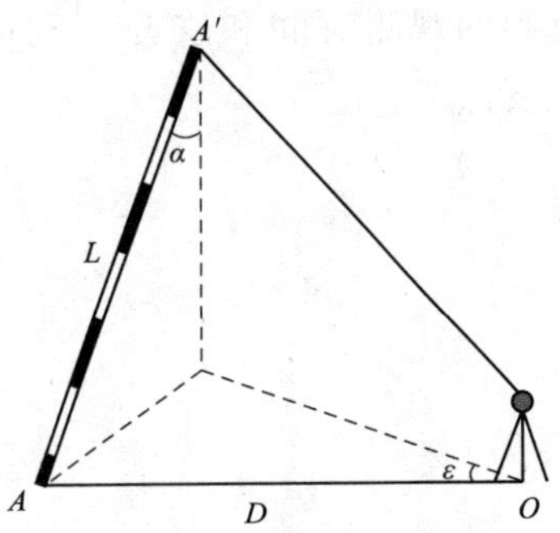

图 3.5.2 目标偏心误差示意图

目标偏心误差对水平角观测的影响与偏心距 e 成正比，与距离成反比。为了减小目标偏心差，瞄准测杆时，测杆应立直，并尽可能瞄准测杆的底部。当目标较近，又不能瞄准目标的底部时，可采用悬吊垂线或选用专用觇牌作为目标。

3.5.2.3 整平误差

整平误差是指安置仪器时竖轴不竖直的误差。倾角越大，影响也越大。一般规定在观测过程中，水准管偏离零点不得超过一格。

3.5.2.4 瞄准误差

瞄准误差主要与人眼的分辨能力和望远镜的放大倍率有关，人眼分辨两点的最小视角一般为 60″。设经纬仪望远镜的放大倍率为 V，则用该仪器观测时，其瞄准误差为

$$m_V = \pm\frac{60''}{V}$$

一般 DJ_6 型光学经纬仪望远镜的放大倍率 V 为 25～30 倍，因此瞄准误差 m_V 一般为 2.0″～2.4″。

另外，瞄准误差与目标的大小、形状、颜色和大气的透明度等也有关。因此，在观测中我们应尽量消除视差，选择适宜的照准标志，熟练操作仪器，掌握瞄准方法，并仔细瞄准以减小误差。

3.5.2.5 读数误差

读数误差主要取决于仪器的读数设备，同时也与照明情况和观测者的经验有关。对于 DJ_6 型光学经纬仪，用分微尺测微器读数，一般估读误差不超过分微尺最小分划的十分之一，即不超过±6″，对于 DJ_2 型光学经纬仪一般不超过±1″。如果反光镜进光情况不佳，读数显微镜调焦不好，以及观测者的操作不熟练，则估读的误差可能会超过上述数值。因此，读数时必须仔细调节读数显微镜，使度盘与测微尺影像清晰，也要仔细调整反光镜，使影像亮度适中，然后再仔细读数。使用测微轮时，一定要使度盘分划线位于双指标线正中央。

3.5.3 外界条件的影响

外界条件的影响很多，如大风、松软的土质会影响仪器的稳定，地面的辐射热会引起物象的跳动，观测时大气透明度和光线的不足会影响瞄准精度，温度变化影响仪器的正常状态，等等，这些因素都直接影响测角的精度。因此，要选择有利的观测时间和避开不利的观测条件，使这些外界条件的影响降低到较小的程度。

项　目　小　结

在实际测量确定地面点的位置时，常常需要角度测量，角度测量分为水平角测量和竖直角测量。水平角测量用于求算点的平面位置，竖直角测量用于测定高差或将倾斜距离换算成水平距离。本项目主要介绍了角度测量的原理及实施方法，特别是水平角的测量方法。而角度测量最常用的仪器是经纬仪，因此同时介绍了经纬仪的构造、工作原理及操作过程。

自　测　题

1. 观测水平角时，对中、整平的目的是什么？

2. 观测水平角时，若测三个测回，各测回盘左起始方向水平度盘读数应安置为多少？

3. 根据在 B 点上安置经纬仪观测 A 和 C 两个方向，盘左位置先照准 A 点，后照准 C 点，水平度盘的读数为 $0°23'30''$ 和 $96°28'18''$；盘右位置先照准 C 点，后照准 A 点，水平度盘读数分别为 $276°28'36''$ 和 $180°23'24''$，试记录在测回法测角记录表中（见题表 3.1），并计算该测回角度。

题表 3.1　　　　**测回法测角记录表**

测站	盘位	目标	水平度盘读数 /(°　′　″)	半测回角值 /(°　′　″)	一测回角值 /(°　′　″)	备注

4. 完成题表 3.2 所示水平角观测记录计算（测回法）。

题表 3.2　　　　**水平角观测记录计算（测回法）**

测站（测回）	目标	竖盘位置	水平度盘读数 /(°　′　″)	半测回角值 /(°　′　″)	测回角 /(°　′　″)	各测回平均值 /(°　′　″)
O (1)	A	左	0 01 06			
	B		58 27 18			
	A	右	180 01 12			
	B		238 27 30			
O (2)	A	左	90 02 36			
	B		148 28 42			
	A	右	270 02 48			
	B		328 28 54			

5. 完成题表 3.3 所示竖直角的记录与计算工作。

题表 3.3 竖直角观测记录表

测站	目标	竖盘位置	竖盘读数 /(° ′ ″)	半测回竖直角 /(° ′ ″)	指标差 /(″)	一测回角值 /(° ′ ″)
O	A	盘左	125 03 22			
		盘右	234 56 55			
	B	盘左	80 18 44			
		盘右	279 41 24			

项目4

距离测量

【思维导图】

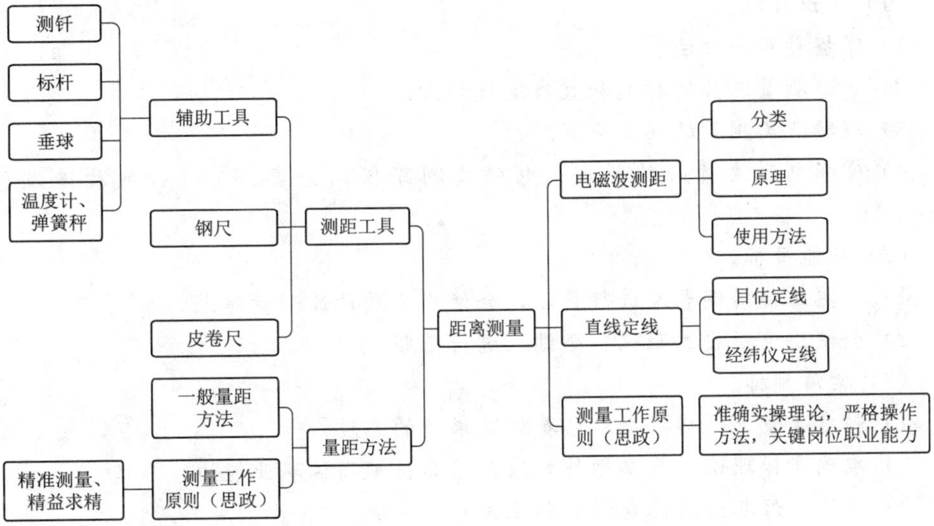

【项目简述】

测定地面点位的距离是测绘工作的主要任务之一，通常采用的方法有钢尺量距、视距测量、电磁波测距等。钢尺量距是使用钢卷尺沿地面进行距离丈量；视距测量是使用水准仪或经纬仪通过望远镜中的几何光学原理进行测距；电磁波测距是通过电磁波可往返传播的特性进行距离解算。根据精度要求的不同，丈量时所使用的工具和方法也不相同。本项目重点论述上述几种距离测量。

【项目载体】

给定虚拟的实验场景，在水利渠道工程中，以其渠道长度的测量工作为载体，根据精度要求的不同，介绍丈量时所使用的不同工具和方法。

【项目实施方法及目标】

1. 项目实施方法

本项目分为四个阶段。

第一阶段，了解项目任务，熟悉资料。

第二阶段，任务驱动，学习掌握相关知识，完成项目任务实施之前的必要知识储备。

第三阶段，实施能力目标，项目具体实操阶段。在这个阶段，可能会遇到许多问题，因此在本阶段要着重培养学生发现问题分析问题解决问题的能力。通过这一阶段的实训，令学生的专业技能得到较大提高。

第四阶段，应用阶段，将第二阶段的成果表达出来。在这个过程中，训练学生的钢尺量距方法和计算。

2. 项目教学目标

“距离测量”课程教学目标包括知识目标、技能目标和素养目标三个方面。技能目标是核心目标，知识目标是基础目标，素质目标贯穿整个实训过程，是项目的重要保证。

(1) 知识目标。

1) 掌握量距的方法。

2) 了解测量工具的种类和直线定线的方法。

3) 理解距离测量的误差来源。

4) 掌握电磁波量距的原理、电磁波测距仪的分类、全站仪的构造及使用方法。

(2) 技能目标。

1) 能熟练使用钢卷尺进行量距，会使用公式计算测量结果。

2) 会使用电磁波测距仪、全站仪进行量距。

(3) 素质目标。

1) 精准测量、严格数据，培养精益求精的态度。

2) 准确实操理论、严格操作方法，培养关键岗位职业能力。

3) 促进良好职业道德意识和职业素养的养成。

(4) 现行规范。

1)《工程测量通用规范》(GB 55018—2021)。

2)《水利水电工程施工测量规范》(SL 52—2015)。

3)《建筑工程质量验收统一标准》(GB 50300—2013)。

【思政引导】

港珠澳大桥是中国境内一座连接香港、广东珠海和澳门的桥隧工程，位于广东珠江口伶仃洋海域内，为珠江三角洲地区环线高速公路南环段。桥隧全长55km，其中主桥29.6km；香港口岸至珠澳口岸41.6km。港珠澳大桥因其超大的建筑规模、空前的施工难度和顶尖的建造技术而闻名世界。

港珠澳大桥改善了香港和珠海、澳门之间的运输和交通瓶颈问题，为居民和游客提供了更加便利的出行方式，促进了经济交流和人口流动；同时港珠澳大桥在技术创新方面取得了重大突破，刷新了世界纪录，提高了中国在桥梁建设领域的声望，并为未来类似项目的实施提供了宝贵经验；大桥的建设促进了不同城市之间的文化交融，弘扬了中华民族优秀传统文化，提高了中国的国际地位及影响力。综上所述，港珠澳大桥对于香港、珠海、澳门三地及整个粤港澳大湾区具有深远的意义，不仅促进了区域内的融合发展，还为经济交流和文化交融创造了条件。

【知识拓展】

1. 观看 CCTV 官网——纪录片《港珠澳大桥》视频。
2. 观看央视网视频：聚焦“港珠澳大桥”。

任务 4.1 钢 尺 量 距

4.1.1 丈量工具

4－1 丈量工具介绍

4.1.1.1 钢尺

钢尺一般是用薄钢制成的带状尺，尺长有 15m、20m、30m、50m 等几种，常用的钢尺宽 10～15mm，厚 0.2～0.4mm，钢卷尺一般被卷放在圆盘形尺盒内或金属框槽内（图 4.1.1），以便于保护和携带。目前，钢尺的基本分划主要以毫米和厘米为主，以厘米为基本分划的适用于一般量距；以毫米为基本分划的适用于较精密的距离丈量。每分米及每米处均有数字标记，便于量距时读数。

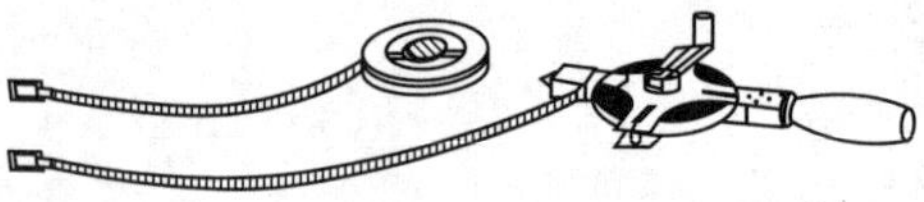

图 4.1.1 钢尺

按照零分划位置的不同有两种形式：一是零点位于钢尺拉环最外缘的为端点尺［图 4.1.2（a）］；二是零点位于靠近钢尺的前端的为刻线尺［图 4.1.2（b）］，这种尺可以测得较高的丈量精度，钢尺大都属于刻线尺。

（a）端点尺 （b）刻线尺

图 4.1.2 不同形式的钢尺

4.1.1.2 皮卷尺

皮卷尺是用玻璃纤维和 PVC 塑料合制而成的，其长度有 20～50cm 等，最小刻度为厘米。皮尺一般卷放在盒内，由于皮尺易受温度和拉力的影响，会有较大的伸缩性，因此一般只适用于精度要求不高的距离丈量，如渠道测量、土石方测算等。

4.1.1.3 辅助工具

距离测量中往往还会用到测钎、标杆（花杆）、垂球，以及温度计和弹簧秤等辅助工具。

1. 测钎

测钎一般用细钢筋制成，长 30～40cm，如图 4.1.3（a）所示，主要用来标定尺段端点位置和计算尺段数，一般 10 根为一组，套在一个圆环上，便于携带；它的另外一端尖，便于插入土中。

2. 标杆

标杆又称花杆，用来标定直线方向，为木杆或合金圆杆，如图 4.1.3（b）所示，一般长 2～3m，直径 3～4cm。杆身每隔 22cm 涂有红、白相间的油漆。杆的下端装有锥形铁脚，以便插入泥土中固定。

3. 垂球

垂球用于不平坦地面，量距时将尺端点垂直投影到地面。

4. 弹簧秤和温度计

做精密量距时，还需有弹簧秤和温度计。弹簧秤用于对钢尺施加一定的拉力，以保证尺长的稳定性；温度计用于测定钢尺量距时的温度，以便对钢尺长度进行改正。

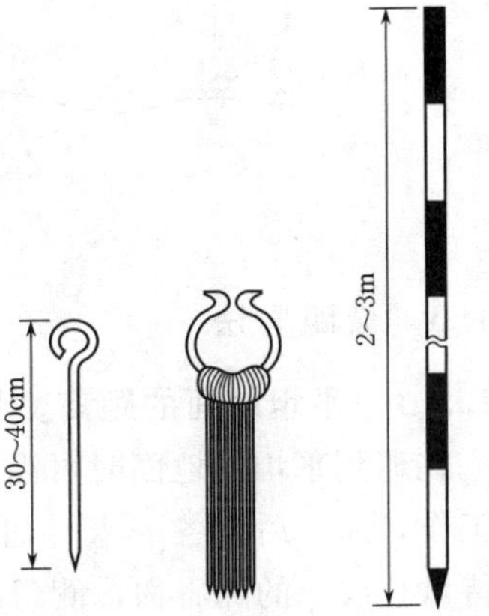

(a) 测钎　(b) 标杆

图 4.1.3　辅助工具

4－2

直线定线方法介绍

4.1.2　直线定线

当地面两点的距离不能由一尺段丈量完成时，需要在直线方向上标定若干个分段点，以便分段丈量。这种把多根标杆标定在已知直线上的工作称为直线定线。直线定线的方法有以下两种。

4.1.2.1　目测定线

一般精度量距对定线的精度要求不高，可采用目测定线的方法。如图 4.1.4 所示，设 A、B 两点相互通视，要在 A、B 两点的直线上分段 1、2 点。先在 A、B 点上竖立标杆，甲站在 A 点标杆后约 1m 处，指挥乙左右移动标杆，直到甲在 A 点沿标杆的同一侧看到 A、2、B 三支标杆成一条线为止。同理可以定出直线上的其他点。定线时一般要求点与点之间的距离稍小于一整尺长，地面起伏较大时则宜更短；乙所持的标杆应竖直，利用食指和拇指夹住标杆的上部稍微提起，利用重心使标杆自然竖直。此外。为了不挡住甲的视线，乙应持标杆站立在直线方向的左侧或右侧。目测定线的偏差一般小于 10cm，若尺段长为 30m 时，由此引起的距离误差小于 0.2mm，在图根控制测量中是可以忽略不计的。

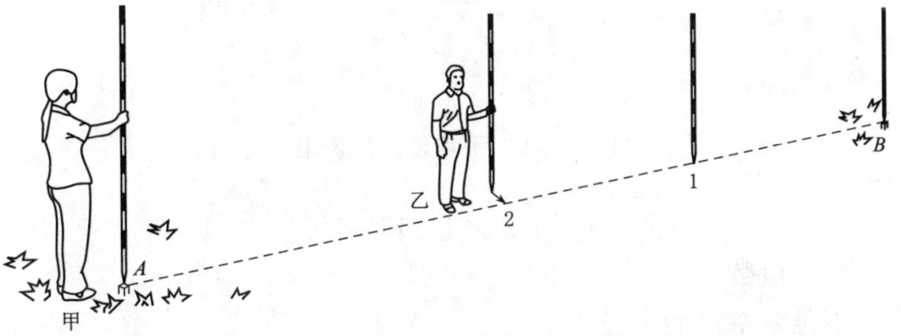

图 4.1.4　目测定线

4.1.2.2　经纬仪定线

经纬仪定线主要用于精密量距中。如图 4.1.5 所示，首先使 A、B 两点互相通视清除其间的地面障碍，将经纬仪安置在 A 点，照准 B 点，固定照准部，通过俯仰望远镜，指挥助手沿两点间行动，并左右移动标杆，直至标杆像被竖丝平分。为了减小照准部误差，精密定线时，可用直径更细的测钎或垂球线代替标杆。

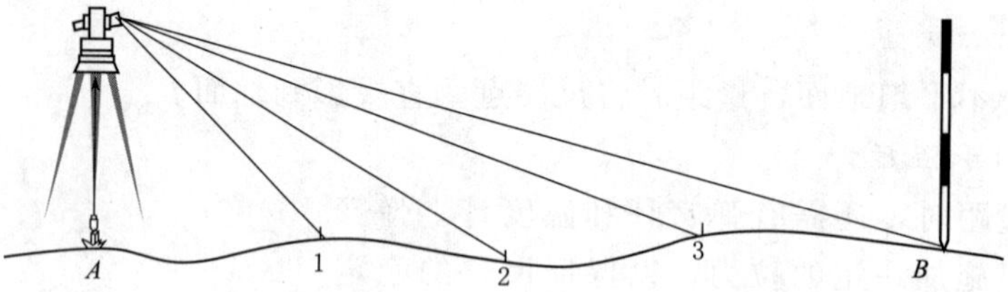

图 4.1.5 经纬仪定线

4.1.3 量距方法

直线量距方法介绍

4.1.3.1 平坦地面的距离丈量

在遇到平坦的地面时可沿地面直接丈量水平距离。距离丈量时一般需要两人进行工作，前、后尺各一人。如图 4.1.6 所示，在直线两端点 A、B 竖立标杆，并清除待量直线上的障碍物，测量时后尺手甲持钢尺零端站在起点 A 处，前尺手乙持钢尺末端及一组测钎沿直线方向前进，至一尺段处停下。甲把钢尺的零端对准起点 A，并用手势指挥乙将钢尺拉在直线 AB 上，甲、乙两人同时用力将钢尺拉紧、拉平，乙将测钎对准钢尺末端的整尺段分划处竖直插入测钎（在水泥地面等坚硬地面处，可用粉笔或油性笔在地面画线作标记）。量完第一尺段后，甲、乙举尺前进，当后尺手乙到达插测钎或划记号处时停住，再重复上述操作依此前进丈量，在测量到最后时，一般不足一整尺段，此时在钢尺上读取余长值 q，则 A、B 两点间的距离为

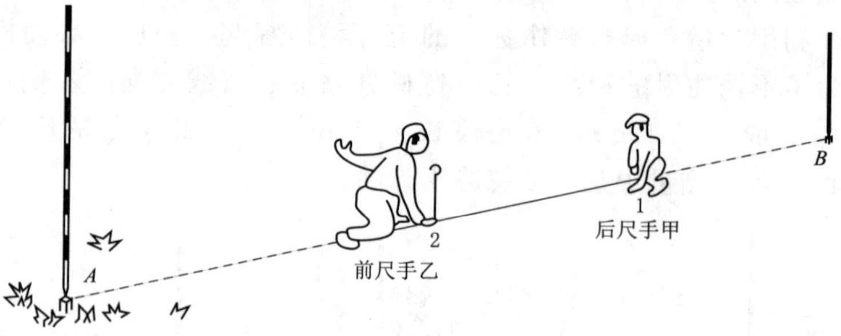

图 4.1.6 平坦地面的量距

$$D_{AB}=n\times \text{尺段长}+q \tag{4.1.1}$$

式中 n——整尺段数；

q——不足一整尺的余长。

在平坦地面，钢尺沿地面丈量的结果就是水平距离。

距离丈量需要进行往、返测，以此防止丈量中发生突发错误，以便提高丈量精度。返测时要重新定线，并计算往、返丈量的相对误差，以及往、返测距离的平均值，以衡量观测结果的精度。量距精度以相对误差 K 表示，一般化成分子为 1 的分式，其式子定义如下：

$$K=\frac{|D_{往}-D_{返}|}{D_{平均}}=\frac{1}{N} \tag{4.1.2}$$

在计算时，相对误差的分母越小，说明量距的精度越低，反之则高。

在平坦地区，钢尺量距的相对误差一般不应大于$\frac{1}{3000}$；在困难的地区，其相对误差也不应大于$\frac{1}{1000}$。如果相对误差满足了要求没有超出上述规定，则取往、返测的平均值作为最后两点间的丈量结果。

【例 4.1】 设所用尺长为 30m，A、B 两点所测的整尺段数 n 为 6，往测余长 q_1 距离为 14.509m，返测余长 q_2 为 14.465m，见表 4.1.1，求相对误差 K。

$$K=\frac{|194.509-194.465|}{194.487}=\frac{1}{4420}$$

表 4.1.1　　平坦地区的丈量

测线		测量值/m			平均值/m	相对精度
		整尺段	余长	总值		
AB	往	6×30	14.509	194.509	194.487	$\frac{1}{4420}$
	返	6×30	14.465	194.465		

4.1.3.2　斜地面的距离丈量

1. 平量法

当地势起伏不大时，可将钢尺拉平沿倾斜地面丈量距离。如图 4.1.7 所示，丈量时后尺手甲立于 A 点并手持钢尺零端，指挥前尺手乙由 A 点向 B 点进行丈量。前尺手乙进行定线后，将尺拉在 AB 方向上，使尺子抬高，并目估使尺子水平，然后在尺段的末端用垂球投影到地面上，再插以测钎。若地面倾斜度较大时，可将 AB 两点间平距 D 划分为 l_n 段来平量：

$$D=l_1+l_2+\cdots+l_n$$

由于从坡下向坡上丈量困难较大，所以反测也只从高处往低处丈量，往返测得的相对较差不应大于 $\frac{1}{1000}$，若没有超出上述规定，则取两次丈量平均值作为结果。

2. 斜量法

如果倾斜地面的坡度比较均匀且较大时，如图 4.1.8 所示，可以沿着斜坡丈量出 A、B 两处的斜距 S，测出地面倾斜角 α 或 AB 两处的高差 H，按式（4.1.3）或式（4.1.4）计算 AB 的水平距离 D。

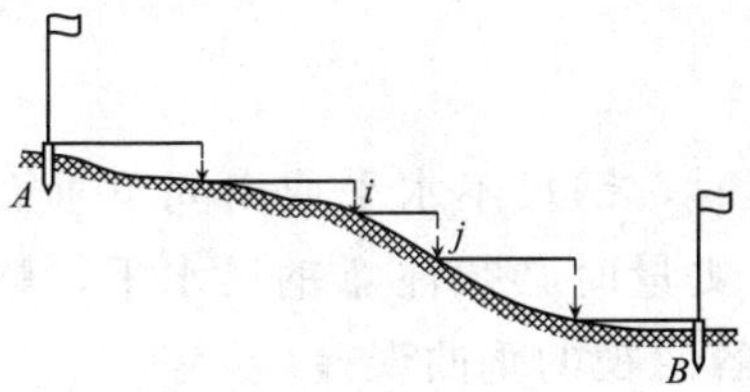

图 4.1.7　平量法

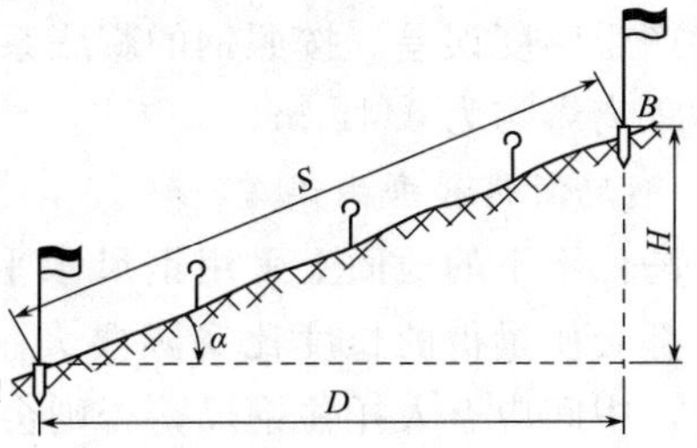

图 4.1.8　斜量法

$$D = S\cos\alpha \tag{4.1.3}$$

或

$$D = \sqrt{S^2 - H^2} \tag{4.1.4}$$

4.1.4 钢尺量距注意事项及误差分析

4-4 直线定线误差分析

4.1.4.1 钢尺量距的主要注意事项

（1）丈量时应检查钢尺，看清钢尺的零点位置。

（2）量距时要定线准确，尺子要水平，拉力要均匀。

（3）读数时要细心、精确，不要看错、念错。

（4）钢尺易生锈，丈量结束后应用软布擦去尺上的泥和水，涂上机油，以防生锈。

（5）钢尺易折断，如果钢尺出现卷曲，切不可用力硬拉。

（6）丈量时，钢尺末端的持尺员应该用尺夹夹住钢尺后手握紧尺夹加力，没有尺夹时，可以用布或者纱手套包住钢尺代替尺夹，切不可手握尺盘或尺架加力，以免将钢尺拖出。

（7）在行人和车辆较多的地区量距时，中间要有专人保护，以防止钢尺被车辆压而折断。

（8）不准将钢尺沿地面拖拉，以免磨损尺面分划。

（9）收卷钢尺时，应按顺时针方向转动钢尺摇柄，切不可逆转，以免折断钢尺。

4.1.4.2 钢尺量距的误差分析

钢尺量距的主要误差来源主要有以下几种。

1. 定线误差

丈量时，钢尺没有准确地放在所量距离的直线方向上，使所量距离不是直线而是一组折线，造成丈量结果偏大，这种误差称为定线误差。

2. 尺长误差

如果钢尺的名义长度和实际长度不符，则产生尺长误差。尺长误差是积累的，丈量的距离越长，误差越大。因此，新购置的钢尺必须经过检定，测出其尺长改正值 ΔD_l。

3. 温度误差

钢尺的长度随温度而变化，当丈量时的温度与钢尺检定时的标准温度不一致时，将产生温度误差。按照钢的膨胀系数计算，温度每变化1℃，丈量距离为30m时，对距离影响为0.4mm。

4. 钢尺倾斜和垂曲误差

在高低不平的地面上采用钢尺水平法量距时，钢尺不水平或中间下垂而成曲线时，都会使量得的长度比实际要大。因此，丈量时必须注意钢尺水平，整尺段悬空时，中间应有人托住钢尺，否则会产生不容忽视的垂曲误差。

5. 拉力误差

钢尺在丈量时所受拉力应与检定时的拉力相同。若拉力变化±2.6kg，尺长将改变±1mm。

6. 丈量误差

丈量时，在地面上标志尺段点位置处插测钎不准，前、后尺手配合不佳，余长读数不准等，都会引起丈量误差，这种误差对丈量结果的影响可正可负，大小不定。在丈量中要尽量做到对点准确，配合协调。

实训4.1 钢尺量具实操

一、任务目的

(1) 熟悉距离丈量的工具、设备。

(2) 掌握用钢尺按一般方法进行距离丈量。

二、所需仪器和工具

(1) 钢尺1把，测钎1束，花杆3根，记录板1块。

(2) 自备：2H铅笔，计算器。

三、实施方案

1. 定桩

在平坦场地上选定相距约80m的A、B两点，打下木桩，在桩顶钉上小钉作为点位标志（若在坚硬的地面上可直接画细十字线作标记）。在直线AB两端各竖立1根花杆。

2. 往测

(1) 后尺手手持钢尺尺头，站在A点花杆后，单眼瞄向A、B花杆。

(2) 前尺手手持钢尺尺盒并携带一根花杆和一束测钎沿$A \rightarrow B$方向前行，行至约一整尺长处停下，根据后尺手指挥，左、右移动花杆，使之插在AB直线上。

(3) 后尺手将钢尺零点对准点A，前尺手在AB直线上拉紧钢尺并使之保持水平，在钢尺一整尺注记处插下第一根测钎，完成一个整尺段的丈量。

(4) 前后尺手同时提尺前进，当后尺手行至所插第一根测钎处，利用该测钎和点B处花杆定线，指挥前尺手将花杆插在第一根测钎与B点的直线上。

(5) 后尺手将钢尺零点对准第一根测钎，前尺手同法在钢尺拉平后在一整尺注记处插入第二根测钎，随后后尺手将第一根测钎拔出收起。

(6) 同法依次类推丈量其他各尺段。

(7) 到最后一段时，往往不足一整尺长。后尺手将尺的零端对准测钎，前尺手拉平拉紧钢尺对准B点，读出尺上读数，读至毫米位，即为余长q，做好记录。然后，后尺手拔出收起最后一根测钎。

(8) 此时，后尺手手中所收测钎数n即为AB距离的整尺数，整尺数乘以钢尺整尺长l加上最后一段余长q，即为AB方向平距D_{AB}，即$D_{AB}=nl+q$。

3. 返测

往测结束后，再由B点向A点同法进行定线量距，得到返测距离D_{BA}。

4. 精度检查

根据往、返测距离D_{AB}和D_{BA}计算量距相对误差$K=\frac{|D_{AB}-D_{BA}|}{\bar{D}_{AB}}=\frac{1}{M}$，与容许误差$K_{容}=\frac{1}{3000}$相比较。若精度满足要求，则$AB$距离的平均值$\bar{D}_{AB}=$

$\dfrac{D_{AB}+D_{BA}}{2}$ 即为两点间的水平距离。

四、实训中应注意事项

(1) 钢尺必须经过检定才能使用。

(2) 拉尺时，钢尺面应保持水平并拉紧钢尺。收尺时，手柄要顺时针方向旋转。

(3) 钢卷尺尺质较脆，应避免过往行人、车辆的踩、压，避免在水中拖拉。

(4) 钢尺使用完毕，擦拭后归还。

五、表格填写及计算

距离丈量记录

钢尺号码________ 钢尺长度________ 天　气________
地　点________ 记录者________ 观测者________

测段	丈量	整尺段数 n	余长/m	直线长度/m	平均长度/m	相对精度
	往					
	返					
	往					
	返					
	往					
	返					
	往					
	返					

六、控制标准与评价

(1) 每位同学通过训练要达到如下要求：①能正确完成表格填写、计算；②限差要求为：量距的相对误差应小于 1/3000，定向误差应小于 1°，超限时应新测量；③能熟悉并记住实施中的注意事项。

(2) 学生根据如上要求对自己实训做出正确的自我评价。写出改进的措施：
____。

任务 4.2 电磁波测距

4.2.1 电磁波测距分类及原理

4.2.1.1 电磁波测距分类

电磁波测距仪根据载波为光波或微波可分为光电测距仪和微波测距仪。前者又因光源和电子部件的改进，发展成为激光测距仪和红外测距仪。

利用电磁波作为测距的载波运载测距信号，实现精密测距的技术，亦称物理测距。电磁波包括无线电波、红外线和可见光。

电磁波测距仪分为脉冲式和相位式两大类。脉冲式测距仪直接测定脉冲主波（发射波）与回波（由目标反射回来的波）在待测距离两端点之间的传播时间，按一定公式算得到目标点的距离。这类测距仪的测程较长，显示结果速度快，但精度较低，很难高于米级。相位式测距仪测定连续测距信号的发射波与回波之间的相位差，从而间接求得传播时间，再按一定公式计算得到目标点的距离。相位式测距仪能测的距离相对较短且精度较高，能达到厘米级甚至毫米级精度。不论哪种测距仪，与传统测距方法相比，均具有工效高、作业简便、适应范围广的明显优点。

微波测距仪、激光测距仪、红外测距仪和多载波测距仪均属于相位式测距仪。激光人造卫星测距仪和激光地形测距仪则属于脉冲式测距仪。在水利工程测量中，测距为 2km 或 5km 的中短程红外测距仪已得到广泛有效的应用。短程精密激光测距仪在大坝变形观测亦已发挥重要作用。微波测距自动定位系统已在大面积水下地形测量中成功运用。

4.2.1.2 电磁波测距原理

以光电测距为例，其是通过测量光波在待测距离上往返一次所经历的时间来确定两点之间的距离。如图 4.2.1 所示，在 A 点安置测距仪，在 B 点安置反射棱镜，测距仪发射的调制光波到达反射棱镜后又返回到测距仪。设光速 c 为已知，如果调制光波在待测距离 S 上的往返传播时间为 t，则距离 S 为

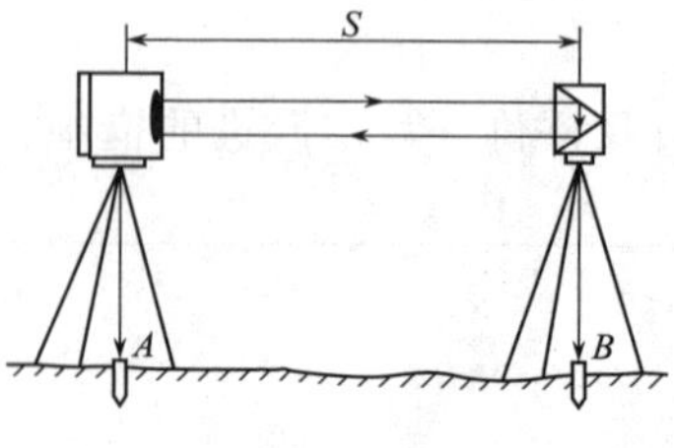

图 4.2.1 光电测距

$$S=\frac{1}{2}ct \tag{4.2.1}$$

$$c=c_0/n$$

式中 c_0——真空中的光速，其值为 299792458m/s；

n——大气折射率，它与光波波长 λ，测线上的气温 T、气压 P 和湿度 e 有关。

因此，测距时还需测定气象元素，对距离进行气象改正。

由式（4.2.1）可知，测定距离的精度主要取决于时间 t 的测定精度。当要求测距误差小于 1cm 时，时间测定精度要求准确到 6.7×10^{-11}s，这在实际操作中是

难以达到的。因此，时间的测定一般采用间接的方式来实现。间接测定时间的方法有以下两种。

1. 脉冲法测距

由测距仪发出的光脉冲经反射棱镜反射后，回到测距仪被接收系统接收，测出这一光脉冲往返所需时间间隔 t 的钟脉冲的个数，进而求得距离 S。由于钟脉冲计数器的频率所限，所以测距精度只能达到 0.5～1m。故此法常用在激光雷达等远程测距上。

2. 相位法测距

相位法测距是通过测量连续的调制光波在待测距离上往返传播所产生的相位变化来间接测定传播时间，从而求得被测距离。红外光电测距仪就是典型的相位式测距仪。

4.2.2 电磁波测距仪使用方法

近年来，中短程激光-红外测距仪的发展十分迅速，已出现整体式或组合式的“全站式电子速测仪”等电子化、自动化程度较高的新型测距仪，它将电子经纬仪、激光-红外测距仪、记录器、计算器甚至打印器融为或组成一体，可以将所测点编号、水平角值、垂直角值、斜距以及归算后的平距、高差、坐标等按指令自动记录在盒式磁带上，或打印、穿孔，再经过以微型电子计算机为中心的一套设备加以处理，按需要建立数字地面模型，绘制线划地形图或输出所要的数据，为工程测量的现代化开辟了新的途径。

4.2.2.1 全站仪的结构

全站仪基本组成包括电子经纬仪、光电（多为红外线）测距仪、微处理器和数据自动记录装置（电子手簿）。

1. 电子经纬仪

电子经纬仪的外形、机械转动部分及光学照准部分与一般光学经纬仪基本相同，其主要的不同在于：电子经纬仪采用电子手段测定不同方向的角度，其内部还装置了一个微处理器，由它来控制电子测角、测距，以及各项固定参数如温度、气压等信息的输入、输出，还由它进行安置、观测误差的改正、有关数据的实时处理及控制电子手簿。

2. 光电测距仪

目前，电子速测仪大都采用连续累计式测距方式，即收到的回光信号总时间达到一个额定数值后，即可完成整个测距过程，而不管此回光信号是否连续收到。短程回光测距仪频率均采用分散的直接测距频率，而长程的测距仪均采用集中的间接测距频率，即用组合的方式解析得到一组间接测距频率，以便扩大确定整波数 N 的范围。三频率测量原理是采用分散的直接测距频率和集中的间接测距频率的组合——混合测距频率方式。

3. 数据自动记录装置（电子手簿）

全站仪一般均有与之相匹配的数据自动记录装置，称之为“电子手簿”。一般电子手簿与全站仪连接时，自动记录测量数据；若不连接，则可由键盘输入观测数据，并按自动记录的格式记录。电子手簿也包含微处理器，并配有双向传送电路，能实现数据由速测仪向微机或速测仪的双向数据传送。一般通信接口为 RS-232C 标准通用接口。此外，还配有不少程序，如能进行自由设站的坐标计算、交会法计算和放样数据计算等。用户还可以用配备的内存储器或插式存储卡，实现了观测装置与存储装置一体化，可非常方便地进行数据自动记录和查询。

4.2.2.2 全站仪的功能使用

以拓普康 GTS-322N 电子全站仪为例，外形如图 4.2.2 所示，有两面操作按键及显示窗，操作很方便。GTS-322N 全站仪能自动进行水平和垂直倾斜改正，补偿范围为±3′；测角最小读数为 1″，测角精度为 2″，采用增量法读数；测距的最小读数为±（2mm±2×10⁻⁶），单棱镜的测距为 3km，三棱镜的测距为 4km；内部有自动记录装置，可记录 24000 个测量点数据。

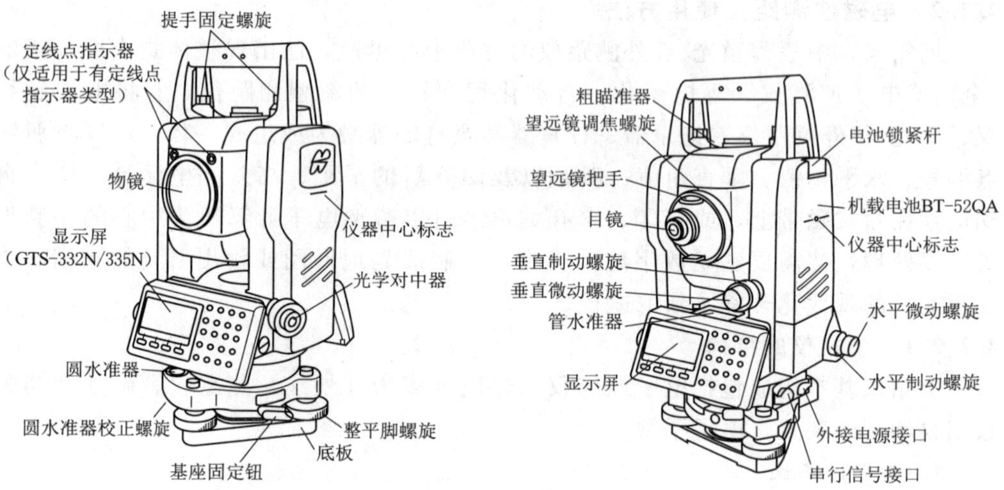

图 4.2.2 拓普康全站仪各部件名称

1. 各部件名称与功能

GTS-322N 全站仪能进行角度测量、距离测量、坐标测量、偏心测量、悬高测量和对边测量外，还能进行数据采集、放样及存储管理。

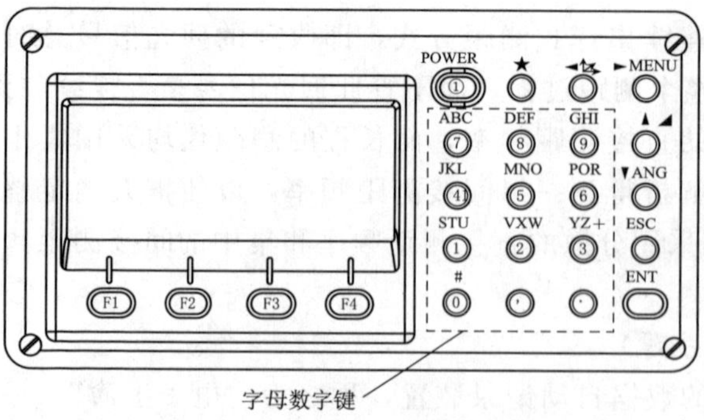

图 4.2.3 拓普康全站仪操作键面板

GTS-322N 系列全站仪操作面板上的主要功能按键，如图 4.2.3 所示，其名称与功能见表 4.2.1。

GTS-322N 显示窗采用点阵式液晶显示（LCD），可显示 4 行，每行 20 个字符。通常前三行显示测量数据，最后一行显示随测量模式变化的按键功能。前三行常用显示符号的意义见表 4.2.2。

表 4.2.1 GTS-322N 系列全站仪的按键名称及功能

键	名称	功能
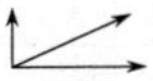	坐标测量键	坐标测量模式
	距离测量键	距离测量模式
ANG	角度测量键	角度测量模式
MENU	菜单键	在菜单模式和正常测量模式之间切换，在菜单模式下设置应用测量与调节方式
ESC	退出键	●返回测量模式或上一层模式 ●从正常测量模式直接进入数据采集模式或放样模式
POWER	电源键	电源开关
F1～F4	软键(功能键)	对应于显示的软键信息

表 4.2.2 GTS-322N 显示窗内常用符号的意义

显示	内容	显示	内容
V	垂直角	E	东向坐标
HR	水平角(右)	Z	高程
HL	水平角(左)	*	EDN(电子测距)正在进行
HD	水平距离	M	以米为单位
VD	高差	Ft	以英尺为单位
SD	斜距	Fi	以英尺与英寸为单位
N	北向坐标		

按键相关信息显示在最后一行，各按键的功能见相应的显示信息。各个按键在角度测量、距离测量和坐标测量中的功能见表 4.2.3～表 4.2.5。

表 4.2.3 角度测量模式

页码	软键	显示符号	功能
1	F1	OSET	水平角度为 0°0′0″
	F2	HOLD	锁定水平角
	F3	HSET	通过键入数字设置水平角
	F4	P1↓	显示第 2 页按键功能
2	F1	TILT	设置倾斜改正
	F2	REP	角度重复测量模式
	F3	V%	垂直角、百分比坡度模式
	F4	P2↓	显示第 3 页按键功能

续表

页码	软键	显示符号	功　能
3	F1	H-BZ	对每隔 90°水平角设置蜂鸣声
	F2	R/L	变换水平角的右/左旋转计数方向
	F3	CMPS	变换天顶距/高度角
	F4	P3↓	显示第 1 页按键功能

表 4.2.4　　距离测量模式

1	F1	MEAS	启　动　测　量
	F2	MODE	设置测量模式精测/粗测/跟踪
	F3	S/A	设置音响模式
	F4	P1↓	显示第 2 页按键模式
2	F1	OFSET	偏心测量模式
	F2	S. O	放样测量模式
	F3	M/f/i	米，英尺或者英尺、英寸单位的变换
	F4	P2↓	显示第 1 页按键功能

表 4.2.5　　坐标测量模式

1	F1	MEAS	开　始　测　量
	F2	MODE	设置测量模式精测/粗测/跟踪
	F3	S/A	设置音响模式
	F4	P1↓	显示第 2 页按键模式
2	F1	R. HT	通过输入设置棱镜高度
	F2	INS. HT	通过输入设置仪器高度
	F3	OCC	通过输入设置测站点坐标
	F4	P2↓	显示第 3 页按键功能
3	F1	OFSET	偏心测量模式
	F2	S. O	放样测量模式
	F3	M/f/i	米，英尺或者英尺、英寸单位的变换
	F4	P3↓	显示第 1 页按键功能

2. 全站仪测量的注意事项

全站仪是一种较精密的仪器，使用时要特别注意以下事项：

(1) 严禁将仪器直接放到地面上，以免砂土对中心螺旋造成损坏。

(2) 不能用望远镜直接照准太阳，以免伤害眼睛和使测距总发光二极管受损。在强光下、雨天或潮湿环境下测量时，务必做好防晒、防水、防潮等措施。

(3) 迁站时，勿必将仪器从三脚架上取下。

(4) 仪器要小心轻放，避免强烈的撞击或振动。

(5) 观测者离开仪器时，应给仪器罩上保护罩。

(6) 在取下内部电池时，应先关掉电源。

(7) 将仪器放入仪器箱时，应先取下电池，并按所示布局摆放。关箱时，应确保仪器和干燥剂是干燥的，以避免由于内部潮湿而损坏仪器。

(8) 距离测量单位：米（m）、英尺（ft）。出厂时设为米（m）。

(9) 大气折光和地球曲率常数 K 的选择：$K=0$，$K=0.14$，$K=2.0$，出厂时设 $K=0.14$。垂角自动补偿或不补偿的选择：出厂时设为选择补偿。

4.2.2.3 全站仪的测量模式

将 GTS-322N 全站仪对中、整平后按 POWER 键，即打开电源，显示器初始化约 2s 后，显示零指示设置令（OSET）、当前的棱镜常数（PSM）、大气改正值（PPM）以及电池剩余容量，如图 4.2.4 所示。

图 4.2.5 中 PPM 表示大气改正值，"▬"表示电池电量，有三个"▬"表示电池电量充足，有一个"▬"表示电池电量不足，但还可以测量。当>+<出现闪烁时或显示"Battery empty"（电量空）时，必须换上充好电的电池，方能进行测量。

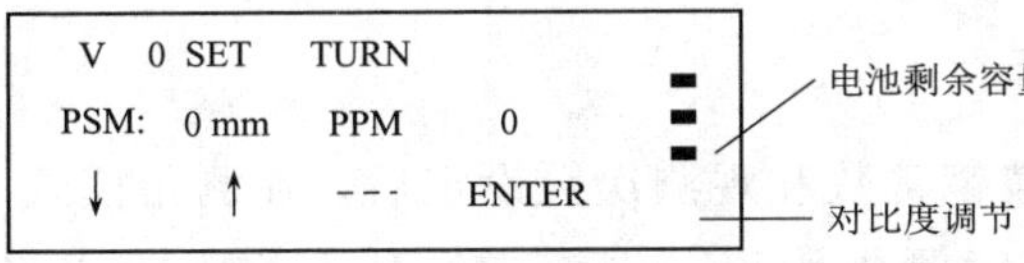

图 4.2.4 开机显示

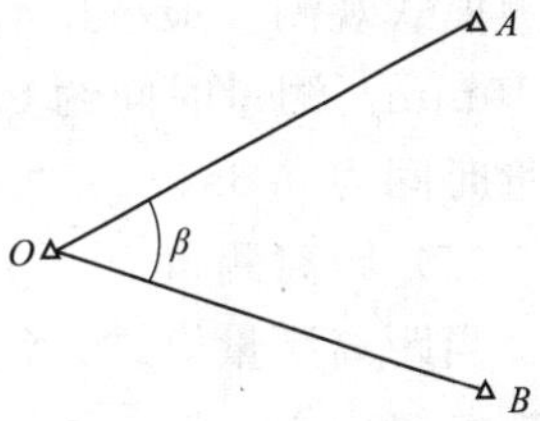

图 4.2.5 角度测量示意图

纵转望远镜，使望远镜的视准轴通过水平线，立即显示垂直度盘读数和水平度盘读数。若仪器没有整平（超出自动补偿范围），又设置了自动倾角模式，则此时不显示度盘读数。

使用全站仪输入字母是借助软键（F1、F2、F3、F4）和光栅移动键（▼、▲、◀、▶）来实现的。按 INPUT（F1）键输入开始，按 ENT（F4）键输入结束。

1. 角度测量

开机设置读数指标后，就进入角度测量模式，或者按 ANG 键进入角度模式。

(1) 水平角和垂直角测量。如图 4.2.5 所示，欲测 A、B 两方向的水平角，在 O 点整置仪器后，照准目标 A，按 F1（OSET）键和 YES 键，可设置目标 A 的水平读数为 $0°0'0''$。旋转后照准目标 B，直接显示目标 B 的水平角 H 和垂直角 V。

(2) 水平角右角、左角的切换。水平角右角，即仪器右旋角，从上往下看水平度盘，水平读数顺时针增大；水平角左角，即左旋角，水平读数逆时针增大。在测角模式下，按 F4（↓）键两次转到第 3 页功能。每按 F2（R/L）一次，右角交替切换，通常使用右角模式观测。

（3）水平角右角，即仪器右旋角，从上往下看水平度盘，水平读数顺时针增大；水平角左角，即左旋角，水平读数逆时针增大。在测角模式下，按 F4（↓）键两次转到第 3 页功能。每按 F2（R/L）一次，右角交替切换。通常使用右角模式观测。

（4）水平角读数设置，水平读数设置有两种方法。

方法 1：通过锁定水平读数进行设置。先转动照准部，使水平读数接近要设置的读数，接着用水平微动螺旋旋转至所需的水平读数，然后按 F2（HOLD）键，使水平读数不变，再转动照准部照准目标。按 YES 键完成水平读数设置。

方法 2：通过键盘输入进行设置，先照准目标，再按 F3（HSET）键，按提示输入所要的水平读数。在测角模式下，可进行角度复测、水平角 90°间隔蜂鸣声的设置，垂直角与百分度（坡度）切换、天顶距与高度角切换等。

2. 距离测量

距离测量可设为单次测量和 N 次测量。一般设为单次测量，以节约用电。距离测量可区分三种测量模式，即精测模式、粗测模式、跟踪模式。一般情况先用精测模式观测，最小显示单位为 1mm，测量时间约 2.5s。粗测模式最小显示单位为 10mm。测量时间约 0.7s 跟踪模式用于观测移动目标，最小显示单位为 10mm，测量时间为 0.3s。

（1）距离测量。

当距离测量模式、气象改正数、棱镜常数和观测次数设定后，在测角模式下，照准棱镜中心，按[◢]键，即开始连续测量距离，显示内容从上往下为水平角（HR）、平距（HI）和高差（VD）。若再按[◢]键一次，显示内容变为水平角（HR）、垂直角（V）和斜距（SD）。当连续测量不再需要时，可按 F1（MEAS）键，按设定的次数距离测量，最后显示距离平均值。

注意，当光电测距正在工作时，HD 右边出现“＊”标志。

（2）放样。

在距离测量模式下，可进行距离放样，显示出测量的距离与设计的放样距离之差。在放样模式下，选择平距（HD）、高差（VD）和斜距（SD）中的一种测量方式输入放样设计的距离，然后照准棱镜，按[◢]键开始放样测量，显示测量距离与放样设计距离之差。移动棱镜，直到与设计距离的差值为 0m。

3. 坐标测量

GTS－322N 全站仪可在坐标测量模式[↗]下直接测定碎部点（立棱镜点）坐标。在坐标测量之前必须将全站仪进行定向。输入测站点坐标。若测量三维坐标，还必须输入仪器高和棱镜高。具体操作如下：

在坐标测量模式下，先通过第二页的 F1（R. HT）、F2（INS. HT）、F3（OCC）分别输入棱镜高、仪器高和测站点坐标，再在角度测量模式下，照准后向点（后视点），设定测站点到水平度盘读数，完成全站仪的定向。然后照准立于碎部点的棱镜，按[↗]键开始测量，显示碎部点坐标（N，E，Z）即（X，

Y，*H*）。

4. 数据采集

GTS-322N 全站仪可将测量数据存储在内存中，内存可分配给测量数据（被采集的数据）和已知数据（放样点或控制点的坐标数据）存储，最多可存储 24000 点。内存保护锂电池寿命为 5 年，当电池用完时数据可能丢失。

GTS-322N 全站仪菜单模式（特殊模式）内容很多，可进行数据采集、放样、存储管理、专用测量（悬高测量、对边测量、测站点增测、面积计算等）及设置工作。下面重点介绍数据采集及存储管理按 MENU 键，仪器进入特殊模式，显示主菜单：

MENU　主菜单　　　　　　1/3
F1：DATA COLLECT 数据采集
F2：LAYOUT　放样
F3：MEMORY MGR 数据管理　　P

按 F1（DATA-COLLECT）键，仪器进入数据采集工作状态；按 F3（MEMORY MGR）键，仪器进入内存管理工作状态。

（1）数据采集准备工作。

1）测站设置。

在特殊模式下，选择 F1（DATA-COLLECT），使仪器进入数据采集工作状态。首先提示输入数据采集文件名：

SELECT A FILE
FN：__________
INPUT LIST——ENTER

这个文件可在“LIST”下通过按 ▲ 或 ▼ 键下滚动文件目录，选定一个文件名；也可直接输入文件名。随后数据采集菜单 2/3 下，输入测站数据（测站点坐标、仪器高等）及后视点数据（后视点坐标或定向角度、目标高等）照准后视点。选择“测量”，即完成测站设置。

测站点数据可由如下两种方法设定：①利用内存中的坐标数据来决定；②直接由键盘输入。

后视点数据可按下三种方法设定：①利用内存中的坐标数据决定；②直接键入后视点坐标；③直接键入定向。

2）参数设置。

进行数据采集之前，应进行有关参数设置，如选择精测模式、单次测距、记录数据前要确认测量结果、先输入有关数据后进行测量、退出数据采集模式时、自动将测量数据转换成坐标数据文件等。参数设置在数据采集菜单 3/3 下进行，按 F1 （CONFIG）键，显示 CONFIG 菜单 1/2 或 2/2，逐一设定。

（2）“数据采集”的操作步骤。

1） 键入控制点坐标。

GTS-322N 全站仪在野外采集数据时，可以先在室内将图根控制点坐标键入 GTS-322N 全站仪，以减轻测站安置工作量。先由主菜单中的内存管理（MEMORY MGR）进入坐标输入（COORD. INPUT）状态：

a. 输入便于记忆的文件名。

b. 输入点号 PT＃。

c. 依次输入 N（x）、E（y）、Z（H）坐标数据。

d. 输入完坐标后，进入下一个点的输入，点号 PT＃自动加 1。

若输入的内容有误，可在存储管理菜单中，通过删除文件的坐标数据菜单（DELETE COORD）删除有误的坐标。

2） 整置仪器。

在测站点上对中、整平，按下仪器电源开关 POWER，转动望远镜，使全站仪进入观测状态，再按 MENU 键，进入主菜单。

3） 输入数据采集文件名。

在主菜单下，选择数据采集（DATA COLLECT），输入数据采集文件名。这个文件名与内业输入控制点坐标的文件名相同，可以直接键入（INPUT），也可以从库里查找（LIST）。若内业没有输入控制点坐标，这时要输入便于记忆的数据采集文件名，按 ENT 键输入。

4） 输入测站点数据。

在数据采集菜单 1/3 下，选择 F1（OCC. PT＃INPUT），分别输入测站点的点号（PT＃）或坐标（N，E，Z）、测站编码（ID）、仪器高（INS. HT）。按 F4（OCNEZ）键输入测站点点号或坐标。可输入点号也可直接输入坐标，由 F3（NEZ）切换。最后按 ENT 键输入。若采用无码作业，测站上可不输入编码（ID），用 ▼ 键跳过去；若测平面图，仪器高（INS. HT）可不输入。

5） 输入后视点（定向点）数据。

在数据采集菜单 1/3 下，选择 F2（BACKSIGHT）键进入后视点（定向点）数据设置状态。按 F4（BS）键即可输入定向点坐标或定向角，通过按 F3（NE/AZ）键可使输入方法在坐标值、设置水平角和坐标点之间交替切换。另外，在后视点数据设置（BACKSIGHT）状态下，按 ▲ 、 ▼ 键，可直接输入后视点编码和目标高（棱镜高）。

6） 定向。

当测站点数据和后视点输入完成后，按 F3（MEAS）键，再照准后视点，选择一种测量模式，如按 F2（SD）键，进入斜距测量；按 F3（NEZ）键，进入坐标测量。这时，水平度盘自动设置为后视点的方位角值。然后返回数据采集菜单 1/3。

7）碎部点测量。

在数据采集菜单 1/3 下，按 F3（FS/SS）键即开始碎部点测量。照准目标（棱镜），依次输入点号、编码、目标高（镜高），选择一测量模式［如斜距（SD）或坐标（NEZ）］开始测量、记录。测完第一碎部点后，点号自动加 1，照准目标，选择 ALL 开始进行与上点相同的测量。

5. 高级测量

高级测量包括后方交会测量、放样测量、偏心测量、对边测量和悬高测量等内容。

（1）后方交会测量。

1）基本原理。

已知 P_1、P_2、P_3、P_4 的坐标，确定测站点 P_0 的坐标。

通过观测已知点 P_i 与测站点 P_0 间的水平角观测值 H_i、垂直角观测值 V_i 和距离观测值 D_i，由已知点的坐标值（N_i、E_iZ_i）计算测站点坐标（$N_0E_0Z_0$）。

说明：后方交会是通过对多个已知点的测量定出测站点的坐标的方法。通过观测 2～10 个已知点便可计算出测站点的坐标。观测的已知点越多，观测的距离越多，计算所得的坐标精度也就越高。可测距时，最少观测 2 个已知点。无法测距时，最少观测 3 个已知点。

2）坐标计算过程。

测站点 N、E 坐标通过列出角度和边长误差方程，采用最小二乘法求取；Z 坐标则通过计算平均值求取。

3）后方交会测量。

a. 在测量模式菜单下按“RESEC”，显示“已知点坐标输入屏幕”。

b. 输入第 1 已知点的坐标后按回车键。

说明：在操作过程中，如需中断数据输入，按 ESC 键；读取坐标数据，按 READ 键；记录坐标数据，按 REC 键。

c. _x0001_ 完成第 1 已知点坐标的输入后按［OK］，显示“第 2 已知点坐标输入屏幕”。

d. 重复第 a.、b. 步输入全部已知点各点的坐标。

e. 全部已知点坐标输入完毕后按“MEAS”，显示“开始后方交会测量屏幕”。

f. 照准第 1 已知点，按“ANGLE”只进行角度测量，或者按“SDIST”进行角度距离测量。

g. 当测量或者重复测量模式下按“STOP”后，显示“测量结果屏幕”。

说明：若是按“ANGLE”只进行角度测量则将不显示距离值。若采用该测量结果，输入第 1 已知点的标高后按“YES”，随之屏幕提示进入下一已知点的观测。

h. 重复每 f.、g. 步进行对第 2 点及其他已知点的测量。

说明：当计算测站点坐标所需的最少观测值数量得到满足后，屏幕上将显示出“CALC”；完成对全部已知点的测量后，按“YES”自动开始坐标计算；操作过程中，重新观测同一点按“NO”；观测下一点按“YES”；计算测站点坐标按“CALC”。

i. 进行测站点坐标计算时，屏幕显示“测站点坐标计算屏幕”。

j. 计算完成后，显示计算结果。

说明：其中标准差“σ_N”“σ_E”表示交会测量结果的精度。

k. 按“OK”采用所计算的结果，该结果被作为测站坐标进行记录。显示恢复方位角设备屏幕。

说明：当放弃计算结果停止观测、重新观测或增加已知点时分别按［ESC］、［RE - OBST］或［ADD］键；采用的计算结果需要记入工作文件时按［REC］；若需要定向设置方位角按［OK］，否则按［ESC］。

l. 按［YES］设置方位角定向，否则按［NO］。

（2）放样测量。

1）基本原理。

放样测量用于在实地上标定出所要求的点。在放样测量中，通过对照准点的水平角、距离或坐标的测量，仪器所显示的是预先输入的待放样值与实测值之差（显示值＝实测值－放样值）。

2）放样测量方法。

放样测量一般只在盘左位置进行。

a. 距离放样测量。

说明：根据某参考方向转过的水平角和至测站点的距离来测设所要求的点。

距离放样步骤如下：

（a）照准参考方向，在测量模式的菜单下按两次“0 SET”将参考方向设置位零。

（b）在测量模式的菜单下按“S - O”显示“放样测量菜单屏幕”。

（c）选取“2. S - O”后按回车键，显示“放样数据输入屏幕”。

（d）输入放样距离（So dist）和放样角度（So Hang）数据项，按“OK”显示“放样观测屏幕”。图中，［S - OS］为测站至放样点的距离，［dHA］为测站至待放样点的水平角差值。

（e）按“←→”显示“放样导入屏幕”。在第 2 行中所显示的角度值为角度实测值与放样值之差，箭头方向为仪器照准部应转动的方向。

（f）旋转照准部至使第 2 行所显示的角度值为 0°。在照准方向上安置棱镜并照准。

（g）按“◢ S - O”选取放样测量模式。放样测量模式有斜距放样测量［SDIST］、平距放样测量［HDIST］、高差放样测量［VDIST］、坐标放样测量［COORD］和悬高放样测量［HT］五种可供选择，每按一次“◢ S - O”，变化一次。

（h）按“SDIST”，进入“开始距离放样测量屏幕”。距离测量进行后，显示“距离测量引导屏幕”。在第 3 行中所显示的距离值为距离放样值与实测值之差，箭头方向为棱镜应移动的方向。

(i) 按箭头方向前后移动棱镜至第 3 行显示的距离值为 0，再次按［SDIST］［HDIST］［VDIST］进行测量。当距离放样值与实测值之差在±1cm 范围内时，屏幕上显示两个箭头。使距离放样值与实测值之差为 0 时定出待放样点位。

(j) 按“ESC”返回放样测量菜单屏幕，当需要设置距离测量参数用“EDM”。

b. 悬高放样测量。

说明：悬高放样测量用于在实地上测设出由于位置过高或过低，而无法在其位置上设置棱镜的所要求点。

其步骤如下：

(a) 将棱镜安置在待放样点的正上方或者正下方，用小钢尺量取棱镜高照准棱镜，在测量模式下按“SDIST”显示“开始放样测量屏幕”。

(b) 屏幕显示出的测量结果（若在重复测量模式下按［STOP］显示“测量模式屏幕”），其中 S，ZA 和 HAR 分别为至棱镜的斜距、垂直角和水平角。

(c) 在测量模式第 2 页菜单下按“S－O”显示“放样测量菜单屏幕”。

(d) 选取“2. S－O data”后按回车键，显示“放样数据输入屏幕”。

(e) 输入棱镜高（Tgt. h.）和待放样点高（so dist），每输入一个数据按回车键一次。

(f) 按“OK”显示“放样观测屏幕”。

(g) 按“◢ S－O”使屏幕底行显示“HT”。

(h) 按“HT”开始放样测量，0.7s 后屏幕上底第 3 行显示出悬高放样值与实测值之差（S－O Ht），并每隔 0.5s 显示一次。按“←→”后，再按“HT”屏幕显示。

(i) 上下转动望远镜至使第 4 行处的显示为 0，此时，望远镜十字丝所照准点即为待放样点的位置。

(j) 按“ESC”接受并返回放样测量菜单屏幕。

c. 坐标放样测量。

说明：坐标放样测量用于在实地上测定出其坐标值为已知的点。在输入待放样坐标后，SET 计算出放样所需水平角和平距值并存储于内部存储器中，借助于角度放样和距离放样功能便可设定待放样点位置。

坐标放样测量的步骤如下：

(a) 在测量模式的第 2 页菜单下按“S－O”，显示“放样测量屏幕”。

(b) 选取“3. Stn data”后按回车键。

(c) 输入测站数据。输入棱镜高时，量取由棱镜中心至测杆底部的距离。

(d) 测站数据输入完毕后按“OK”进入“放样测量菜单屏幕”。

(e) 选取“4. Set hangle”后按回车键进入角度配置屏幕。

(f) 设置好方位角，随之显示出放样测量菜单屏幕。

(g) 选取“2. S－O date”后按回车键，显示“放样数据输入屏幕”。

(h) 在 Np、Ep 和 Zp 中分别输入待放点的三个坐标值，每输入一个数据项后按回车键。

此时如果中断输入按“ESC”，读取数据按“READ”，记录数据按“REC”。

在上述数据输入完毕后，仪器计算出放样所需距离（SO dist）和水平角（SO Hang）并显示在屏幕上。

(i) 按 OK 进入“放样观测屏幕”。

(j) 按“距离放样测量”中的第（e）至第（i）步骤操作定出待放样点的平面位置。

(k) 为了确定出待放样点的高程，按“◢ S-O”使之显示“COORD”。

(l) 按“COORD”开始高程放样测量，显示“开始放样观测屏幕”。测量停止后显示出放样观测屏幕。

按“←→”后按“COORD”使之显示“放样引导屏幕”。其中第4行位置上所显示的值为至放样点的高差，而由两个三角形组成的箭头指示棱镜应移动的方向。

若欲使至待放样的差值以坐标形式显示，在测量停止后再按一次“←→”。

(m) 向上或者向下移动棱镜至使所显示的高差值为0m（当该值接近于0m时，屏幕上显示出两个箭头：↑表示向上移动棱镜；↓表示向下移动棱镜）。

当第2、3、4行的显示值均为0时，测杆底部所对应的位置即为待放样点的位置。

(n) 按 ESC 返回放样测量菜单屏幕。

下一个点的放样，从（g）开始重复上述操作。

(3) 对边测量。

1) 对边测量的概念。

对边测量用于在不搬动仪器的情况下，直接测量某一起始点（P_1）与任何一个其他点间的斜距、平距和高差。在测站点上依次测量各反射棱镜的距离 S_1、S_2 和水平角 θ_1，以及高差 h_{A1}、h_{A2}，则可求得 P_1 至 P_2 间的距离 C 和高差 h_{12}：

$$C=\sqrt{S_1^2+S_2^2-2S_1\cdot S_2\cdot\cos\theta_1}\ ;\ h_{12}=h_{A2}-h_{A1}$$

在测量两点间高差时，将棱镜安置在测杆上，并使所有各点的目标高相同。

2) 对边测量的步骤。

(a) 在测量模式下，照准起始点 P_1 后按“SDISP”开始测量。

(b) 测量停止后（在重复测量模式下按“STOP”）。

(c) 照准目标点 P_2，在测量模式第3页菜单下按“MLM”开始对边测量，显示“开始对边测量屏幕”。

(d) 按“STOP”键，测量停止后，显示“对边测量结果屏幕”。

说明：屏幕上显示的 MLM 项目包括：起始点 P_1 与目标点 P_2 间的斜距 S；起始点 P_1 与目标点 P_2 间的平距 H；起始点 P_1 与目标点 P_2 间的高差 V；测站点与目标点 P_2 间的斜距 S；测站点与目标点 P_2 间的垂直角 ZA；测站点与目标点 P_2 间的水平角 HAR。

(e) 照准目标点 P_3 后按“MLM”开始对边测量。

说明：测量停止后显示起始点 P_1 与目标点 P_3 间的斜距、平距和高差。用同样的方法，可以测量起始点与其他任一点间的斜距、平距和高差。

(f) 按 ESC 结束对边测量。

(4) 悬高测量。

1) 悬高测量的概念。

悬高测量用于对不能设置棱镜的目标（如高压输电线、桥梁等）高度的测量。图 4.2.6 中可以看出，目标高计算公式：

$$\left.\begin{aligned} H_t &= h_1 + h_2 \\ h_2 &= S\sin\theta_{Z1}\cot\theta_{Z2} - S\cos\theta_{Z1} \end{aligned}\right\}$$

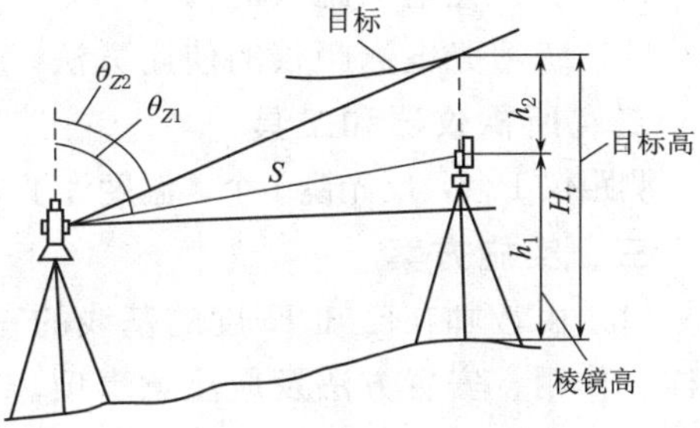

图 4.2.6 悬高测量

2) 悬高测量的步骤：

a. 将棱镜设于被测目标的正上方或者正下方，用小钢尺量取棱镜高（测点至棱镜中心的距离）。

b. 在测量模式第 3 页菜单下按“HT”进入仪器高、棱镜设置屏幕。

c. 输入棱镜高后按“OK”。

d. 照准棱镜。

e. 在测量模式第 4 页菜单下按“SDIST”，开始距离测量。

f. 测量停止后显示出测量结果。

g. 照准目标。

h. 在测量模式下使之显示“REM”功能。

i. 按“REM”开始悬高测量，出现“悬高测量屏幕”。0.7s 后在“HT.”一栏中显示出目标至测点的高度，此后，每间隔 0.5s 显示一次测量值。

j. 按“STOP”，出现“悬高测量结束屏幕”，结束悬高测量操作。

k. 按 ESC 退回测量模式屏幕。

实训 4.2 光电测距实操

一、任务目的

（1）认识光电测距仪的构造。

（2）练习光电测距仪的使用方法。

二、所需仪器和工具

测距仪 1 台，反光镜 1 个，温度计 1 个，气压计 1 个，记录板 1 块，伞 2 把，铅笔。

三、实施方案

（1）由教师在已知 K 度的基线的一端安置和安装仪器，并讲解仪器各部分的名称、作用、安置方法及应注意事项。

（2）由教师在基线的另一端安置反光镜，并讲解反光镜的安置、安装及照准的方法。

（3）由教师示范并讲解仪器照准反光镜及测距的操作步骤及方法，并讲解气压计、温度计的使用及读数方法。

（4）由学生轮流练习测量气压、温度及距离，每人触发三次仪器，读取三个读数，并读取竖直角，测量结果要及时记入手簿。

（5）在一组轮流完中以后，两组进行交换，但对第二台仪器，由教师作讲解及示范表演后，每人只操作一次，不作记录。

（6）对测量成果进行计算，计算水平距离（不作投影改正）要加气象、固定常数及比例常数的改正。

（7）求出测得的距离与已知基线长度的较差。

（8）测量及计算成果，每人交一份。

四、实训中应注意事项

（1）在阳光下观测仪器及反光镜要打伞；照准头切忌对向太阳，以防将发光及接收管烧坏。

（2）按按钮及按键时，动作要轻，用力不可过大及过猛。

（3）切忌用手触摸反光镜及仪器的玻璃表面。

（4）在了解操作方法以前，不得乱动仪器。

（5）仪器及反光镜要经常有人守候。

（6）气压计、温度计不得暴露在阳光下。

五、表格填写及计算

工程名称 ________　　观测日期 ________　　观 测 者 ________　　仪器型号 ________

仪器编号 ________　　天　　气 ________　　记 录 者 ________

测站	镜站	气温 /℃	气压 /hPa	斜距 /m	竖直角 /(°　′　″)	平 距 /m	平均值 /m

续表

测站	镜站	气温 /℃	气压 /hPa	斜距 /m	竖直角 /(° ′ ″)	平距 /m	平均值 /m

六、控制标准与评价

(1) 每位同学通过训练要达到的要求：①独立完成 1 段距离的观测、记录、计算；②能正确完成表格填写、计算；③能熟悉并记住实施中的注意事项；④注意仪器中的棱镜常数是否和使用的棱镜常数一致。

(2) 学生针对要求对自己实训做出正确的自我评价。写出改进的措施：______
____
____。

项 目 小 结

本项目主要讲述距离测量的知识，展开介绍了钢尺量距的工作原理，特别介绍了测量工具的种类、特点和直线定线的方法，以及电磁波量距的原理、电磁波测距仪的分类、全站仪的构造及使用方法，进一步培养学生精益求精的工匠精神和关键岗位的职业能力。

自 测 题

1. 直线定线的含义及作用是什么？
2. 简述丈量工具的种类及其作用。
3. 一般量距的方法步骤是什么？应该注意哪些事项？
4. 简述光电测距仪的原理。
5. 全站仪的基本测量包括哪些？

项目5

直线定向

【思维导图】

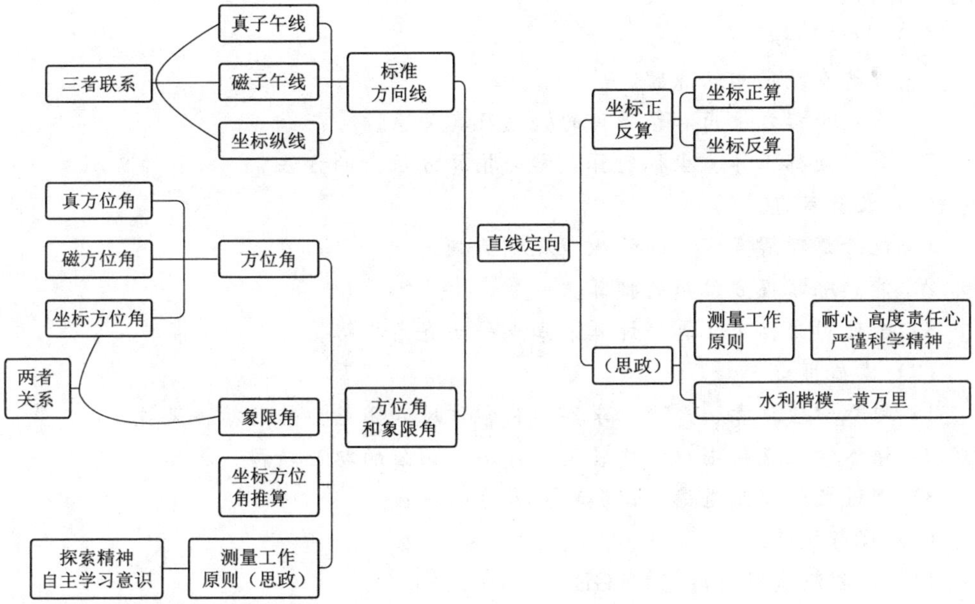

【项目简述】

为确定平面地面上两点间的位置关系，除了需要测量两点之间的水平距离以外，还需确定该两点所连直线的方向。在测量上，直线的方向通常用直线与基准方向间的水平角来确定和表示。确定一条直线与基准方向间的关系即为直线定向。本项目重点论述标准方向线、方位角和象限角之间的关系，以及坐标正反算的运用。

【项目载体】

给定虚拟的实验场景，以水利渠道工程中对渠道长度的测量为载体，根据精度要求的不同，介绍丈量时所使用的不同工具和方法。

【项目实施方法及目标】

1. 项目实施方法

本项目分为四个阶段。

第一阶段，了解项目任务，熟悉资料。

第二阶段，任务驱动，学习掌握相关知识，完成项目任务实施之前的必要知识储备。

第三阶段，实施能力目标，项目具体实操阶段。在这个阶段，可能会遇到许多问题，因此在本阶段要着重培养学生发现问题分析问题解决问题的能力。通过这一阶段的实训，令学生的专业技能得到较大提高。

第四阶段，应用阶段，将第二阶段的成果表达出来。在这个过程中，训练学生的坐标正反算能力。

2. 项目教学目标

“直线定向”课程教学目标包括知识目标、技能目标和素养目标三个方面。技能目标是核心目标，知识目标是基础目标，素质目标贯穿整个实训过程，是项目的重要保证。

（1）知识目标。

1）理解直线定向的原理。

2）掌握坐标方位角和象限角的概念及其关系。

3）掌握坐标正算、坐标反算，学会推算方位角的方法。

（2）技能目标。

1）能清楚理解直线定向的原理及相关概念。

2）能熟练掌握方位角的推算。

3）会使用坐标正反算法计算未知点平面直角坐标。

（3）素质目标。

1）培养学生负责、严谨、求实的科学作风和团结协作的精神风貌。

2）培养学生克服困难、吃苦耐劳、坚韧顽强的职业精神。

3）促进良好职业道德意识和职业素养的养成。

（4）现行规范。

1）《工程测量通用规范》（GB 55018—2021）。

2）《水利水电工程施工测量规范》（SL 52—2015）。

3）《建筑工程质量验收统一标准》（GB 50300—2013）。

【思政引导】

三峡大坝，位于湖北省宜昌市夷陵区三斗坪镇三峡坝区，地处长江干流西陵峡河段。三峡工程控制流域面积约100万km^2，始建于1994年，集防洪、发电、航运、水资源利用等为一体，是当今世界上最大的水利枢纽工程。挡河大坝主要由泄洪坝段、左右岸厂房坝段、非溢流坝段等组成，坝体为混凝土重力坝，坝轴线长2309.5m；坝顶高程185m，最大坝高181m；正常蓄水位175m，总库容393亿m^3，防洪库容221.5亿m^3；发电总装机容量2250万kW，多年平均发电量882亿kW·h。

三峡工程作为中华人民共和国历史上最大的水利工程，具有多重功能和深远影响：

1. 防洪。三峡工程的建设显著提高了长江中下游地区的防洪能力，有效抵御了来自长江、嘉陵江等流域的洪水灾害，保护了周边地区的生态环境和人民生命财产安全。

2. 发电。三峡工程是世界上最大的水电站之一，对于推进中国现代化建设具有重要意义，同时也为长江流域提供了巨大的清洁能源，有助于减少对传统煤炭的依赖，降低温室气体的排放。

3. 航运。三峡工程改善了长江的航运条件，提高了通航能力和运输效率，缩短了运输时间，促进了贸易和经济的发展。此外，三峡大坝还是一座著名的旅游景点，每年吸引着大量游客前来参观，不仅展示了中国的水利工程实力，也彰显了人与自然和谐共处的理念。

【知识拓展】

1. 观看“中国的超级工程之三峡大坝”视频。

2. 观看新闻联播视频：“三峡库区蓄水进入最后两米冲刺 涪陵守护长江”。

任务5.1 直线定向的原理

5-1

直线定向的原理

5.1.1 基本原理

为确定平面地面上两点间的位置关系，除了需要测量两点之间的水平距离，还需确定该两点所连直线的方向。测量实际操作中，直线的方向是根据某一基准方向（也称标准方向）来确定的，确定一条直线与基准方向间的关系称为直线定向。

5.1.1.1 基准方向

5-2

方位角、象限角介绍

1. 真子午线方向

过地表一点的天文子午面与地球表面的交线称为该点的真子午线，通过该点的真子午线的切线方向称为该点的真子午线方向，通过天文观测或陀螺经纬仪可以测定真子午线方向。

2. 磁子午线方向

通过地球表面上某点的磁子午线的切线方向称为该点的磁子午线方向（磁针自由静止下来北端所指的方向），一般是用罗盘来测定的。

3. 坐标纵轴方向

不同点的真子午线方向或磁子午线方向都是不平行的，这使直线方向的计算很不方便。如果采用坐标纵轴方向作为标准方向，那么各点的标准方向都是平行的，这时方向的计算比较方便。我国采用高斯平面直角坐标系，其每一投影带中央子午线的投影为坐标纵轴方向（或坐标北方向），即 X 轴方向，平行于高斯投影平面直角坐标系 X 坐标轴的方向称为坐标纵线。

5.1.1.2 基准方向间的关系

测量中常用以上这三个方向来作为直线定向的标准方向，且由于我国位于北半球，所以取三个方向的北方向：真北方向、磁北方向、坐标北方向，即三北方向。其三者之间的关系如图 5.1.1 所示，磁北方向与坐标北方向分别在真北方向两侧。

5.1.2 方位角与象限角

5.1.2.1 三种方位角

测量工作中，某直线的方位角是以基准方向的北端为准，顺时针方向旋转到该直线的水平夹角，取值范围为 0°～360°，如图 5.1.2 所示。

方位角根据基准方向的不同，分为三种：真方位角、磁方位角和坐标方位角。

1. 真方位角

由真北方向（真子午线方向的北端）起顺时针方向旋转到某直线的水平夹角，称为该直线的真方位角，用 A_Z 表示。

2. 磁方位角

由磁北方向（磁子午线方向的北端）起顺时针方向旋转到某直线的水平角，

称为该直线的磁方位角，用 A_C 表示。

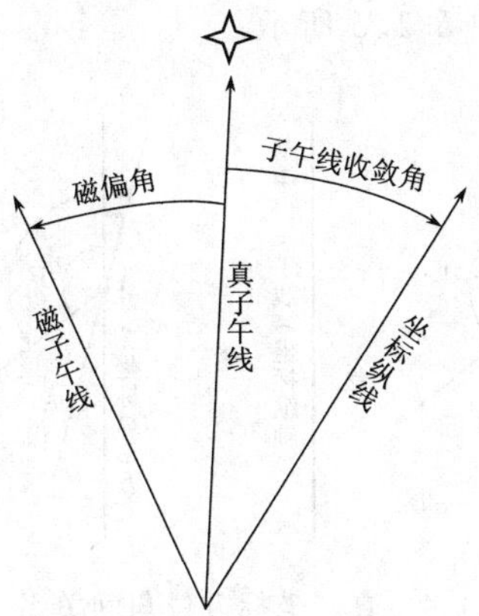

图 5.1.1　三北方向之间的关系

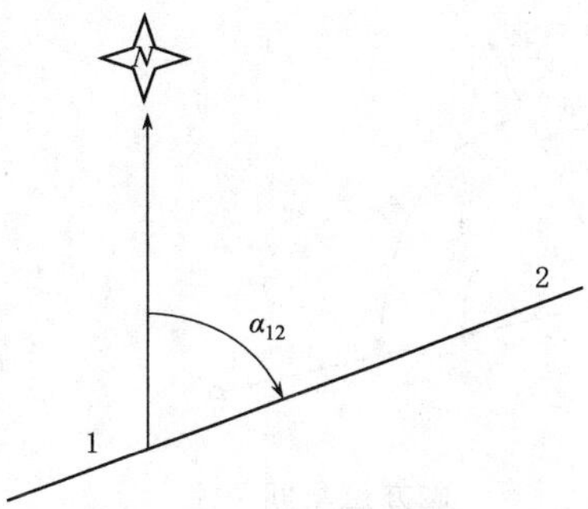

图 5.1.2　方位角

3. 坐标方位角

由坐标北方向（坐标纵轴方向的北端）起顺时针方向旋转某直线的水平角，称为该直线的坐标方位角，一般用 α 表示（一般在没有特别说明的情况下，方位角均指坐标方位角）。

5.1.2.2　方位角间的关系

1. 真方位角和磁方位角之间的关系

由于地磁的南北两极与地球的南北两极并不一致，所以过地面上同一点的磁北方向（真子午线方向）与真北方向（磁子午线方向）并不重合，其间产生的夹角称为磁偏角，用符号 δ 表示，如图 5.1.3 所示。

当磁北方向在真北方向西侧时称西偏，磁偏角 δ 为负（－），磁北方向在真北方向东侧时称东偏，磁偏角 δ 为正（＋）；因地点、时间的不同，磁偏角的大小存在差异，在我国磁偏角的变化约为 $-10°\sim+6°$。真方位角与磁方位角之间存在下列关系：

$$A_Z=A_C+\delta \tag{5.1.1}$$

2. 真方位角与坐标方位角之间的关系

中央子午线作为该带的坐标纵轴在高斯平面上是一条直线，赤道上各点的真子午线相互平行，而地面上其他各点的真子午线则不平行。地面上各点的真子午线方向与坐标纵线（中央子午线）之间的夹角 γ，称为子午线收敛角，如图 5.1.4 所示。收敛角 γ 有正有负。在中央子午线以东地区，各点的坐标纵轴偏在真子午线的东边，γ 为正值；在中央子午线以西地区，γ 为负值。真方位角与坐标方位角的关系式如下：

$$A_Z=\alpha+\gamma \tag{5.1.2}$$

3. 坐标方位角与磁方位角之间的关系

如果已知某点的磁偏角 δ 与子午线收敛角 γ，则坐标方位角和磁方位角之间可以用下式进行换算：

$$\alpha = A_C + \delta - \gamma \tag{5.1.3}$$

综上所述，三个方位角之间的相互关系如图 5.1.5 所示。

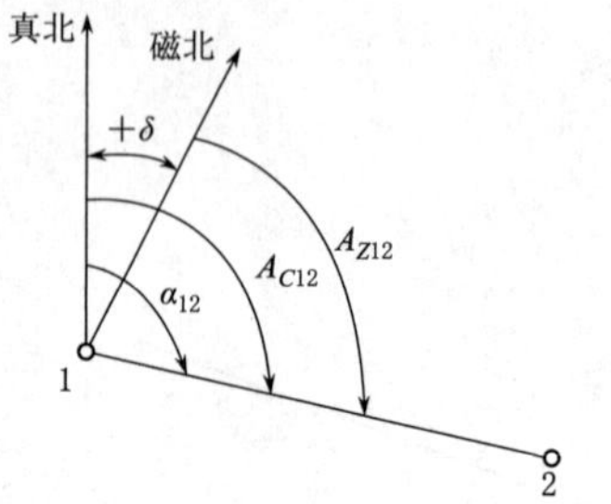

图 5.1.3　真、磁方位角间关系

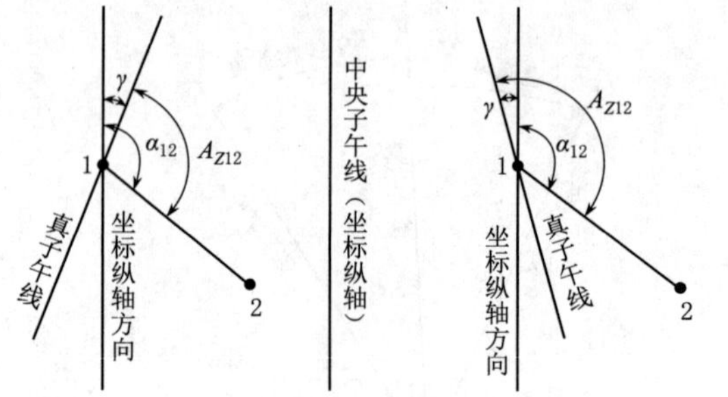

图 5.1.4　真、坐标方位角间关系

5.1.2.3　象限角的概念

在平面直角坐标系中，直线与坐标纵线有两个夹角，其中锐角（直线与坐标纵轴所夹的角）称为该直线的象限角，以 R 表示，其取值范围是 0°～90°。坐标系中的四个象限（Ⅰ～Ⅳ），分别被坐标横线和坐标纵线所划分，直线 $1O$ 位于第Ⅰ象限，象限角 R_{10}；直线 $2O$ 位于第Ⅱ象限，象限角 R_{20}；直线 $3O$ 位于第Ⅲ象限，象限角 R_{30}；直线 $4O$ 位于第Ⅳ象限，象限角 R_{40}，如图 5.1.6 所示。

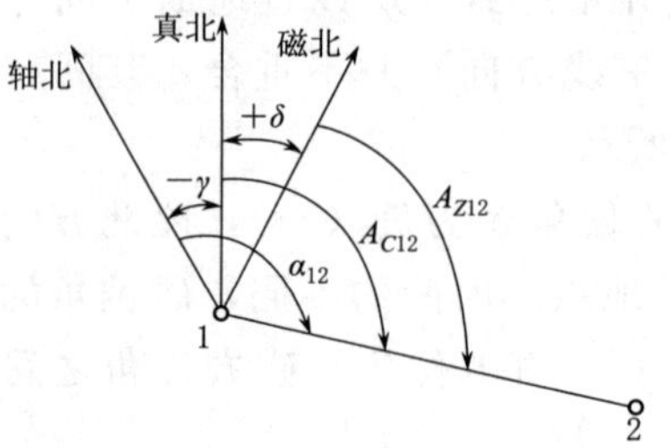

图 5.1.5　三种方位角关系图

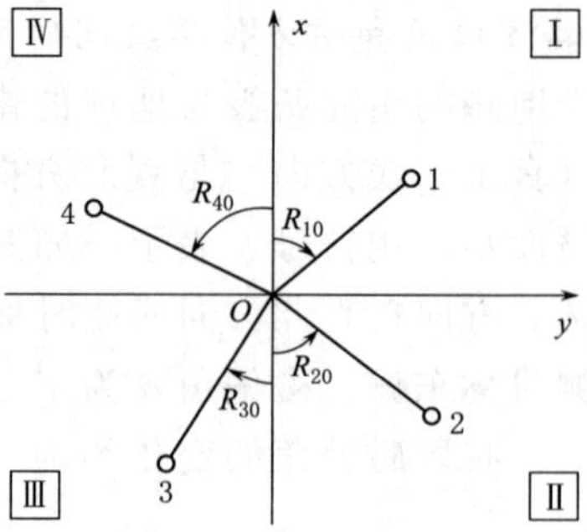

图 5.1.6　直线的象限角

5.1.2.4　象限角与方位角的换算关系

在测量计算中，常需要将直线的象限角与方位角进行相互转换。象限角与坐标方位角之间的关系见表 5.1.1。

表 5.1.1　**象限角与方位角的关系**

直线所在象限	象限角	方位角	直线所在象限	象限角	方位角
第Ⅰ象限	R_{10}	$\alpha_{10}=R_{10}$	第Ⅲ象限	R_{30}	$\alpha_{30}=180°+R_{30}$
第Ⅱ象限	R_{20}	$\alpha_{20}=180°-R_{20}$	第Ⅳ象限	R_{40}	$\alpha_{40}=360°-R_{40}$

用象限角来表示直线的方向，须注明直线所处的象限，且也可用北东、南东、南西和北西方位表示。如图 5.1.6 所示，假定 $R_{10}=45°30'$、$R_{20}=50°28'$、$R_{30}=$

30°37′、R_{40}＝60°18′，则应分别记为 R_{10}＝北东 45°30′、R_{20}＝南东 50°28、R_{30}＝南西 44°18′、R_{40}＝北西 60°18′。

5.1.2.5 坐标方位角的推算

5-3 坐标方位角的推算

1. 正、反方位角

对于任一条直线都存在正反两个方向，在直线起点量得的直线方向称直线的正方向，其方位角称为正方位角；反之在直线终点量得直线的方向称直线的反方向，其相反方向的方位角就称反方位角。

如图 5.1.7 所示，直线由 C 到 D，在起点 C 得直线的正方位角为 α_{CD}，而在终点 D 得直线的反方位角为 α_{DC}，其直线的正反方位角间存在下列关系：

$$\alpha_{CD}=\alpha_{DC}\pm 180° \qquad (5.1.4)$$

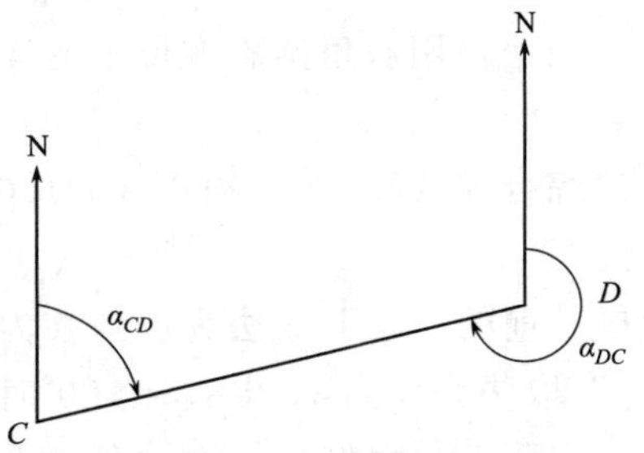

图 5.1.7 正、反坐标方位角

可知，同一直线上，方向不同，其坐标方位角也不同；两个不同的正反方位角，其值相差 180°。

2. 坐标方位角的推算

在测量工作中，每条直线的坐标方位角不是被直接测定，而是通过与已知点（坐标为已知）的连测，由各相邻边构成的角度（转折角）经计算求得各边的坐标方位角。通过已知坐标方位角和观测的水平角来推算出各边的坐标方位角，在推算时水平角有左角和右角之分，沿前进方向左侧的水平角称为左角，沿前进方向右侧的水平角称为右角。例如在图 5.1.8 中，沿前进方向 $C\to D\to E\to F\to G$ 推算，则 $\beta_{D左}$、$\beta_{E左}$、$\beta_{F左}$ 为左角，而 $\beta_{D右}$、$\beta_{E右}$、$\beta_{F右}$ 为右角。利用正、反坐标方位角的关系以及测定的转折角。可以推算出直线的坐标方位角。

图 5.1.8 中，设 α_{CD} 为已知起始方位角，利用左角计算，则有

$$\alpha_{DE}=\alpha_{CD}+\beta_{D左}-180°$$
$$\alpha_{EF}=\alpha_{DE}+\beta_{E左}-180°$$
$$\alpha_{FG}=\alpha_{EF}+\beta_{F左}-180°$$

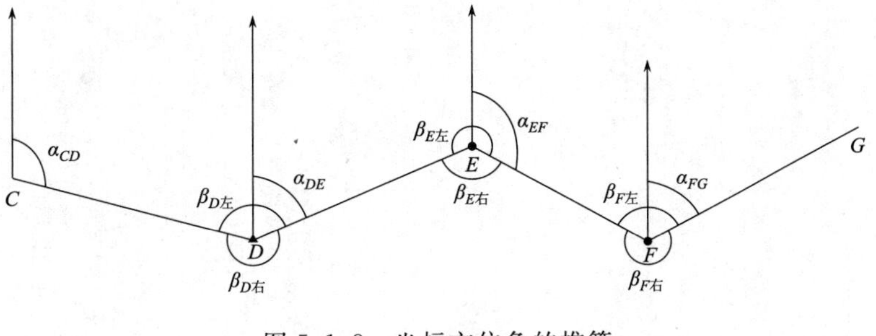

图 5.1.8 坐标方位角的推算

由此可知，按线路前进方向，由后一边的已知方位角和左角推算线路前一边

的坐标方位角的计算公式为

$$\alpha_{前} = \alpha_{后} + \beta_{左} - 180° \tag{5.1.5}$$

利用右角计算，则有：

$$\alpha_{DE} = \alpha_{CD} + \beta_{D右} + 180°$$
$$\alpha_{EF} = \alpha_{DE} + \beta_{E右} + 180°$$
$$\alpha_{FG} = \alpha_{EF} + \beta_{F右} + 180°$$

同上，用右角推算方位角的递推公式为

$$\alpha_{前} = \alpha_{后} - \beta_{左} + 180° \tag{5.1.6}$$

综合式（5.1.5）和式（5.1.6）可得

$$\alpha_{前} = \alpha_{后} \pm \beta_{左} \pm 180° \tag{5.1.7}$$

式中β前的“±”取法为：当β为左角时取“+”，β为右角时取“−”；180°前的“±”取法为：当$\alpha_{后} \pm \beta_{左} < 180°$时取“+”，当$\alpha_{后} \pm \beta_{左} > 180°$时取“−”。

实际上，根据坐标方位角的范围 0°～360°，180°前的“±”可以任意取“+”或“−”，如果计算的角值大于 360°，则应该减去 360°；如果计算的角值为负，则应该加上 360°。

任务 5.2 坐 标 正 反 算

5.2.1 坐标正算

某直线的终点坐标可以根据该直线的始点坐标、坐标方位角和直线的水平距离进行计算，这种方法称为坐标正算。

5－4

坐标正反算原理

如图 5.2.1 所示，已知直线 AB 的 A 点坐标（x_A，y_A）、AB 的坐标方位角 α_{AB} 以及 AB 的水平距离 S_{AB}，需要计算 B 点的坐标（x_B，y_B）。按数学公式可求得 A、B 两点间纵横坐增量如下：

$$\begin{cases}\Delta x_{AB}=S_{AB}\cos\alpha_{AB}\\ \Delta y_{AB}=S_{AB}\sin\alpha_{AB}\end{cases} \tag{5.2.1}$$

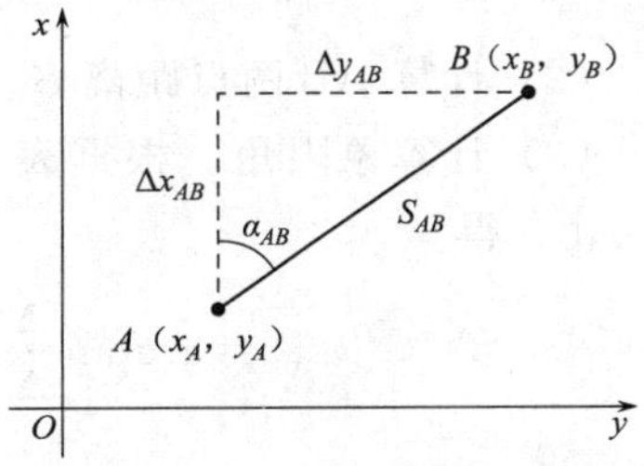

图 5.2.1 直角坐标与极坐标的关系

B 点的坐标计算式为

$$\begin{cases}x_B=x_A+\Delta x_{AB}\\ y_B=y_A+\Delta y_{AB}\end{cases} \tag{5.2.2}$$

5.2.2 坐标反算

坐标反算，是在已知某直线起始点和终止点坐标的情况下，计算直线的水平距离和坐标方位角的方法。

如图 5.2.1 所示，已知 A 点的坐标（x_A，y_A）、B 点的坐标（x_B，y_B），计算 AB 两点间的水平距离 S 和坐标方位角 α_{AB}。

（1）计算坐标增量的公式为

$$\begin{cases}\Delta x_{AB}=x_A-x_B\\ \Delta y_{AB}=y_A-y_B\end{cases} \tag{5.2.3}$$

（2）计算象限角 R_{AB} 的公式为

$$R_{AB}=\arctan\frac{|\Delta y_{AB}|}{|\Delta x_{AB}|} \tag{5.2.4}$$

（3）根据其坐标增量的符号，进行象限的判别，按表 5.2.1 换算出相应的坐标方位角。

表 5.2.1 象限角与方位角的关系

象限	Δx_{AB}	Δy_{AB}	α_{AB} 计算公式
Ⅰ	正	正	$\alpha_{AB}=R_{AB}$
Ⅱ	负	正	$\alpha_{AB}=180°-R_{AB}$
Ⅲ	负	负	$\alpha_{AB}=180°+R_{AB}$
Ⅳ	正	负	$\alpha_{AB}=360°-R_{AB}$

（4）计算水平距离的公式有以下几个：

$$\begin{cases} S_{AB} = \dfrac{\Delta x_{AB}}{\cos\alpha_{AB}} = \dfrac{\Delta y_{AB}}{\sin\alpha_{AB}} \\ S_{AB} = \sqrt{\Delta x_{AB}{}^2 + \Delta y_{AB}{}^2} \end{cases}$$

【例5.1】 已知点 A 点坐标 $x_A=5048.25\text{m}$，$y_A=2231.55\text{m}$；B 点坐标 $x_B=4082.76\text{m}$，$y_B=2420.60\text{m}$，计算 AB 两点距离及坐标方位角。

解：(1) 先计算坐标差

$$\begin{cases} \Delta x_{AB} = x_A - x_B = 5048.25 - 4082.76 = 965.49(\text{m}) \\ \Delta y_{AB} = y_A - y_B = 2231.55 - 2420.60 = -189.05(\text{m}) \end{cases}$$

(2) 计算AB两点距离 $S_{AB}=\sqrt{\Delta x_{AB}{}^2+\Delta y_{AB}{}^2}=983.82(\text{m})$

(3) 计算象限角。根据表5.2.1，α_{AB} 位于第Ⅳ象限，再按照式（5.2.4）计算 α_{AB}，得

$$\alpha_{AB} = \arctan\frac{\Delta y_{AB}}{\Delta x_{AB}} = -78°55'16'' + 360° = 281°04'44''$$

项 目 小 结

本项目主要介绍了直线定向的原理、坐标方位角和象限角的概念及其关系，特别是坐标正算、坐标反算，及其推算方位角的方法，要学会运用原理解决实际问题，培养学生团结合作的团队精神和负责、严谨、求实的科学作风。

自 测 题

1. 直线定向的定义和意义分别是什么？

2. 什么是方位角和象限角？它们之间有什么关系？

3. 某直线的磁方位角为130°27′，而该处的磁偏角为东偏15°50′，问该直线的真方位角为多少？

4. 已知直线AB的坐标方位角为50°30′，AB直线的反方位角是多少？

5. 已知 A 点的坐标为 A（1845.30，5585.47），AB 边的边长为 D_{AB} = 204.12m，AB 边的方位角为 α_{AB} = 142°30′，试计算 B 点的坐标。

6. 已知 A 点的坐标为 A（3495.90，6534.78），B 点的坐标为 B（3435.80，6494.78），试求 AB 边的边长 D_{AB} 和方位角 α_{AB}。

项目 6

小区域控制测量

【思维导图】

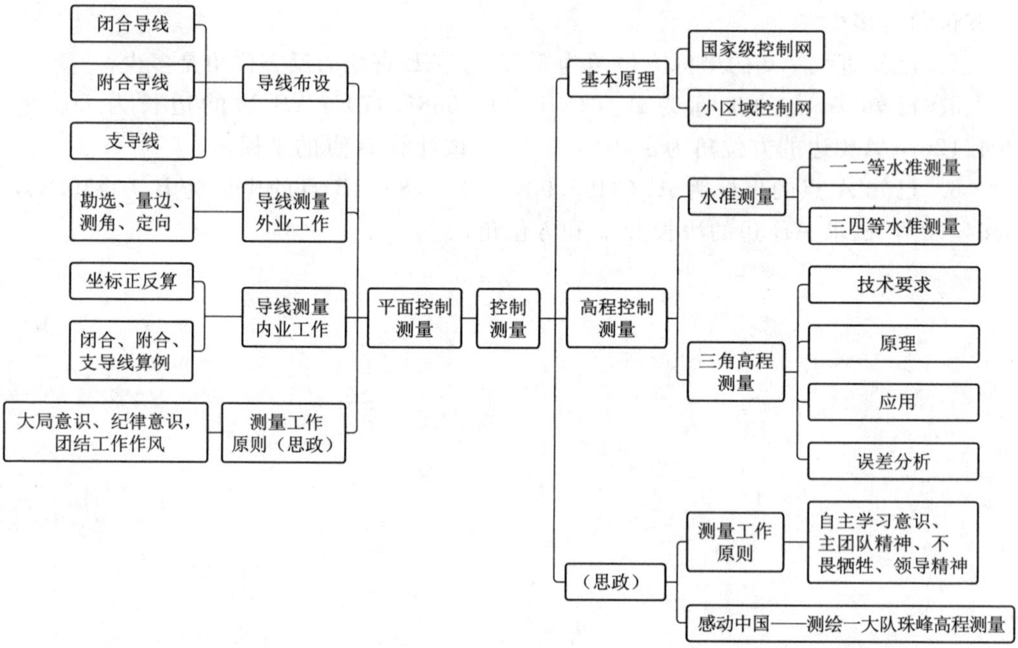

【项目简述】

控制测量是为确认控制点的平面位置，并最终建立平面控制网，为测区下一步的测量工作建立一个统一的参照系统，具有控制全局、限制测量误差累积的作用，是各项测量工作的依据。其一般包含导线的布设、导线测量的外业工作和内业计算、水准测量和三角高程测量等。本章将详细论述以上重点内容，学习相关知识和计算方法。

【项目载体】

以某小型水库和水渠为项目载体，介绍控制测量的原理、闭合导线测量、附合导线测量的内业计算以及高程控制测量方法。

【项目实施方法及目标】

1. 项目实施方法

本项目分为四个阶段。

第一阶段，了解项目任务，熟悉资料。

第二阶段，任务驱动，学习掌握相关知识，完成项目任务实施之前的必要知识储备。

第三阶段，实施能力目标，是项目具体实操阶段。在这个阶段，可能会遇到许多问题，因此在本阶段要着重培养学生发现问题分析问题解决问题的能力。通过这一阶段的实训，令学生的专业技能得到较大提高。

第四阶段，应用阶段，将第二阶段的成果表达出来。在这个过程中，训练学生的导线外业测量和内业计算能力。

2. 项目教学目标

“控制测量”课程教学目标包括知识目标、技能目标和素质目标三个方面。技能目标是核心目标，知识目标是基础目标，素质目标贯穿整个实训过程，是项目的重要保证。

(1) 知识目标。

1) 理解控制测量的原理。

2) 理解闭合导线测量、附合导线测量的内业计算。

3) 理解高程控制测量方法。

(2) 技能目标。

1) 能够运用控制测量的知识，布置不同类型的导线。

2) 能掌握和运用闭合导线测量、附合导线测量的内业计算以及高程控制测量方法。

(3) 素质目标。

1) 培养学生精益求精的学习态度和高度的责任心。

2) 培养学生克服困难、吃苦耐劳、坚韧顽强的职业精神。

3) 培养学生的大局意识、纪律意识，形成团结工作的作风。

(4) 现行规范。

1)《工程测量通用规范》(GB 55018—2021)。

2)《水利水电工程施工测量规范》(SL 52—2015)。

3)《建筑工程质量验收统一标准》(GB 50300—2013)。

【思政引导】

中国北斗卫星导航系统（BeiDou Navigation Satellite System，BDS）是中国自行研制的全球卫星导航系统，是继美国全球定位系统（GPS）、俄罗斯格洛纳斯卫星导航系统（GLONASS）之后第三个成熟的卫星导航系统。北斗卫星导航系统由空面段、地面段和用户段三部分组成，在轨39颗卫星中包括21颗北斗三号卫星。有18颗运行于中圆轨道、1颗运行于地球静止轨道、2颗运行于倾斜地球同步轨道。北斗卫星导航系统，可在全球范围内全天候、全天时为各类用户提供高精度、高可靠定位、导航、授时服务，并具短报文通信能力，定位精度10m，测速精度0.2m/s，授时精度10hs。

北斗卫星系统为军事行动提供了精确的战术支持和决策指导，增强了国家在卫星技术领域的实力和国际地位；北斗系统在交通运输、渔业资源开发、农业生产等多个领域提供了高精度的导航定位服务，提升了相关产业的效率和质量。同时，它在灾害应急、紧急救援等公共安全领域也发挥了重要作用，保障了人民生命和财产安全。北斗系统的研发和应用推动了我国在卫星导航领域的科技创新和产业发展，提升了我国在全球导航定位领域的影响力和竞争力；北斗系统作为全球卫星搜救系统的一部分，为全球海上、路上和空中用户提供遇险报警及定位服务，是中国向全球提供的公共产品之一。

北斗卫星系统的应用将进一步推动中国国家安全、经济社会发展和人民生活水平的提高，同时在全球范围内提供了高精度的定位导航服务，为各行各业的用户提供了可靠的数据支持和解决方案。

【知识拓展】

1. 观看北斗卫星的成长之路——“北斗，军事科技 大国重器”视频。
2. 观看新闻联播视频：“积极布局北斗卫星应用产业 助推高质量发展”。

任务 6.1　控制测量概述

6.1.1　控制测量的概念

控制测量（control surey）是指在一定区域内，为大地测量、摄影测量、地形测量或工程测量建立控制网所进行的测量。其包括：①平面控制测量，是为测定控制点平面坐标；②高程控制测量，为测定控制点高程；③三维控制测量，为同时测定控制点平面坐标和高程或空间三维坐标。

6-1

控制测量基本原理

平面控制网与高程控制网一般分别单独布设，也可以布设成三维控制网。其控制网具有控制全局、限制测量误差累积的作用，是各项测量工作的依据。对于地形测图，等级控制是扩展图根控制的基础，以保证所测地形图能互相拼接成为一个整体。对于工程测量，常需布设专用控制网，作为施工放样和变形观测的依据。

6.1.2　国家级控制网

国家平面控制网是国家测绘部门在全国范围内采用“分级布网、逐级控制”的原则，建立的国家级控制网，以此作为科学研究、地形测量和施工测量的依据，用于满足国家经济建设及国防建设的需要。

国家平面控制网的建立有三种方法：①三角测量；②精密导线测量；③“GPS”测量。

（1）三角测量是在地面上选择若干控制点（有控制意义的点）组成一系列类三角形（三角点为三角形的顶点），精密测定基线（起始边）的边长和方位角，并观测三角形中的内角，应用三角学中正余弦定理解算出各个三角形的边长，再根据起始点坐标、起始方位角，推算出各三角点的平面坐标。

国家平面控制网分为四、三、二、一等共四个等级，按其精度由低到高。三、四等控制网是在二等控制网的基础上进一步加密建立的，一般作为地形图的测绘和施工控制测量依据；二等控制网是在一等控制网上加密的控制测量，是国家控制网的全面基础；一等精度最高，是国家控制网骨干，如图 6.1.1 所示。

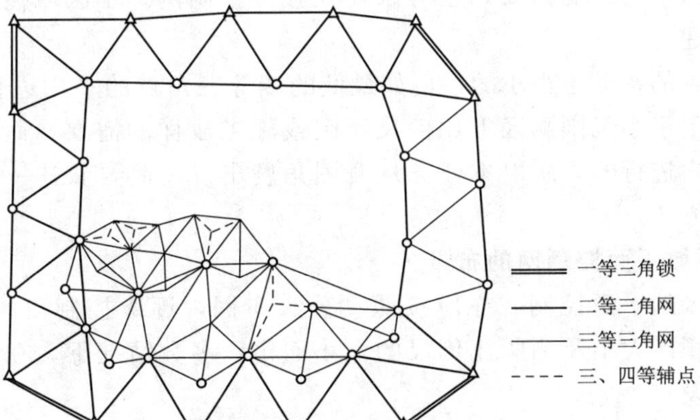

图 6.1.1　三角锁和三角网

(2) 精密导线测量是指精度达到相邻点位的相对中误差不超过1∶120000的导线测量，精密导线测量也分为四个等级，即一、二、三、四等，但一般指国家二等或二等以上的导线测量。在通视条件困难的地区，采用精密导线测量来代替相应等级的三角测量是非常方便的，其测量是将一系列地面点组成一系列折线形状，如图6.1.2所示，在外业上观测各转折角，测定各导线边长后，在内业上根据起始坐标和起始方位角来推算各导线点的平面坐标，测量质量的好坏对于确保各项工程在整体上按设计位置准确复现至关重要。近代电磁波测距仪和全站仪的出现，更为精密导线测量创造了便利条件。国家各等级平面控制测量主要技术指标见表6.1.1。

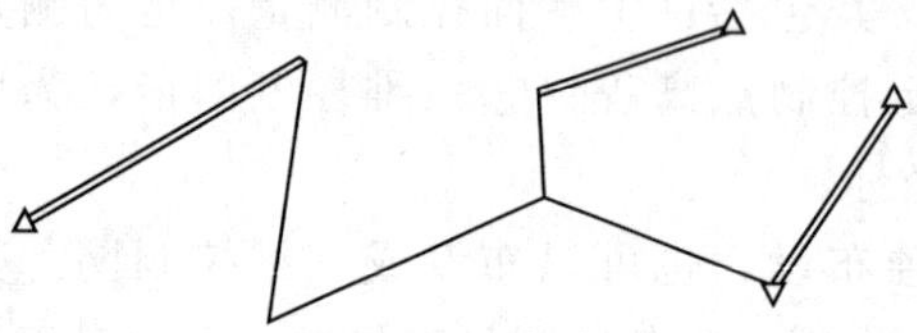

图6.1.2 导线网

(3) GPS测量是利用GPS接收仪，接收GPS全球定位系统卫星信号来确定接收仪位置平面坐标和高程的一种方法。GPS测量不受天气、时间和地域的限制，目前已广泛用于各等级的控制测量。但GPS测量不能在隐蔽地区和室内测量。

表6.1.1 国家各等级平面控制测量主要技术指标

等级	平均边长/km	起始边中误差	测角中误差/(″)	三角形最大闭合差/(″)
Ⅰ	20～25	1∶350000	±0.7	±2.5
Ⅱ	13	1∶250000	±1.0	±3.5
Ⅲ	8	1∶150000	±1.8	±7.0
Ⅳ	2～6	1∶100000	±2.5	±9.0

6.1.3 小区域控制网

小区域控制网是指在面积小于3km^{2}范围内建立的控制网。小区域控制网原则上应与国家基本控制网或城市控制网相连，形成统一的坐标系和高程系。但当关联有困难时，为了建设的需要，也可以建立独立控制网。小区域控制网也要根据面积大小分级建立。

国家控制点的密度是很小的，例如最低的四等三角点的平均边长约为4km左右，远远满足不了小范围测区大比例尺测图或施工放样的需要，而工程建设大多都是在小范围内进行的，所以本任务从测图角度出发，简要叙述一下小范围测区控制网的建立方法。

6.1.3.1 小区域平面控制网的布设

小范围测区的平面控制，亦应按照“分级布网，逐级控制”的原则来布网。分级的多少视测区大小及测图比例尺的大小而定，多数情况下，在国家控制网基础上分两级布设。

1. 首级控制网

首级控制网通常采用五等三角锁的方法布设，其主要技术指标见表6.1.2。

表6.1.2　　五等三角锁、网主要技术指标

级别	测角中误差/(″)	三角形最大闭合差/(″)	最小求距角	平均边长/km		起始边相对中误差	最弱边相对中误差
				建筑区或枢纽区	一般地区		
一级	±5	±15	30°	1	2	1/40000	1/20000
二级	±10	±30	30°	0.5	1	1/20000	1/10000

2. 图根控制网

图根控制网是直接为测图服务的一级控制网，它是在首级控制网基础上对控制点的进一步加密。根网中的控制点称为图根点，其密度要求与测图比例尺有关，且密度应满足测图的需要，见表6.1.3。

表6.1.3　　图根点密度表

测图比例尺	每平方公里的控制点数	每幅图的控制点数	相邻控制点最大边长/km
1∶5000	4	20	540
1∶2000	15	15	280
1∶1000	40	10	170
1∶500	120	8	100

图根控制网的建立方法，通常有导线测量法、小三角测量法、交会法等。图根点的标志一般采用木桩或埋设简易混凝土标石，并用标旗作为觇标，如图6.1.3所示。

应当指出，对于小范围测区，根据实际工作需要，控制网可以附合于国家高级控制点上，形成统一的坐标系统；也可以布设成独立控制网，采用假定坐标系统。

6.1.3.2 小区域高程控制网的布设

小范围测区的地形测图，高程控制网通常分两级布设：基本高程控制（国家四等或四等以上的水准网），加密高程控制（等外水准或三角高程）。加密高程控制点通常不埋石，只是在地面上打一大木桩或在坚固地基表面（如屋基、桥墩、裸露岩石等）上标定点位即可。地形测量中，图根点往往同时又是高程控制点，故亦可称其为平高点。

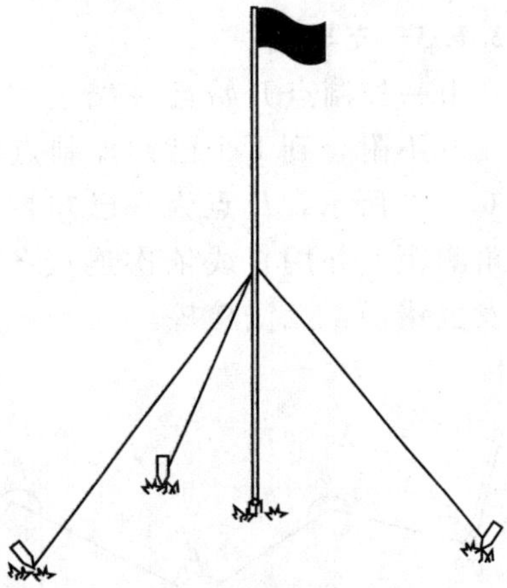

图6.1.3　图根点标志

任务 6.2　平面控制测量

6－2

导线布设形式、外业工作步骤介绍

6.2.1　导线布设形式

导线的布设可根据测区结构的具体情况和要求，分为闭合导线、附合导线、支导线三种形式。

6.2.1.1　闭合导线

导线从已知控制点（C）和已知方向（CD）出发，经过数点最后仍回到起点，形成一个闭合多边形，如图 6.2.1 所示，经过 2、3、4、5 点，最后又回到原出发点 C，这样的导线称为闭合导线。简单说就是已知一条边，测量若干个边长和夹角后又闭合到已知边的导线测量方法，通过平差计算可得到经过的未知点的平面坐标。闭合导线本身存在着严密的几何条件，具有检核作用。

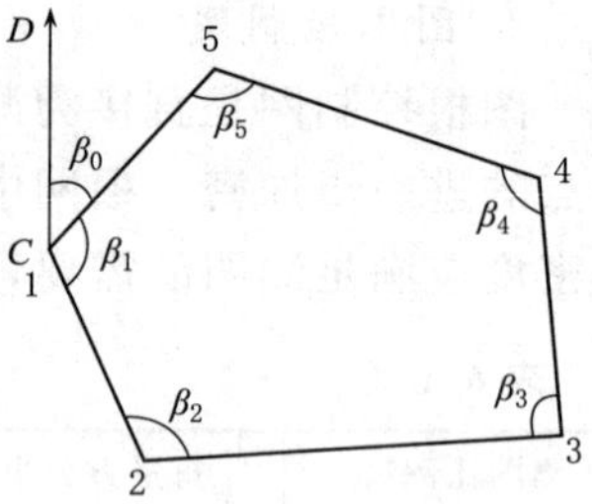

图 6.2.1　闭合导线

6.2.1.2　附合导线

由一个已知边出发开始测量，经过若干未知点，到达另一个已知边称为附合导线，通过外业测量得出观测边之间的夹角以及各控制点之间的距离，后内业计算出各未知点得坐标值。如图 6.2.2 所示，导线从已知控制点 C 和已知方向 CD 出发，经过 1、2、3 点，最后附合到另一已知点 E 和已知方向 EF 上。此布设形式，也具有检核观测成果的作用。

6.2.1.3　支导线

由一控制点开始且一端仅与此已知点相连，形成自由伸展的折线形状，另一端既不附合到下个已知控制点也不回到原出发点，这种导线称为支导线。如图 6.2.3 所示，E 点为一已知控制点，1、2 为支导线点，依次在各待定点设站测角测距，并用直线依次连接各待定点。由于支导线没有校核条件，在测量中若发生错误，无法检核。

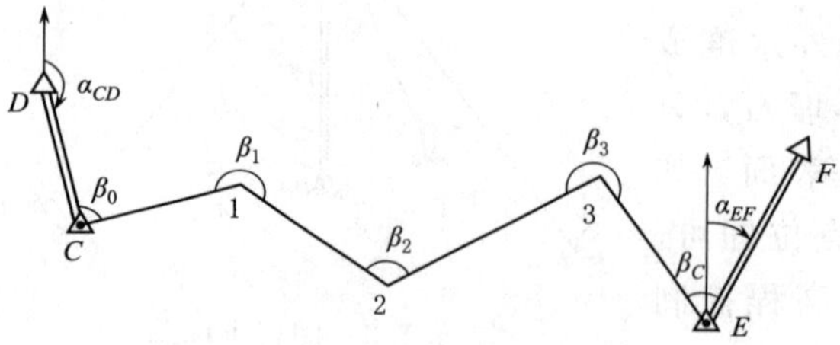

图 6.2.2　附合导线

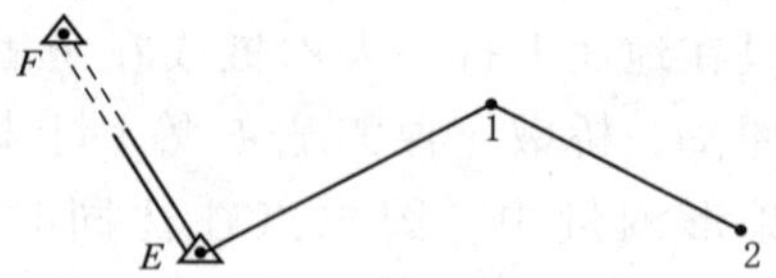

图 6.2.3　支导线

6.2.2　导线测量的外业工作

在室外现场进行实操的测量工作称为导线测量的外业工作，主要包括测前图纸设计布置、野外实地踏勘选点、建立标志或埋石、导线边长测量、导线转折角测量等工作。

6.2.2.1 踏勘选点

在选点前，应先调研收集测区已有地形图和已知高级控制点的成果资料，在原有地形图上将控制点详细展绘，再在地形图上拟选定导线布设方案，最后到野外踏勘，核对、修改、合理选定导线点位，并建立标志。如果测区新地尚且没有地形图资料，则需根据已知控制点的分布、测区地形条件及测图和施工需要等具体情况，详细踏勘现场。

选点时应注意有关技术要求，其事项如下：

(1) 相邻点间应互有良好通视，地势平坦，便于测角和量距。

(2) 点位选在视野开阔、地势较高的地方，以利于安置仪器、施工放样及保存标志。

(3) 导线点选在土质坚、稳定的地方，以便于保存点的标志和安置仪器。

(4) 导线点的数量要足够，密度要均匀，以便能涵盖控制到整个测区。

(5) 所选的导线间必须满足远离（或超越）障碍物 3.3m 以上。

(6) 导线边长应大致相等，避免相邻的长短边相差悬殊，见表 6.2.1。

6.2.2.2 建立标志

表 6.2.1 图根导线边长

测图比例尺	边长/m	平均边长/m
1∶500	40～150	75
1∶1000	80～200	110
1∶2000	100～300	180

确定完成导线点位置后，则需在地面上埋设导线点的标记。根据需要有以下两种形式。

(1) 临时性标志：把大木桩打在每一点位上，并在桩顶钉一小钉作为点的标志；在水泥地面上也可用油漆划一圆，圆内点一小点（或画叉）作为临时性标志，如图 6.2.4 所示。

(2) 永久性标志：对于需要长期保存的导线点，则应埋设简易混凝土桩，顶面刻划“+”标记或嵌入带“+”字的金属标志，如图 6.2.5 所示。

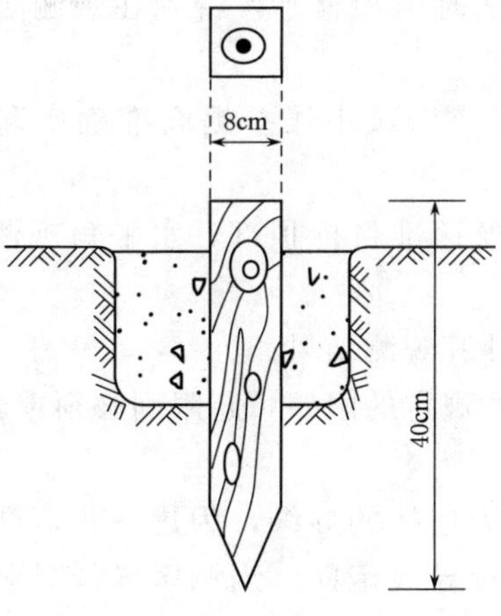

图 6.2.4 临时性标志

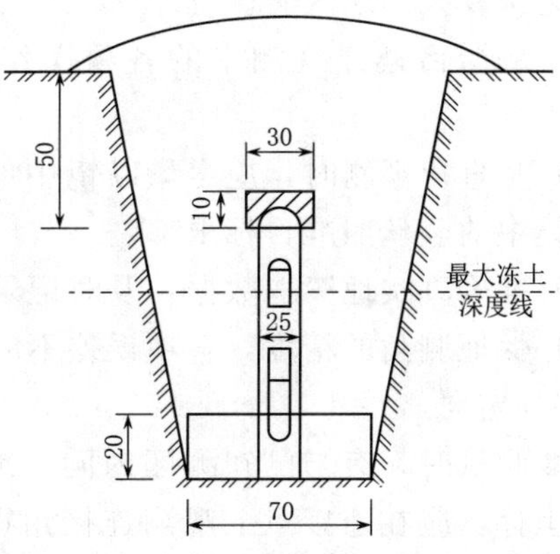

图 6.2.5 永久性标志（单位：cm）

要依次对所有标志的导线点进行编号，同时绘出导线点与附近地物或明显固定点之间的关系草图，并注明尺寸，以便于后续寻找，图6.2.6称为“点之记图”。

6.2.2.3　量边

导线边长可用钢尺直接丈量，或用光电测距仪（电磁波测距仪）直接测定。用钢尺丈量时，图根级导线的边长，一般采用精密量距方法丈量，选用检定过的钢尺进行逐段精量，导线边长应各往返丈量一次，并对成果进行改正整理，其相对中误差取其平均值作为最后结果。用电磁波测距仪测定导线边长，精度较高，在测量时要同时观测垂直角，供倾斜改正之用，其结果一般均能达到小区域导线测量精度的要求。

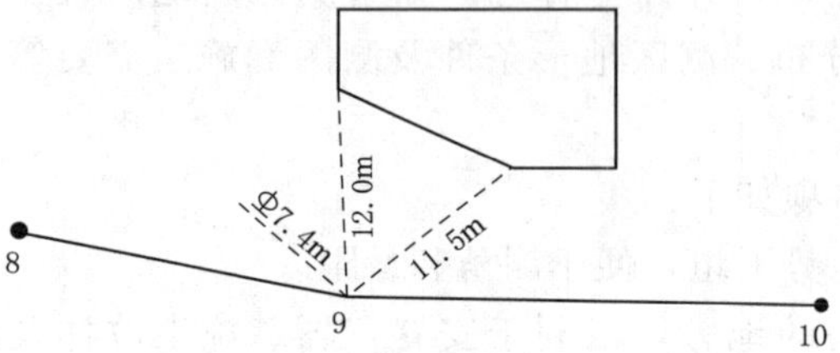

图6.2.6　点之记图

6.2.2.4　测角

水平角观测一般采用测回法观测导线的转折角。转折角分为两种：①左角，在导线测量前进方向左侧的水平角；②右角，在导线测量前进方向右侧的水平角。不同布设导线的测量重心不一，闭合导线测量内角（因左角即是封闭多边形的内角）；支导线和附合导线，一般统一观测左角（或右角）。

测量不同等级的导线时，测回数不同，所使用的仪器类型也不同。一般采用DL型经纬仪观测图根导线的转折角，其一测回中，上下两半测回角差值不应超过±40″，并取其平均值。

角度观测时的有关技术要求及注意事项如下：

（1）先检验仪器后观测，及时对仪器的误差进行校正，并采用有关照准方法，如：盘左、盘右取平均值和用十字丝交点，以此降低和消除仪器误差对观测结果的影响。

（2）要把仪器稳定安置，踏牢脚架；仔细对中和整平，特别在观测短边测量和地形起伏较大的地区时。

（3）应严格遵守观测中的各项操作规定，以减小误差提高准确率和确保正确值。

（4）竖直角观测时，应尽量以镜中的横丝照准目标顶部；水平角观测时，应尽量以镜中的竖丝照准目标根部。

（5）准确真实地读取数据，及时记录和计算观测结果。

（6）保证测角的精度，各项误差不应超过规定的限差，超限则必须重新测算。

6-3

导线测量内业计算一

6.2.2.5　定向

导线测量时，有与已知测区内同级或高级连接的导线，为进一步观测坐标方位角和坐标，应在连接点上观测连接角以进行导线定向。当测区导线是独立导线时（即附近无高级控制点），进行导线定向需要用罗盘仪测定起始边（第一条边）的磁方位角，并假定起始点（第一个点）的坐标作为起算数据。

6.2.3 导线测量的内业计算

在完成导线测量的外业工作后，还需对所收集到的相关数据进行误差计算和调整，以获得各导线点的最终坐标，即进一步开展导线的内业计算。

（1）详细审查外业观测数据的可靠性，是内业计算是否准确的前提要求，所观测的角度和边长等原始数据不能随意改动，需确保正确、无遗漏且符合精度要求。如果检查时发现记录、计算有误，要及时认真地反复校核，有严重问题时要对错误的阶段重新测量。

6-4 导线测量内业计算二

（2）导线示意图是一种缩略图，绘制时无严格要求绘图的比例、线型，但需根据观测成果和数据，制作与实际地形、方位等相似，大小适宜、简洁美观的略图，同时注记上已知的数据，见图 6.2.7。

6.2.3.1 附合导线算例

本次导线计算以图 6.2.7 中的相关数据（如已知方位角和坐标点号、观测角、边长等）为例，填写表 6.2.3，其详细计算步骤如下。

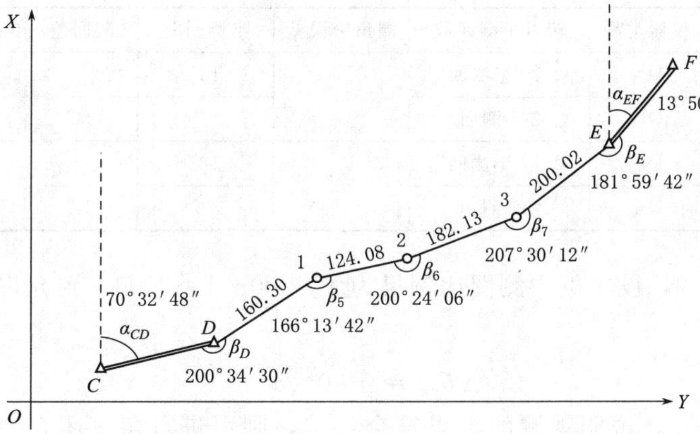

图 6.2.7 附合导线计算

1. 角度闭合差的计算与调整

根据起始边方位角 α_{CD} 及观测的右角 β，按项目 5 介绍的方位角推算公式推算出终边方位角 α_{EF}。

$$\alpha_{D1}=\alpha_{CD}+180^\circ-\beta_D$$
$$\alpha_{12}=\alpha_{D1}+180^\circ-\beta_1$$
$$\alpha_{23}=\alpha_{12}+180^\circ-\beta_2$$
$$\alpha_{3E}=\alpha_{23}+180^\circ-\beta_3$$
$$\alpha_{EF}=\alpha_{3E}+180^\circ-\beta_E$$

将等式两边相加后，得 $$\alpha_{EF}=\alpha_{CD}+5\times180^\circ-\sum\beta \tag{6.2.1}$$

写成一般公式为

$$\alpha_{终}=\alpha_{始}+n\times180^\circ-\sum\beta \tag{6.2.2}$$

式中 $\alpha_{终}$——已知的终边方位角；

$\alpha_{始}$——已知的起始边方位角；

$\sum\beta$——导线转折角的总和；

n——附合导线观测角个数。

假定转折角没有误差，则得到附合导线右角之和的理论值的计算公式为

$$\sum\beta_{理}=\alpha_{始}-\alpha_{终}+n\times180° \quad (6.2.3)$$

而当导线的角度为左角时，则左角之和的理论值计算公式为

$$\sum\beta_{理}=\alpha_{终}-\alpha_{始}+n\times180° \quad (6.2.4)$$

实际测量工作中，观测的导线转折角不可避免地存在误差，理论值$\sum\beta_{理}$与观测角的总和$\sum\beta_{测}$不相等，于是产生附合导线的角度闭合差，用f_β表示为

$$f_\beta=\sum\beta_{测}-\sum\beta_{理} \quad (6.2.5)$$

角度闭合差f_β的大小在一定程度上标示着测角的精度，导线作为图根控制时，角度闭合差的容许值按表6.2.2中规定。

表6.2.2　　图根导线转折角观测技术要求

测图比例尺	仪器类型	转折角测回数	测角中误差	半测回差	测回差	导线角度闭合差
1∶500～1∶2000	DJ_2	2个"半测回"	30″	18″		$\pm60''\sqrt{n}$
	DJ_6	2个测回			24″	
1∶5000～1∶10000	DJ_2	2个"半测回"	20″	18″		$\pm40''\sqrt{n}$
	DJ_6	2个测回			24″	

根据表6.2.2，设本例中测图比例尺为1∶500～1∶2000，则允许的角度闭合差为

$$\Delta f_{\beta允}=\pm60''\sqrt{n} \quad (6.2.6)$$

如果$f_\beta\leqslant f_{\beta允}$，说明观测的结果符合要求，则可进行角度闭合差的调整，否则，应分析原因进行重测。角度闭合差调整的原则是"以闭合差相反的符号平均分配到各个观测角中"。

各角的改正数V_β表示为　　$V_\beta=-\dfrac{f_\beta}{n}$　　(6.2.7)

改正后的角度用β_i'表示为　　$\beta_i'=\beta_i+V_\beta$

图6.2.7算例中：

$$\sum\beta_{测}=956°42'12''$$

$$\sum\beta_{理}=\alpha_{EF}-\alpha_{CD}+5\times180°=956°42'42''$$

$$f_\beta=\sum\beta_{测}-\sum\beta_{理}=-30''$$

$$f_{\beta容}=\pm60''\sqrt{n}=\pm60''\sqrt{5}=\pm134''$$

$f_\beta\leqslant f_{\beta容}$，角度观测结果合格，可以进行闭合差的分配，各角改正数为

$$V_\beta=-\frac{f_\beta}{n}=-\frac{-30''}{5}=+6''$$

角度改正数填写在观测角的秒位上方，见表6.2.3第2栏。

校核计算如下。

各角的改正数的总和应与闭合差的绝对值相等，符号相反，即

$$\sum V_\beta = -f_\beta$$

图 6.2.7 算例中： $\sum V_\beta = +30'' = -f_\beta$

各角改正后的角度的总和应与其理论值相等，即

$$\sum \beta'_i = \sum \beta_{理}$$

图 6.2.7 算例中： $\sum \beta'_i = 956°42'12'' = \sum \beta_{理}$

由于图根导线的精度较低，计算时，改正数凑整到秒位即可。若闭合差不能整除或闭合差较小而不足于平均分配时，将余数或闭合差分配到短边相邻的角上。

图 6.2.7 算例，角度闭合差的计算和调整见表 6.2.3 中的第 2、3 栏和辅助计算。

2. 导线各边方位角的推算

根据起始边方位角和改正后的观测角，按方位角计算公式推算各边的方位角，即

左角公式 $\alpha_{前} = \alpha_{后} + \beta'_{左} - 180°$

或 $\alpha_{ij} = \alpha_{i-1,\ j-1} + \beta'_i - 180°$

右角公式 $\alpha_{前} = \alpha_{后} + 180° - \beta'_{右}$

或 $\alpha_{ij} = \alpha_{i-1,\ j-1} + 180° - \beta'_i$

式中 $i=2, 3, \cdots, n$；$j=3, 4, \cdots, n+1$。

例如，图 6.2.7 中观测角为右角，D_1 边方位角为

$$\begin{aligned}\alpha_{D1} &= \alpha_{CD} + 180° - \beta'_D \\ &= 70°32'48'' + 180° - 200°34'36'' \\ &= 49°58'12''\end{aligned}$$

图 6.2.7 算例各边方位角的计算填写到表 6.2.3 中的第 4 栏。当从起始边方位角推算到终边时，应与终边的方位角相等作为推算方位角的校核。如果推算到终边时与终边的已知边方位角不相等，说明计算方位角过程中有错误，要进行检查，直到符合要求为止。

3. 坐标增量的计算

在计算前，将导线各边的长度填写到表 6.2.3 中第 5 栏内，然后根据坐标增量计算公式进行计算各边的坐标增量，即

$$\left.\begin{aligned}\Delta x_{CD} &= D_{CD}\cos\alpha_{CD} \\ \Delta y_{CD} &= D_{CD}\sin\alpha_{CD}\end{aligned}\right\}$$

式中 CD 表示任意边长两端点编号。如是 12 边，则有 12 边长的坐标增量为

$$\left.\begin{aligned}\Delta x_{12} &= D_{12}\cos\alpha_{12} \\ \Delta y_{12} &= D_{12}\sin\alpha_{12}\end{aligned}\right\}$$

例如，图 6.2.6 算例中，D_1 边的坐标增量计算为

$$\Delta x_{D1} = D_{D1}\cos\alpha_{D1} = 160.30 \times \cos 49°58'12'' = 103.10\ (\text{m})$$

$$\Delta y_{D1} = D_{D1}\sin\alpha_{D1} = 124.08 \times \sin 49°58'12'' = 122.74\ (\text{m})$$

采用有坐标正、反算功能的多功能计算器计算坐标增量非常快速，图 6.2.7 算例的各边坐标增量的计算，填写在表 6.2.3 第 6、7 两栏内。

4. 坐标增量闭合差的计算和调整

(1) 坐标增量闭合差的计算。

附合导线两端点的坐标是已知的，根据坐标推算方法从 D 点推算到 E 点的表达式为

$$x_1 = x_D + \Delta x_{D1} \quad y_1 = y_D + \Delta y_{D1}$$
$$x_2 = x_1 + \Delta x_{12} \quad y_2 = y_1 + \Delta y_{12}$$
$$x_3 = x_2 + \Delta x_{23} \quad y_3 = y_2 + \Delta y_{23}$$
$$x_E = x_3 + \Delta x_{3E} \quad y_E = y_3 + \Delta y_{3E}$$

将上式等号两边相加，得

$$x_E = x_D + \sum \Delta x \quad y_E = y_D + \sum \Delta y \tag{6.2.8}$$

或写成

$$\sum \Delta x = x_E - x_D \quad \sum \Delta y = y_E - y_D$$

式 (6.2.8) 中 D、E 是高级点，认为是理论值没有误差，另外按导线的的推算方向 D 点为始点，E 点为推算的终点，因此可以写成一般式子为

$$\sum \Delta x_{理} = x_{终} - x_{始} \quad \sum \Delta y_{理} = y_{终} - y_{始} \tag{6.2.9}$$

式中 $x_{始}$、$y_{始}$——附合导线始点的纵、横坐标；

$x_{终}$、$y_{终}$——附合导线终点的纵、横坐标。

坐标增量总和的理论值见图 6.2.8。

由于坐标增量是采用角度和边长进行计算的，角度虽然通过改正，但还存在误差，且边长也存在误差，因此，坐标增量计算值的代数和不等于其理论值，就产生坐标增量闭合差，用 f_x 和 f_y 分别表示纵、横坐标增量闭合差，即

$$f_x = \sum \Delta x_{测} - \sum \Delta x_{理} = \sum \Delta x_{测} - (x_{终} - x_{始}) \tag{6.2.10}$$

$$f_y = \sum \Delta y_{测} - \sum \Delta y_{理} = \sum \Delta y_{测} - (y_{终} - y_{始}) \tag{6.2.11}$$

式中 $\sum \Delta x_{测}$——各边坐标增量 Δx 计算值的总和；

$\sum \Delta y_{测}$——各边坐标增量 Δy 计算值的总和。

例如，算例表 6.2.3 的第 6、7 两栏中各边坐标增量 Δx 计算值的总和、各边坐标增量 Δy 计算值的总和为

$$\sum \Delta x_{测} = +482.90\text{m} \quad \sum \Delta y_{测} = +413.57\text{m}$$

其理论的坐标增量总和为

$$\sum \Delta x_{理} = x_{终} - x_{始} = 985.27 - 502.45 = 482.82(\text{m})$$

$$\sum \Delta y_{理} = y_{终} - y_{始} = 737.50 - 323.81 = 413.69(\text{m})$$

纵、横坐标增量闭合差为

$$f_x = \sum \Delta x_{测} - \sum \Delta x_{理} = 482.90 - 482.82 = +0.08(\text{m})$$

$$f_y = \sum \Delta y_{测} - \sum \Delta y_{理} = 413.57 - 413.69 = -0.12(\text{m})$$

附合导线纵、横坐标增量闭合差的几何意义见图 6.2.8。

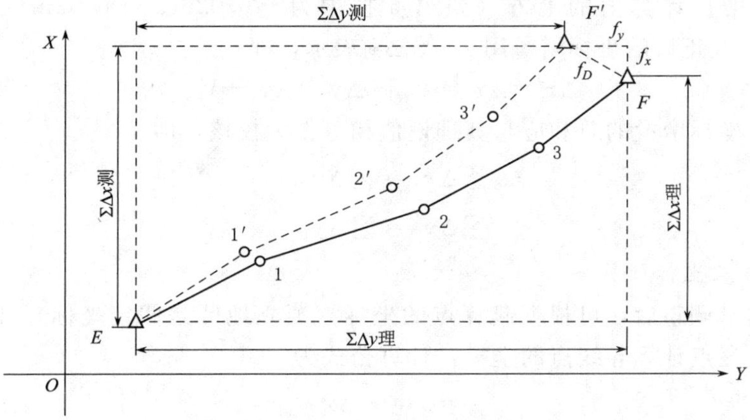

图 6.2.8　导线增量闭合差几何意义

(2) 坐标增量闭合差的调整。

由于存在坐标增量闭合差，使导线附合导线从 E 到 F 点时，与 F 点不重合，产生一个缺口 F'-F，如图 6.2.7 所示，用 f 表示，称之为附合导线全长闭合差。从图 6.2.7 中知道，导线全长闭合差为

$$f = \sqrt{f_x^2 + f_y^2}$$

导线越长，导线测角和量距的误差积累就越大。f 值的大小与导线的长度有关，需要用相对误差来衡量导线测量的精度。将 f 值与导线的总长 $\sum S$ 之比，化为分子为 1 的分数表示，称之为导线全长相对闭合差 K，即

$$K = \frac{f}{\sum S} = \frac{1}{\frac{\sum S}{f}}$$

K 值越小，表示导线测量的精度越高。在通常情况下，图根导线的 K 值不应超过 1/2000；困难地区也不应超过 1/1000。若 K 值符合精度要求，则可将增量闭合差以相反的等号，按边成正比例分配到各坐标增量上去，使改正后的坐标增量总和等于其理论值。纵、横坐标增量改正数用下式计算：

$$\left.\begin{aligned} V_{xi} &= -\frac{f_x}{\sum S} \cdot S_i \\ V_{yi} &= -\frac{f_Y}{\sum S} \cdot S_i \end{aligned}\right\} \tag{6.2.12}$$

式中　V_{xi}——第 i 边的纵坐标增量，m；

V_{yi}——第 i 边的纵坐标增量，m；

$\sum S$——导线边长总和，m。

改正数的总和与增量闭合差的绝对值相等，符号相反，作为计算检核。即

$$\sum V_x = -f_x \quad \sum V_y = -f_y$$

对于图根导线，改正数一般取至厘米，坐标增量改正数写在表 6.2.3 中第 6、7 两栏坐标增量计算值的上方（如第 6 栏中为 −0.02m、−0.02m、−0.02m、−0.02m）。改正后的坐标增量用 $\Delta x_i'$、$\Delta y_i'$表示，即

$$\Delta x_i' = \Delta x_i + V_{xi} \quad \Delta y_i' = \Delta y_i + V_{yi}$$

改正后坐标增量的总和应与其理论值相等作为校核，即

$$\left.\begin{aligned}\sum \Delta x_i' &= \sum \Delta x_{理} \\ \sum \Delta y_i' &= \sum \Delta y_{理}\end{aligned}\right\} \tag{6.2.13}$$

5. 导线点坐标计算

坐标增量调整后，可根据起算点的坐标（独立地区是假定坐标）和调整后的坐标增量，逐点计算导线点的坐标，计算公式为

$$\left.\begin{aligned}x_{前} &= x_{后} + \Delta x'_{后前} \\ y_{前} &= y_{后} + \Delta y'_{后前}\end{aligned}\right\} \tag{6.2.14}$$

或者写成

$$\left.\begin{aligned}x_i &= x_{i-1} + \Delta x'_{(i-1)i} \\ y_i &= y_{i-1} + \Delta y'_{(i-1)i}\end{aligned}\right\}(i = 2、3、\cdots、n) \tag{6.2.15}$$

式中 $x_{前}$（x_i）、$y_{前}$（y_i）——第 i 边前一点的纵、横坐标值；

$x_{后}$（x_{i-1}）、$y_{后}$（y_{i-1}）——第 i 边后一点的纵、横坐标值；

$\Delta x'_{后前}$［$\Delta x'_{(i-1)i}$］、$\Delta y'_{后前}$［$\Delta y'_{(i-1)i}$］——第 i 边改正后的纵、横坐标增量。

按式（6.2.15）计算完闭合导线最后一个点的坐标后，还要再推算出起算点的坐标，看是否与已知坐标相等，以检查计算是否正确。算例中各导线点的坐标计算见表 6.2.3 中第 8、9 两栏。

6.2.3.2 闭合导线的计算及算例

闭合导线是由多条折线构成的封闭多边形，其表现出了内角和自原点追溯的两个重要几何特性，现结合相关公式进行以下详细步骤。

1）闭合导线角度闭合差计算与调整

结合闭合多边形的基本几何知识，则内角和的理论值可以表示为

$$\sum \beta_{理} = 180° \times (n-2)$$

式中 n——多边形边（或内角）个数；

$\sum \beta_{理}$——闭合导线各内角理论值总和。

在外业实际工作中，不可避免地会产生测量误差，使实测内角总和不完全等于其理论值，从而产生了两者差值，即角度闭合差。图 6.2.9 中，C、D、E、F 是一条闭合导线，角度闭合差的计算用下式计算：

$$f_\beta = \sum \beta_{测} - \sum \beta_{理} \tag{6.2.16}$$

式中 f_β——闭合导线角度闭合差；

$\sum \beta_{测}$——闭合导线各内角观测值总和。

算例图 6.2.9 中 $\sum \beta_{测} = 359°59'36''$

$$\sum\beta_{理}=(n-2)\times180°=360°$$

$$f_{\beta}=\sum\beta_{测}-\sum\beta_{理}=-24''$$

表 6.2.3　　附合导线坐标计算

点号	转折角（右）/(° ′ ″)	改正后转折角/(° ′ ″)	坐标方位角 α/(° ′ ″)	边长 S/m	增量计算值/m Δx	增量计算值/m Δy	改正后增量值/m Δx	改正后增量值/m Δy	坐标/m x	坐标/m y
1	2	3	4	5	6	7	8	9	10	11
C										
			70 32 48							
D	+6 200 34 30	200 34 36							502.45	323.81
			49 58 12	160.30	−0.02 103.10	+0.03 122.74	103.08	122.77		
1	+6 166 13 42	166 13 48							605.53	446.58
			63 44 24	124.08	−0.02 54.90	+0.02 111.27	54.88	111.29		
2	+6 200 24 06	200 24 12							660.41	557.87
			43 20 12	182.13	−0.02 132.47	+0.03 124.99	132.45	125.02		
3	+6 207 30 12	207 30 18							792.86	682.89
			15 49 54	200.02	−0.02 192.43	+0.04 54.57	192.41	54.61		
E	+6 181 59 42	181 59 48							985.27	737.50
			13 50 06							
F										
Σ	956 42 12	956 42 42		666.53	−0.08 +482.90	+0.12 +413.57	+482.82	+413.69	+482.82	+413.69
辅助计算	$\sum\beta_{测}=956°42'12''$　$\sum\beta_{理}=956°42'42''$　$f_{\beta}=\sum\beta_{测}-\sum\beta_{理}=-30''$ $f_{\beta容}=\pm60''\sqrt{n}=\pm60''\sqrt{5}=\pm134''$ $f_{\beta}\leqslant f_{\beta容}$ 角度观测合格，各角改正数：$V_{\beta}=-\frac{f_{\beta}}{n}=-\frac{30''}{5}=+6''$ $f_x=\sum\Delta x_{测}-(x_C-x_B)=+0.08$　$f_y=\sum\Delta y_{测}-(y_C-y_B)=-0.12$ $f_D=\sqrt{f_x^2+f_y^2}=0.14$　$K=\frac{f_D}{\sum D}\approx\frac{1}{4800}$　$K_{允}=\frac{1}{2000}$									

其角度闭合差的允许值和改正数及改正后的角度与符合导线相同，见闭合导线计算表 6.2.4 第 2、3 栏。

2）闭合导线坐标增量闭合差与符合导线计算不同。从图 6.2.8 可看出闭合导线各边纵、横坐标增量代数和的理论值应分别等于零，即 $\sum\Delta x_{理}=0$，$\sum\Delta y_{理}=0$。

由于导线边长测量中存在有误差，角度虽然通过改正，但还仍然存在误差，因此，纵、横左边增量计算值不等于零，而产生纵、横坐标增量闭合差，即

$$f_x=\sum\Delta x_{测}-\sum\Delta x_{理}=\sum\Delta x_{测}$$

$$f_y = \sum \Delta y_{测} - \sum \Delta y_{理} = \sum \Delta y_{测}$$

闭合导线全长闭合差、相对闭合差及纵横坐标增量改正数和改正后的坐标增量的计算，见表 6.2.4 的辅助计算和 6、7 栏。

闭合导线坐标推算时，从已知点 A 开始，推算出 B、C、D 点的坐标，最后推算回到 A 点，应与原来 A 点坐标相同，作为推算坐标的检核。

6.2.3.3 支导线的计算

由于支导线没有多余的校核条件，因此支导线的计算没有角度闭合差、坐标增量闭合差及改正数的计算。支导线的计算只有下面三个计算步骤：

(1) 根据起算边方位角和观测角推算各边方位角。

(2) 根据边长和方位角推算各边坐标增量。

(3) 根据已知点坐标和坐标增量推算各点坐标。

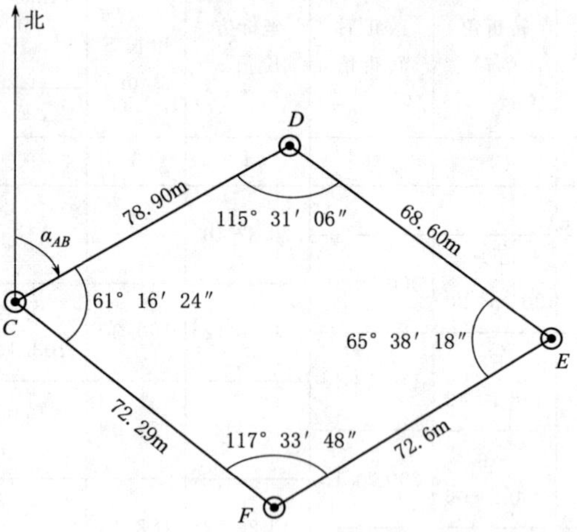

图 6.2.9 闭合导线算例

表 6.2.4 闭合导线计算

点号	观测角 /(° ′ ″)	改正后角值 /(° ′ ″)	坐标方位角 /(° ′ ″)	边长 /m	坐标增量/m Δx	Δy	坐标值/m x	y
1	2	3	4	5	6	7	8	9
C							500.00	500.00
			35 24 00	78.90	+1 64.31	+1 45.71		
D	+6 115 31 06	115 31 12					564.32	545.72
			99 52 48	68.60	+1 −11.77	0 67.58		
E	+6 65 38 18	65 38 24					552.56	613.30
			214 14 24	73.76	+1 −60.98	0 −41.50		
F	+6 117 33 48	117 33 54					491.59	571.80
			276 40 30	72.29	+1 8.40	0 −71.80		
C	+6 61 16 24	61 16 30					500.00	500.00
Σ	359 59 36	360 00 00		293.55	−0.04	−0.01		
辅助计算	$f_\beta = \sum\beta_{测} - \sum\beta_{理} = 24''$　$f_{\beta允} = \pm 60''\sqrt{4} = \pm 120''$ $f_x = \sum\Delta x_{测} = -0.04$　$f_y = \sum\Delta y_{测} = -0.01$ $f_D = \sqrt{f_x^2 + f_y^2} = 0.04$　$K = \frac{f_D}{\sum D} \approx \frac{1}{7300}$							

任务 6.3 高程控制测量

6.3.1 高程控制测量概述

6-5
高程控制及水准测量介绍

精确测定控制点高程的工作称为高程控制测量。高程控制测量首先要在测区建立高程控制网，为了满足测绘地形图或建筑物施工放样以及进行科学研究工作的需要，我国在全国范围内建立一个统一的高程控制网，高程控制网由一系列的水准点构成，沿水准路线按一定的距离埋设固定的标志称为水准点，水准点分为临时性和永久性水准点，等级水准点埋设永久性标志，三、四等水准点埋设普通标石。图根水准点可根据需要埋设永久性或临时性水准点，临时性水准点埋设木桩或在水泥板或石头上用红油漆画出临时标志表示。

6.3.1.1 国家高程控制网

国家高程控制网分为一、二、三、四等四个等级。一、二等水准网是国家高程控制的基础，一、二等水准路线一般沿着铁路、公路进行布设，形成闭合水准网或附合水准网，用精密水准测量方法测定其高程；三、四等水准测量主要用于一、二等水准测量的加密，作为地形测量和工程测量的高程控制，布设闭合水准路线和附合水准路线。

6.3.1.2 图根高程控制网

为了满足测图的需要，测定图根点的高程称为图根控制测量，图根高程控制网可以布设为水准网及三角高程网。图根水准测量按五等水准测量方法测定其高程。

6.3.1.3 高程控制网的施测方法

三、四等高程控制网的施测方法一般采用水准测量方法，图根高程网可采用水准测量方法或三角高程测量方法施测。

在水利水电工程施工测量和地形测量中，高程控制测量一般分为基本高程控制和加密高程控制，基本控制测量一般采用三、四等及以上等级水准测量，加密一般采用五等水准测量及三角高程测量。

6.3.2 水准测量

6.3.2.1 一、二等水准测量

1. 布设原则

一等水准路线应沿路面坡度平缓、交通不太繁忙的交通路线布设，水准路线一般应闭合成环，并构成网状。一等水准环线的周长，在平原和丘陵地区应为5000～5500km；山区应在2000km左右，困难地区可按具体情况适当变通。一等水准网每隔5～22年复测一次。

二等水准网在一等水准环内布设。二等水准路线尽量沿公路、大路及河流布设。二等水准环线的周长，在平原和丘陵地区应为500～750km；山区和施测困难地区可酌情放宽。

水准路线附近的验潮站基准点、城市及工业区的沉降观测基准点、地壳形变

观测基准点，应列入水准路线予以联测，若联测确有困难，可以支测。施测等级与布设路线的等级相同。路线附近的大地控制点、水文点、气象站等（统称为其他固定点），可根据需要列入路线予以联测或支测。

2. 布设密度

水准路线上，每隔一定距离应埋设稳固的水准点。水准点分为基岩水准点、基本水准点、普通水准点三种类型。

3. 观测方式

一、二等水准测量采用单路线往返观测。一条路线的往返测，须使用同一类型的仪器和转点尺承，沿同一道路进行。在每一区段内，先连续进行所有测段的往测（或返测），随后连续进行该区段的返测（或往测）。若区段较长，也可将区段分成 22～33km 的几个分段，在分段内连续进行所有测段的往返观测。同一测段的往测（或返测）与返测（或往测）应分别在上午与下午进行。在日间气温变化不大的阴天和观测条件较好时，若干里程的往返测可同在上午或下午进行。但这种里程的总站数，一等水准测量不应超过该区段总站数的 22%，二等水准测量不应超过该区段总站数的 30%。

6.3.2.2 三四等水准测量

在水利水电工程测量中，除了建立必要的平面控制，还要建立首级高程控制和图根高程控制，而小区域内的首级高程控制常采用三、四等及图根水准测量，已在项目 2 详细介绍。

6.3.2.3 三角高程测量

三角高程测量是高程测量的一种方法。它是根据两点间的水平距离和竖直角计算两点间的高差，推求待定点的高程。在地形起伏较大的山区，用几何水准测量测定高程有困难，有时甚至不可能观测，若采用三角高程测量，既能保证一定的精度，又能迅速完成测量任务。三角高程测量需要消除球气差的影响。

项 目 小 结

本章主要介绍了小区域控制测量的原理；特别是闭合导线测量、附合导线测量的内业计算以及高程控制测量方法；结合前几个项目的内容熟悉全站仪构造和使用，运用原理解决实际问题，培养学生的良好习惯和团结合作的团队精神。

自 测 题

1. 何谓平面控制测量？建立平面控制测量的方法有哪几种？

2. 导线布设的形式有哪几种？各在什么情况下采用？

3. 导线测量外业工作有哪几项？选择导线点要注意哪些问题？

4. 附合导线计算与闭合导线计算有哪些异同点？

5. 如题 6.5 图所示，根据下面已知数据和观测数据进行附合导线的计算。已知数据：$\alpha_{AB}=167°32'00''$，$\alpha_{CD}=319°03'00''$，$x_B=200.00$m，$y_B=300.00$m，$x_C=241.28$m，$y_C=307.80$m。导线观测左角：$\angle B=178°23'42''$，$\angle 1=53°45'06''$，$\angle 2=92°47'24''$，$\angle C=186°35'12''$。测量边长：$D_{B1}=93.56$m，$D_{12}=87.42$m，$D_{2C}=95.93$m。

6. 如题 6.6 图所示，已知数据和观数据：$\alpha_{AB}=42°32'00''$，$x_A=500.00$m，$y_A=500.00$m，$\angle A=89°15'12''$，$\angle B=75°56'00''$，$\angle C=107°19'32''$，$\angle D=87°30'12''$。测量边长：$D_{AB}=299.31$m，$D_{BC}=232.40$m，$D_{CD}=239.92$m，$D_{DA}=239.19$m。

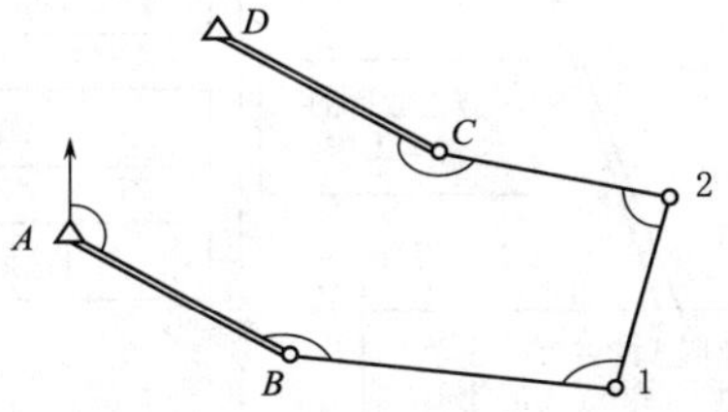

题 6.5 图

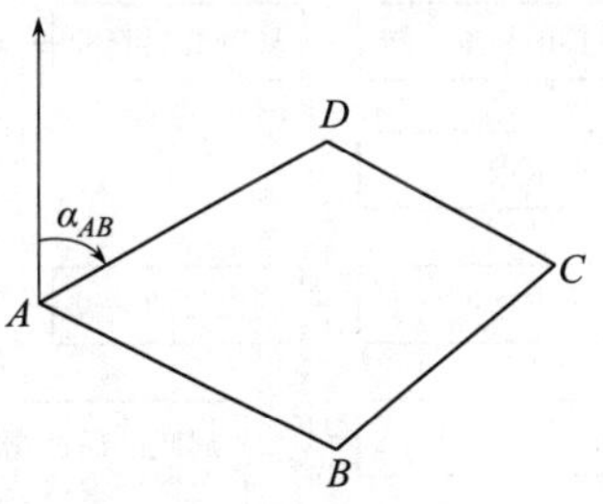

题 6.6 图

项目 7

施工测量基本工作

【思维导图】

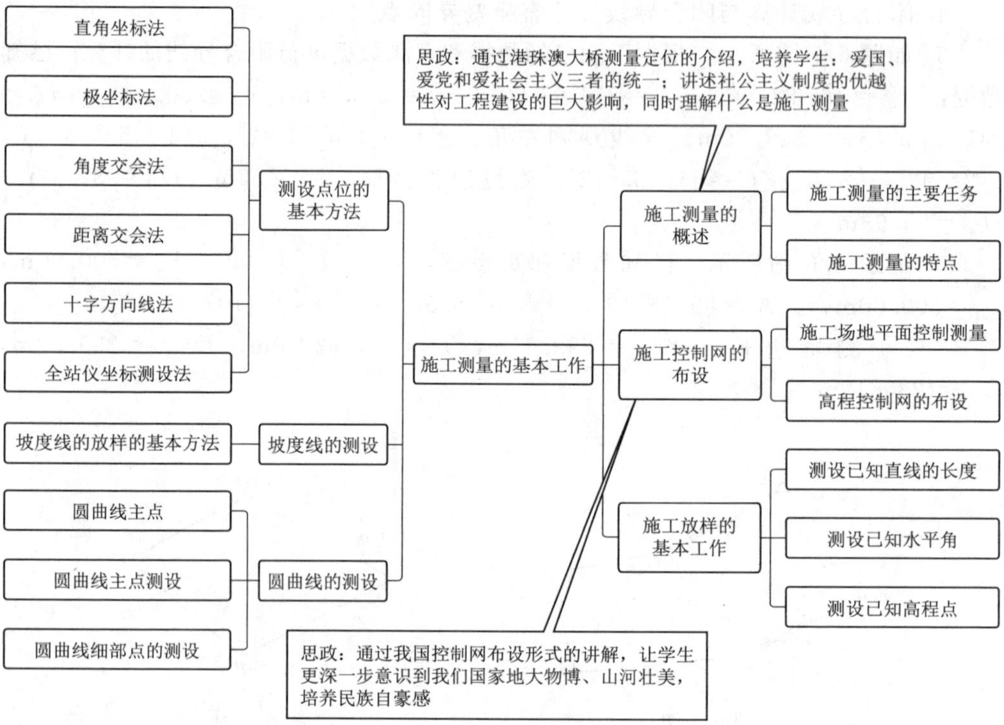

【项目简述】

施工测量的目的是将图纸设计的建筑物、构筑物的平面位置和高程，按照设计要求以一定的精度测设到实地上，作为施工的依据，并在施工过程中进行一系列的测量工作。

【项目载体】

以某一具体水利建筑工程为项目载体，介绍施工测量的基本工作，以及施工测量在各项建筑工程的具体应用。

【项目实施方法及目标】

1. 项目实施方法

本项目分为四个阶段。

第一阶段，熟悉资料，了解项目任务。

第二阶段，任务驱动，学习掌握相关知识，完成知识目标。完成项目任务实施之前的必要知识储备。

第三阶段，项目具体实操阶段，实施能力目标。在这个阶段，可能会遇到许多问题，因此在本阶段要着重培养学生发现问题、分析问题、解决问题的能力。通过这一阶段的实训，令学生的专业技能得到较大提高。

第四阶段，应用阶段，将第二阶段的成果表达出来。在这个过程中，训练学生的角度测量和内业计算能力。

2. 项目教学目标

“施工测量基本工作”课程教学目标包括知识目标、技能目标和素养目标三个方面。技能目标是核心目标，知识目标是基础目标，素质目标贯穿整个实训过程，是项目的重要保证。

(1) 知识目标。

1) 熟悉施工测量的基本工作。

2) 掌握施工控制测量和施工控制网的布设。

3) 掌握点的平面位置和高程的测设。

4) 掌握坡度线的测设。

5) 掌握圆曲线的测设。

(2) 技能目标。

1) 能进行施工控制网的布设。

2) 会点位平面位置和高程的放样。

3) 能进行坡度线的放样。

4) 能进行圆曲线的放样。

(3) 素质目标。

1) 培养学生负责、严谨、求实的科学作风和团结协作的精神风貌。

2) 培养学生克服困难、吃苦耐劳、坚韧顽强的职业精神。

3) 培养爱国精神和民族责任感。

(4) 现行规范。

1)《工程测量通用规范》(GB 55018—2021)。

2)《水利水电工程施工测量规范》(SL 52—2015)。

3)《建筑工程质量验收统一标准》(GB 50300—2013)。

【思政引导】

宁津生，1932年10月出生于天津，安徽省桐城县人。1956年毕业于同济大学，毕后任教于武汉测量制图学院（后更名为武汉测绘科技大学，2000年与原武汉大学、武汉水利电力大学等一起组建新的武汉大学）。曾任武汉测绘科技大学副校长、校长，教育部高等学校测绘学科教学指导委员会主任，中国测绘学会测绘教育工作委员会主任。1995年当选为中国工程院院士。2016年第二届“感动测绘人物”组委会给他的颁奖词所评价：“地球重力场，天地大舞台。满腹经纶，国之栋梁。一生相许，矢志不渝。”

【知识拓展】

观看纪录片：宁津生与测绘。

任务7.1　施工测量概述

施工测量的目的是将图纸设计的建筑物的平面位置和高程，按照设计要求，以一定的精度测设到实地上，作为施工的依据。

7.1.1　施工测量原则

为了保证建筑物的平面和高程都能满足设计要求，施工测量也要遵循“从整体到局部”“先控制后碎部”的原则，即先在施工现场建立统一的平面和高程控制网，然后以此为基准，测设出各个建筑物的平面和高程。水工建筑物一般先由施工控制网测设建筑物的主轴线，用它来控制建筑物的整个位置，再来测设建筑物细部。

7.1.2　施工测量精度

施工测量的精度与建筑物的大小、结构形式、建筑材料等因素有关。例如，水利工程施工中，钢筋混凝土工程较土石方工程的放样精度高，而金属结构体安装放样的精度要求则更高。因此，应根据不同施工对象，选用不同精度的仪器和测量方法，既保证工程质量又不致浪费人力物力。

任务7.2 施工控制网布设

当建筑物的总平面设计确定，开始进行土建工程时，原有规划设计阶段布设的测图控制网点大多不能满足放样的要求。因此，除了小型工程或放样精度要求不高的建筑物可以利用测图控制网作为施工控制以外，一般较复杂的大中型工程，在施工阶段需重新建立施工控制网。

施工控制网分为平面控制网和高程控制网。

7.2.1 平面控制网布设

平面控制网一般布设成两级，一级称为基本网，它起着控制水利枢纽各建筑主轴线的作用，组成基本网的控制点称基本控制点；另一级的称不定线网（或称放样网），它直接控制建筑物的辅助线及细部位置。

7.2.2 高程控制网布设

高程控制网一般也布设成两级，一级水准点与施工区域附近的国家水准点连接，布设成闭合（或附合）形式，称为水准基点；另一级是由水准基点引测的临时性作业水准点，称为工作点，它应尽可能靠近建筑物，以便做到安置一次或二次仪器，就能进行高程放样。

任务7.3　施工放样的基本工作

7.3.1　测设已知直线长度

已知水平距离的测设，就是由地面已知点起，沿给定的方向，测设出直线上另外一点，使得两点间的水平距离为设计的水平距离。其测设方法常用的有两种。

7-1

全站仪测设已知方向的长度

7.3.1.1　钢尺测设水平距离

如图7.3.1所示，A为地面上已知点，D为设计的水平距离，要在地面给定的方向上测设出B点，使得AB两点间的水平距离等于D。

7.3.1.2　全站仪（测距仪）测设水平距离

如图7.3.2所示，安置全站仪于A点，瞄准已知方向，沿此方向移动棱镜位置，当显示的水平距离等于待测设的水平距离时，在地面标定出过渡点B'，然后，实测AB'的水平距离。如果测得的水平距离与已知水平距离之差符合精度要求，则定出B点的最后位置；如果测得的水平距离与已知水平距离之差不符合精度要求，应进行改正，直到测设的距离符合限差要求为止。

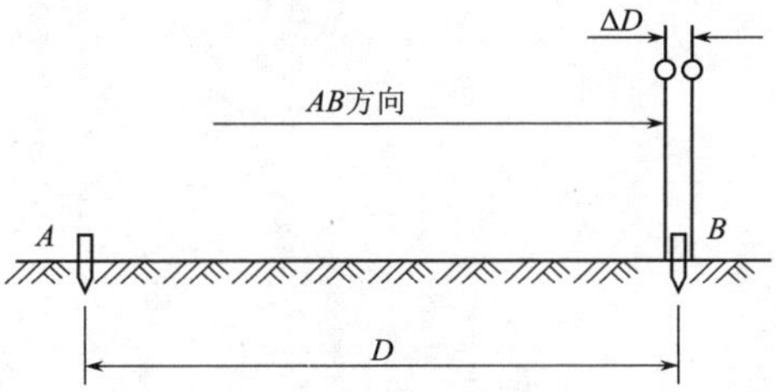

图7.3.1　钢尺测设水平距离

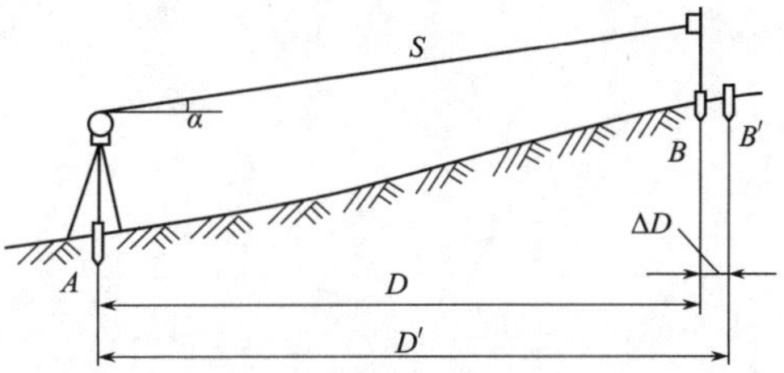

图7.3.2　全站仪测设水平距离

7.3.2　测设已知水平角

7-2

全站仪正倒镜分中法测设水平角

如图7.3.3所示，AB为起始边，β为设计的水平角，欲测设终边AC，实测步骤为：在A点安置仪器，正镜后视B点，水平读数置为$0°00'00''$，顺时针方向转动照准部，当读数为设计角β时，在前视方向上打一个木桩，并在桩顶标出视线方向上的C_1点。倒镜，后视B点，按同样的方法，在桩顶标出倒镜后的视线方向，得到C_2点。两次所标出的点若不重合，则取正倒镜中间位置C为前视方向点。

7.3.3　测设已知高程点

7-3

测设已知点的高程

如图7.3.4所示，设A为已知水准点，高程为H_A，B点的设计高程为H_B，在A、B两点之间安置水准仪，先在A点立水准尺，读得读数为a，由此可得仪器视线高程为

$$H_i = H_A + a \tag{7.3.1}$$

要使B点高程为设计高程H_B，则在B点的水准尺上的读数b应为

$$b = H_i - H_B \tag{7.3.2}$$

将 B 点水准尺紧靠 B 桩，上、下移动尺子，当读数正好为 b 时，则 B 尺底部高程即为 H_B。然后在 B 桩上沿 B 尺底部做记号，即得设计高程的位置。

如欲使 B 点桩顶高程为 H_B，可将水准尺立于 B 桩顶上，若水准仪读数小于 B 时，逐渐将桩打入土中，使尺上读数逐渐增加到 b，这样 B 点桩顶高程就是设计高程 H_B。

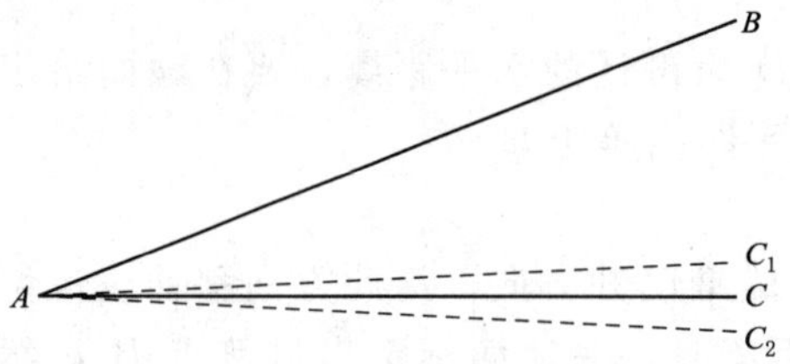

图 7.3.3 已知水平角测设

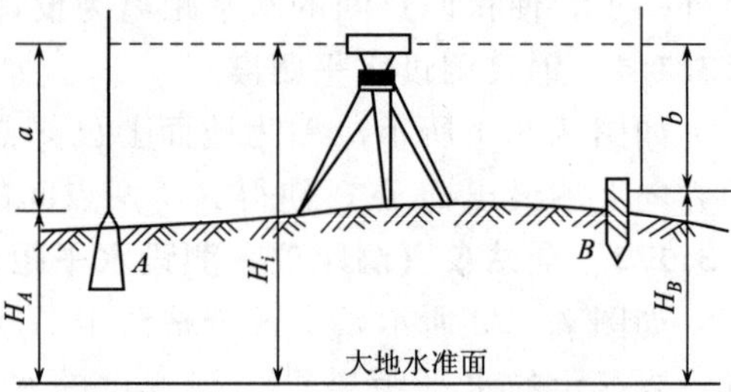

图 7.3.4 已知高程点测设

任务7.4 测设点位的基本方法

测设地面点平面位置有极坐标法、直角坐标法、角度交会法、距离交会法等，本书主要介绍全站仪极坐标法测设过程。

7-4

全站仪极坐标法测设点的平面位置

极坐标法是根据水平角和水平距离测设地面点平面位置的方法。如图7.4.1所示，P点为欲测设的待定点，A、B为已知点。为将P点测设于地面，首先按坐标反算公式计算测设用的水平距离D_{AP}和坐标方位角α_{AB}、α_{AP}。

$$
\begin{aligned}
D_{AP} &= \sqrt{(x_p - x_A)^2 + (y_p - y_A)^2} \\
\alpha_{AB} &= \arctan \frac{y_B - y_A}{x_B - x_A} \\
\alpha_{AP} &= \arctan \frac{y_p - y_A}{x_p - x_A}
\end{aligned}
\tag{7.4.1}
$$

测设用的水平角为

$$\beta = \alpha_{AP} - \alpha_{AB} \tag{7.4.2}$$

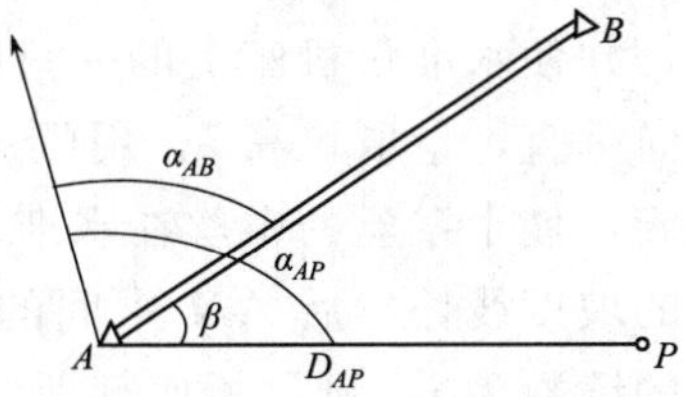

图7.4.1 极坐标法测设平面位置

用全站仪按极坐标法测设点的平面位置，其施测方法如下：把全站仪安置在A点，瞄准B点，将水平度盘设置为0°00′00″，然后将控制点A、B的已知坐标及P点的设计坐标输入全站仪，即可自动算出测设数据水平角β及水平距离D_{AP}。测设水平角β，并在视线方向上把棱镜安置在P点附近的P'点。设AP'的距离为D'_{AP}，实测D'_{AP}后，再根据D'_{AP}与D_{AP}的差值$\Delta D = D_{AP} - D'_{AP}$进行改正，即得$P$点。

任务 7.5 坡度线测设

7-5

坡度线的测设

两点间的高差与其水平距离的比值称为坡度。设地面上两点间的水平距离为 D，高差为 h，坡度为 i，则 $i=\frac{h}{D}$。

已知坡度的测设，就是根据一点的高程位置，沿给定的方向，在该方向上定出其他一些点的高程位置，使这些点的高程位置在给定的设计坡度线上。如图 7.5.1 所示，A 点的高程为 H_A，A、N 点的水平距离为 D_{AN}，直线 A、N 的测设坡度为 i_{AN}，则可算出 N 点的设计高程为

$$H_N = H_A + i_{AN}D_{AN} \tag{7.5.1}$$

按测设高程的方法，在 N 点测设出 H_N 的高程位置，则 A 点与 N 点的设计坡度线就确定了。除了线路两端点定出外，还要在 A、N 两点之间定出一系列点，使它们的高程位置能位于 AN 所在的同一坡度线上。测设时，将水准仪安置在 A 点，并使水准仪机座上的一只脚螺旋在 AN 方向上，另两只脚螺旋的连线与 AN 方向垂直，量取仪高 i，用望远镜瞄准立于 N 点的水准尺，调整 AN 方向上的脚螺旋，使十字丝的中丝在水准尺上的读数为仪器高 i，这时仪器的视线平行于所设计的坡度线，然后 AN 中间的各点 1、2、3、…的桩上立水准尺，只要各点水准尺的读数为 i，则尺子底部即位于设计坡度线上。

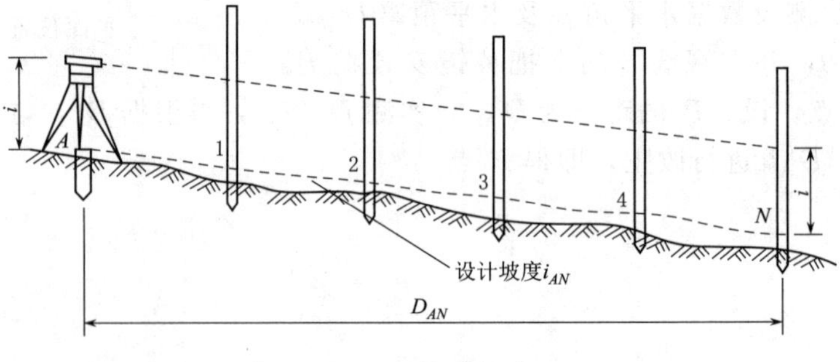

图 7.5.1 水准仪测设坡度线

任务 7.6 圆曲线的测设

7.6.1 圆曲线主点

修建渠道、道路、隧洞等建筑物时，从一直线方向改变到另一直线方向，需用曲线连接，使路线沿曲线缓慢变换方向。常用的曲线就是圆曲线。

图 7.6.1 中直线由 ZY 到 JD 点后，由 JD 转到 YZ 方向（α 为转折角），用一半径为 R 的圆与该二直线连接（相切），切点 ZY 由直线转向曲线，称为圆曲线的起点；切点 YZ 由曲线转向直线，称为圆曲线的终点；QZ 为曲线的中点；这三点控制圆曲线的形状，称为圆曲线的主点。

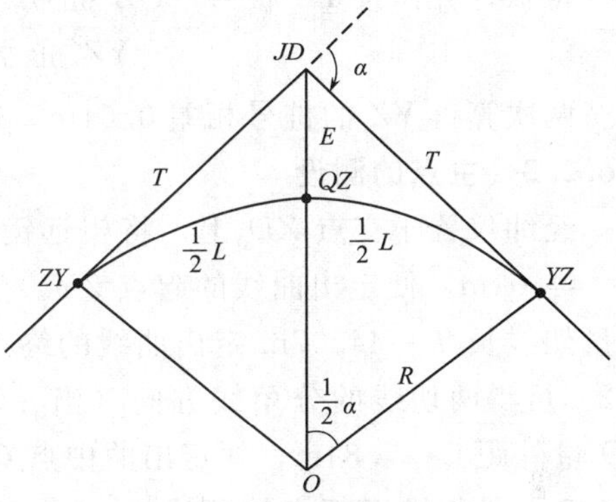

图 7.6.1 圆曲线主点放样示

7.6.2 圆曲线主点的测设

7.6.2.1 圆曲线要素计算

由图 7.6.1 可以看出，若 α、R 已知，则

切线长 $$T=R\tan\frac{\alpha}{2} \tag{7.6.1}$$

曲线长 $$L=R\frac{\alpha}{\rho} \tag{7.6.2}$$

外 距 $$E=R\sec\frac{\alpha}{2}-R=R\left(\sec\frac{\alpha}{2}-1\right) \tag{7.6.3}$$

切曲差 $$J=2T-L \tag{7.6.4}$$

【例 7.1】 已知交点 JD 的桩号为 3＋135.12，测得转角 $\alpha=40°20'$（右），圆曲线半径 $R=120$m，试求圆曲线要素。由式（7.6.1）～式（7.6.4）可得

$$T=44.072,\quad L=84.474,\quad E=7.837,\quad J=3.671$$

在实际工作中，圆曲线要素可从《公路曲线测设用表》或《铁路曲线测设用表》中查得。这些表都以 $R=100$m 编制的，如 $R=1000$m 时，只需将表中查得数值乘 10 可得圆曲线要素，依次类推。

7.6.2.2 主点桩号的计算

由于道路中线不经过交点 ZD，所以曲中点 QZ 和终点 YZ 的桩号，必须从起点 ZY 的桩号沿曲线长度推算出来。

主点桩号计算公式

$$ZY\text{ 桩号}=JD\text{ 桩号}-T$$
$$QZ\text{ 桩号}=ZY\text{ 桩号}+L/2$$
$$YZ\text{ 桩号}=QZ\text{ 桩号}+L/2$$

为了避免计算中的错误，可用下式进行计算检核

$$YZ\text{ 桩号}=JD\text{ 桩号}+T-J$$

用例 7.1 的测设元素按上述公式计算驻点桩号得：

JD 桩号 3+135.12，　ZY 桩号 3+091.05

QZ 桩号 3+133.29，　YZ 桩号 3+175.53

检核计算：按 YZ 桩号=QZ 桩号+$L/2$ 算得

YZ 桩号 3+175.52

两次算得 YZ 的桩号相差 0.01m，这是计算时四舍五入导致的，为容许误差。

7.6.2.3 主点的测设

经纬仪置于交点 ZD 上，将望远镜照准 ZY 方向，自交点沿此方向量切线长 $T=44.07\text{m}$，便定出曲线的起点 ZY。然后将望远镜照准 YZ 方向，自交点沿此方向量切线长 $T=44.07\text{m}$ 定出曲线的终点 YZ。以 0°00′00″瞄准终点 YZ，测设角度 $\beta/2$，可得两切线的分角线方向（当 $\beta>180°$时，需再倒转望远镜），沿此方向从 ZD 量外距 $E=7.84\text{m}$，便定出曲中点 QZ。

7.6.3 圆曲线细部点的测设

圆曲线的详细测设，是指测设除主点以外的一切曲线点，包括一定距离加密点、百米点。圆曲线细部点测设的方法有很多种。本文介绍两种常用的测设方法——偏角法和切线支距法。

7.6.3.1 偏角法的原理、主要公式及放样要素

所谓偏角法，是根据曲线点 i 的切线偏角 δi 及其间距 c 作方向与定长交会，获得放样点位。如图 7.6.2 所示，欲测设曲线上 2 点，可在 ZY 点置镜，后视 JD 点，拨出偏角 $\delta 2$，再以 ZY 到 2 点的弦长 d_2 为截距放出 2 点。偏角计算主要公式如下：

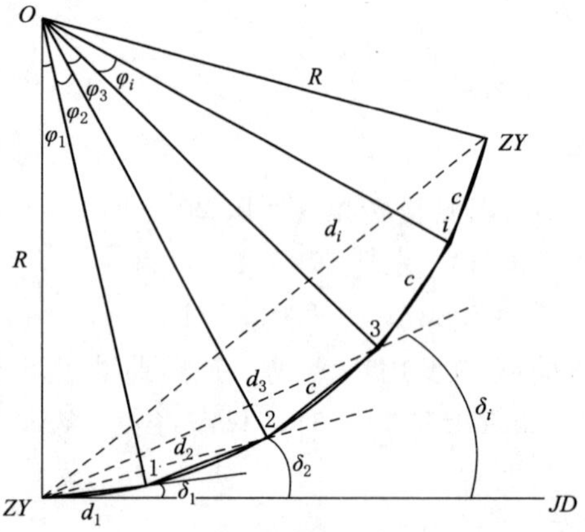

图 7.6.2 偏角法测设图

$$\delta=\frac{\varphi}{2}=\frac{c}{2R}\cdot\frac{180}{\pi} \tag{7.6.5}$$

式中 c——弧长，一般为 20m（因为圆曲线的半径 R 一般多比较大，相对来说，c 值比较小，故认为弦长与弧长均为c）；

φ——弧长 c 所对应的圆心角。

当圆曲线上各点等距离时，则曲线上各点的偏角为第一点偏角的整数倍。

$$\delta_1=\frac{\varphi}{2}=\frac{c}{2R}\cdot\frac{180}{\pi}=\delta \tag{7.6.6}$$

$$\delta_2=2\times\frac{\varphi}{2}=2\delta \tag{7.6.7}$$

……

$$\delta_n = n \times \frac{\varphi}{2} = n\delta \tag{7.6.8}$$

7.6.3.2 切线支距法的原理、主要公式及放样要素

原理：平面曲线的施工测量，就是依据曲线上的坐标值进行施工放样。平面曲线施工放样测量的计算，就是依据曲线的数学方程式，由已知弧长求算曲线坐标。

由于采用的坐标不同，支距法可以分为切线支距和弦线支距法两种。切线支距法是以曲线起点 ZY 为坐标原点，其切线为 x 轴、过 ZY 的半径为 y 轴的直角坐标系统。利用曲线上各点在此坐标系统中的坐标，便可采用直角坐标法测设曲线。其作法主要是在地面上沿切线方向自 ZY 量出 x_i，在其垂线方向上量取 y_i，便可得曲线上的 i 点，见图 7.6.3。

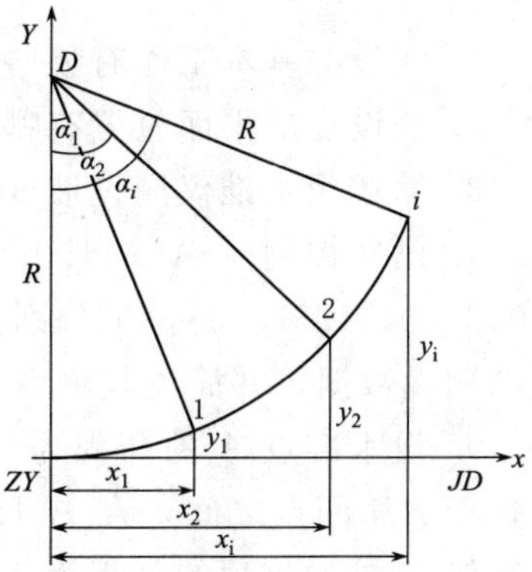

图 7.6.3 切线支距法测设

关键的问题是由圆曲线上任意一点 i 的曲线长 l_i 及半径 R 确定 i 点的坐标 x_i 与 y_i，即建立参数方程。

由图 7.6.3 可以看出，曲线上任意一点 i 的坐标为

$$x_i = R\sin\alpha_i \tag{7.6.9}$$

$$y_i = R(1-\cos\alpha_i) \tag{7.6.10}$$

以 $\alpha_i = \frac{l_i}{R}$ 代入式（7.6.10）并用级数展开，可得圆曲线的参数方程：

$$\left.\begin{aligned} x_i &= l_i - \frac{l_i^2}{6R^2} + \frac{l_i^5}{120R^4} \\ y_i &= \frac{l_i^2}{2R} - \frac{l_i^4}{24R^3} + \frac{l_i^6}{720R^5} \end{aligned}\right\} \tag{7.6.11}$$

这样根据曲线半径与 i 点曲线长 l_i 代入式（7.6.11）即的 i 点的坐标。所以切线支距法放样圆曲线所要求的放样参数即为（x_i，y_i）。

偏角法测设圆曲线简易可行，但此法是逐点测设，误差会积累。因此，测设中应细心配置角度，精确测设距离。

用切线支距法测设的细部是相互独立的，误差不累积。若支距不太长，用此法具有操作方便、精度较高的特点。但切线支距法不能自行闭合检查，必须用钢尺丈量曲线上相邻两点的距离作为检核。

项 目 小 结

测量的两项主要工作是大比例尺地形图的测绘和施工放样。本项目主要介绍施工测量的基本知识，包括已知水平距离、水平角、高程的测设，以及点的平面位置的测设；还简要介绍了坡度线的测设，并详细地介绍了圆曲线的测设方法。

自 测 题

1. 测设的基本工作有哪些？

2. 测设点的平面位置有哪些方法？

3. 简述用水准仪测设坡度的方法。

4. 已知控制点 A（1150.36，1247.15）、B（1245.58，1156.56）、待定点 P（1053.00，1237.56），试分别计算用极坐标法、角度交会法、距离交会法测设 P 点的测设数据，并简述其测设方法。

5. 设水准点 A 的高程为 25.362m，现要测设高程为 24.500m 的 B 点，仪器安置于 AB 两点之间，在 A 尺上的读数为 1.256m，则 B 尺上的读数应为多少？如欲使 B 桩的桩顶的高程为 24.500m，应如何测设？

6. 要在 AB 方向上测设一条坡度为 $I=-3\%$ 的坡度线，已知 A 点的高程为 32.365m，A、B 两点间的水平距离为 100m，则 B 点的高程应为多少？

7. 已知圆曲线半径 $R=300$m，转向角 $\alpha=30°45'$，交点 JD 的里程为 $DK3+376.86$，求曲线元素及主要点的里程。

项目 8

渠 道 测 量

【思维导图】

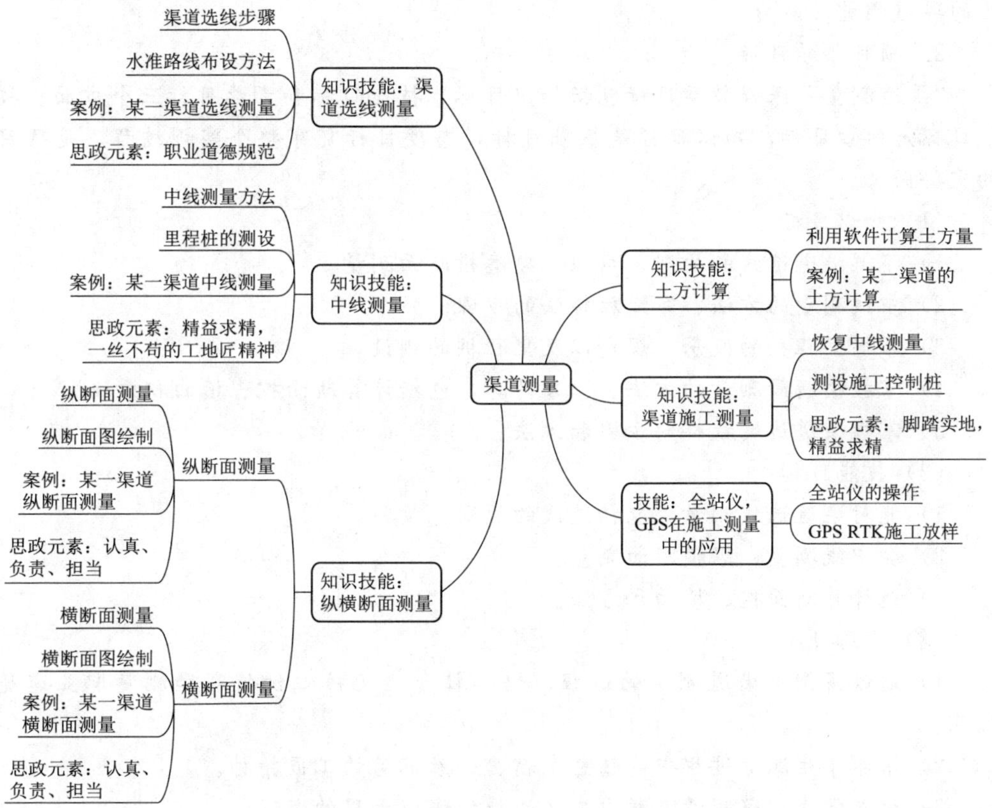

【项目简述】

渠道是常见的水利工程，在渠道勘测、设计和施工时所进行的测量工作称为渠道测量，渠道测量的内容和方法与一般道路测量基本相同。渠道测量主要内容包括踏勘选线、中线测量、纵横断面测量、土方计算和施工测量等。本项目只介绍渠道测量一般测量方法。

【项目载体】

根据实训厂地一渠道，进行渠道的选线测量、中线测量、纵横断面测量，并绘制断面图，计算土方量。

【项目实施方法及目标】

1. 项目实施方法

本项目分为四个阶段。

第一阶段，熟悉资料，了解项目任务。

第二阶段，任务驱动，学习掌握相关知识，完成知识目标。完成项目任务实施之前的必要知识储备。

第三阶段，项目具体实操阶段，实施能力目标。在这个阶段，可能会遇到许多问题，因此在本阶段要着重培养学生发现问题、分析问题、解决问题的能力。通过这一阶段的实训，令学生的专业技能得到较大提高。

第四阶段，应用阶段，将第二阶段的成果表达出来。在这个过程中，训练学生的渠道测量的能力。

2. 项目教学目标

“渠道测量”课程教学目标包括知识目标、技能目标和素养目标三个方面。技能目标是核心目标，知识目标是基础目标，态度目标贯穿整个实训过程，是项目的重要保证。

(1) 知识目标。

1) 了解渠道选线的原则、步骤，熟悉横断面测量。

2) 中线测量的方法、穿线放样法的步骤。

3) 掌握里程桩的概念、规定以及里程桩的测设。

4) 掌握横断面测量的方法、土方计算，包括计算断面挖、填面积方法。

5) 掌握渠道边坡放样的步骤和方法。

(2) 技能目标。

1) 能对渠道选线测量，包括选线的原则、步骤。

2) 会中线测量、纵横断面测量。

3) 能计算断面挖、填面积方法。

(3) 素质目标。

1) 通过案例中渠道测量的过程，培养社会主义核心价值观和测量职业道德规范。

2) 培养学生测量过程中要精益求精、一丝不苟的工匠精神。

3) 培养学生理解测量过程中失之毫厘、谬以千里的道理。

(4) 现行规范。

1)《工程测量通用规范》(GB 55018—2021)。

2)《水利水电工程施工测量规范》(SL 52—2015)。

3)《建筑工程质量验收统一标准》(GB 50300—2013)。

【思政导引】

郑国渠是中国古代的一条灌溉用渠道，有着极为重要的经济、政治和军事意义，于春秋时期的东周时期建设完成。渠道起源于今河南省郑州市境内，穿越河南、山西、陕西三省，长度达 700 余 km，终于今陕西省渭南市。

春秋时期的郑国，位于黄河中游，地处土地肥沃水草丰茂的区域，因此农业非常发达。然而，由于土地的局限性，单纯依靠自然降雨难以满足农业生产的需求。因此，郑国开始修建灌溉设施来利用水资源，以提高农业生产。

据记载，郑国渠的筹备、修建和维护历时 80 年，分三个阶段完成。在东周晚期，公元前 638 年，郑国国君在今河南省郑州市一带开凿了初步的渠道。公元前 591 年，其孙子郑桓公扩建了这条灌溉渠道，并贯穿到现今陕西省渭南市区，从而形成了完整的郑国渠。这个过程中，建造者面临着诸多艰难的挑战，例如跨越河流和山脉、长期的劳役和人员调动等问题。然而，郑桓公凭借其卓越的政治才能和智慧，成功地完成了这个伟大的工程。

郑国渠位于黄河南部平原上，行经肥沃的农田和大量的山地，穿过了一系列的隧道、涵洞和地下渠道。由于地势较高，渠道水源充足，灌溉效果显著。郑国渠采用了一系列的水利工程方式，包括“四通八达”的渠道、桥梁、水闸、堰坝等。渠道设计精巧，水利设施完备，可以有效地调节水位并适应季节变化，以提高农田的产量。

郑国渠是中国古代水利工程的杰出代表之一，长期以来一直备受关注。由于年久失修，郑国渠的大部分已经被毁坏，目前有部分渠道和渡口保留下来。近年来，我国政府已经开展了一系列针对郑国渠的保护活动，以便能更好地展示古代中国的科技和水利文化。

渠道是水利建设中常见的工程。在渠道的勘测、设计和施工中所要进行的测量工作称为渠道测量。渠道测量是线路测量的一种，其主要内容包括选线测量、中线测量、纵横断面测量、土方计算和渠道边坡放样。

【知识拓展】

1. 观看视频《郑国渠奔流两千年》。

2. 观看《郑国渠，不仅秦朝需要它，现代也离不开它》。

任务8.1 渠道选线测量

8-1

渠道选线测量

渠道选线测量的任务是要在地面上选定合理路线，标定渠道中心位置。中线尽量短而直，尽量少占耕地，要避免修建过多的渠系和过水建筑物，沿线应有较好的地质条件，选线时尽可能确定一条既经济又合理的渠道中线。

8.1.1 踏勘选线

对于渠线较长的渠道一般经过实地踏勘、室内选线、外业选线等步骤，对于渠线不长的渠道，可以根据资料，在实地查勘选线。渠道选线工作应有经验的规划人员配合测量人员一同进行，必要时，最好应有地质人员参加。

(1) 实地查勘：收集和了解有关资料，如土壤、地质、施工条件等资料，最好先在地形图上初步选几条渠线，然后实地依次对所经地带实地查勘，进行分析比较，选取合理的渠线。

(2) 室内选线：在室内进行地形图上选线，选定渠道中心线的平面位置，并在图上标出渠道转折点到附近明显地物的距离和方向。如果该地区没有适用的地形图，应根据查勘时确定渠道线路，测绘沿线宽约100～200m的带状地形图。

(3) 外业选线：外业选线是将室内选线在实地标定出来，主要是把渠道的起点、转折点和终点标定出来，一般用大木桩或水泥桩来标定，并绘制该桩的点之记，以便以后寻找。外业选线有时要根据现场的实际情况，对图上所定渠线进行补充修改，使之完善，尤其对关键性地段和控制性点位，更应反复勘测，认真研究，从而选定合理的渠线。

为了使所选的路线既经济又合理，应注意贯彻以下原则：路线要稳定可靠、施工方便、用水安全；合理布局、综合利用、控制灌溉面积要大；路线要顺直，尽量减少弯道；避免穿过村庄、建筑物或特高地，以减少拆迁费用和土石方的开挖量，节约投资，提高效益。

8.1.2 水准路线布设

在渠道选线时，应沿渠线附近布设一些水准点，以便满足渠道纵横断面测量的需要。水准点点位既要便于后续渠道高程的测定，又要能够长期留存。点位间隔1～2km，路线组成附合或闭合水准路线。一般采用四等水准测量的方法测量。

任务 8.2 中　线　测　量

渠道中线测量的任务主要是把渠道中心线在地面上标定出来，用一系列里程桩标定渠线经过的位置。

8-2 中线测量

8.2.1　中线的测设

中线测设的方法有很多，穿线放样是一种常用方法，具体方法如下。

8.2.1.1　准备数据

在带状地形图上，从初测时的导线点出发做导线的垂线，它们与设计中线交于等点，图上量取垂线的长度，直角和垂线的长度就是放样数据，有时为了通视需要，在中线通过高地的地方放样点，这时可以从图上量取极坐标法放样所需的角度和距离。

8.2.1.2　实地放样

实地在相应的导线点上设置直角，并量距，定出一系列等点，如果距离较短，可以用直角镜或方向架设置直角，如果距离较长，宜用经纬仪设置直角。

8.2.1.3　穿线

中线某一直线上几个点由于图解量取放样数据误差等原因，放样到实地后不会正好在一条直线上；为此要在实地决定出一条离这些点最近的直线——中线，然后在经纬仪的帮助下，设置一系列标桩把中线表示出来。

8.2.1.4　定出交点

定出相邻两中线段的交点，并测量路线的转折角。当用一台经纬仪工作时，先延长一中线，并在估计交点位置前后各设一骑马桩 A、B，然后延长另一直线与 A、B 桩连线相交即得交点 JD。得到交点后，测量转向角。

这种方法简单，外业工作不复杂，也不容易出错，即使出错了也容易发现，在工程测量中往往采用这种方法。

8.2.2　里程桩的测设

为了便于计算线路的长度和测绘纵横断面图，需要沿路方向在地面上设置桩，从起点开始，按规定每隔某整数设一桩，此为整桩。根据不同的线路，整桩之间的距离也不同，一般为 20m、30m、50m 等（曲线上根据不同的半径，每隔 20m、10m 或 5m），在相邻整桩之间穿越重要地物处（如铁路、公路）要增设加桩，整桩和加桩统称为里程桩。为了便于计算，线路里程桩均按桩的里程进行编号，并用红油漆写在木桩侧面，如整桩号为 1＋100，即此桩距离渠道起点 1km 又 100m（“＋”前的数为公里数，“＋”后的数为米数），为了避免测设里程桩错误，量距一般用钢尺丈量两次。精度为 1/1000 当精度要求不高时，可用皮尺或测绳丈量一次。

任务 8.3 纵 横 断 面 测 量

8-3
纵横断面测量

纵断面测量又称路线水准测量，它的任务是测定中线上各里程桩的地面高程，绘制路线断面图，供渠道纵坡设计之用。

8.3.1 纵断面测量

进行纵断面测量时，利用渠道沿线布设的水准点，每段从一个水准点出发，将渠道分成多段，逐个测定该段渠上各个中桩的地面高程，在符合到另一个水准点上，其闭合差不得超过 $\pm 40\sqrt{l}$ (mm)（l 为附合路线长度，以 km 为单位）或者 $\pm 10\sqrt{n}$ (mm)（n 为测站数），闭合差不用调整，但超限必返工。纵断面高程测量要求如下：

（1）观测时，以成像清晰、度数可靠为原则前后视距不等差不加限制。

（2）一般有两台水准仪同时施测，其中一台仪器测定标石点及临时水准点的高程；另一台仪器观测里程桩及沿线主要地物点高程。这样做法灵活，不会因一台仪器观测超限而全部重测。

（3）穿过河沟时的加桩，应联测高程。穿过铁路时，应测出轨面高程；穿过公路时，应测路面高程。

纵断面高程测量是利用间视法测量中心线上里程桩的地面高程，如图 8.3.1 所示。每一站首先读取前后两转点的标尺的读数，再读取两转点间所有地面点的标尺读数。0＋000 桩、0＋300 桩为转点，0＋100 桩、0＋200 桩、0＋235 桩、0＋362 桩、0＋400 桩为间视点。由于间视点的高程只是为了绘制纵断面图，精度要求不高，一般只读至厘米。首先从 BM_1 引测高程，得 0＋000 桩高程，再将水准仪置于测站 2 后视转点 TP_1，前视转点 TP_2，将观测结果记入表中，见表 8.3.1。

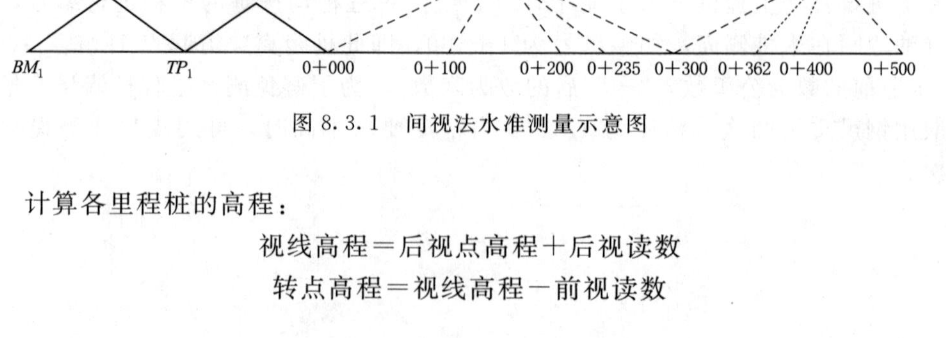

图 8.3.1 间视法水准测量示意图

计算各里程桩的高程：

$$视线高程=后视点高程+后视读数$$

$$转点高程=视线高程-前视读数$$

表 8.3.1　　间视法水准测量记录手簿

名　称＿＿＿＿＿　　仪器型号＿＿＿＿＿　　观 测 者＿＿＿＿＿

日　期＿＿＿＿＿　　天　气＿＿＿＿＿　　记 录 者＿＿＿＿＿

测站	桩号	后视点/m	视线高程/m	中间点/m	前视点/m	高程/m	备注
1	BM_1	1.620	359.265			357.645	已知
	TP_1				0.896	358.369	
2	TP_1	1.735	360.104			358.369	
	0+000				2.014	358.090	
3	0+000	2.444	360.534			358.090	
	0+100			1.95		358.580	
	0+200			1.60		358.930	涵洞
	0+235			1.96		358.570	
	0+300				1.622	358.912	

8.3.2　纵断面图的绘制

（1）图面布局合理、使用方便，应预留渠、堤设计线和高程注记位置。纵断面是以中线桩的里程为横坐标、以高程为纵坐标的直角坐标系中绘制，为了明显地表示地面起伏，一般取高程的比例尺比里程比例尺大 10 倍或 20 倍。

（2）绘制图表栏。图表栏是填写纵断面测量内、外业资料及有关设计数据的位置。应绘在图纸的左方，一般约占图纸宽度的 2/5，填写时自上而下进行，包括渠底坡度、里程桩号、地面高程、渠底设计高程、中线挖深和填高以及平面草图等。

（3）纵断面图一般自左至右绘制毫米方格纸上，为了节省纸张和便于阅读，图上的高程，可以不用从零开始，而从某一合适的数值起绘，根据各桩点的里程和高程在图上标出相应的地面点位置，依次连接各点绘制出地面线，再绘制出渠底设计线。根据起点（0＋000）的渠底设计高程、渠道比降和离起点的距离，均可以求出相应的点处的“渠底高程”，再根据各桩点的地面高程和渠底高程，即可算出各点的挖深或填高数，分别填在图中对应位置，如图 8.3.2 所示。图 8.3.2 中 0＋676 桩处左转 22°32′为路线向左的转折角，400m 为平面圆曲线半径。

8.3.3　横断面测量

垂直于中线方向的断面称横断面，路线所有里程桩一般都应测量其横断面。横断面测量的主要任务是测量横断面地面的高低起伏情况，并绘制出横断面图。横断面图确定横向施工范围、计算土石方数。

1. 横断面测量方法

横断面测量的宽度，根据实际工程要求和地形情况而定。横断面上中线桩的地面高程已在纵断面测量时测出，只要测出各地形特征点相对于中线桩的平距和高差，就可以确定其点位和高程。

（1）水准仪皮尺法，如图 8.3.3 所示。此法适用于施测横断面较宽的平坦地区，安置水准仪后，以中线桩地面高程为后视点，以中线桩两侧横断面地形特征点为前视，标尺读数至厘米。用皮尺分别量取各相邻特征点间的水平距离，量至分米，按路线前进方向分别左右侧记录，以分式表示相邻测点的高差和水平距离。

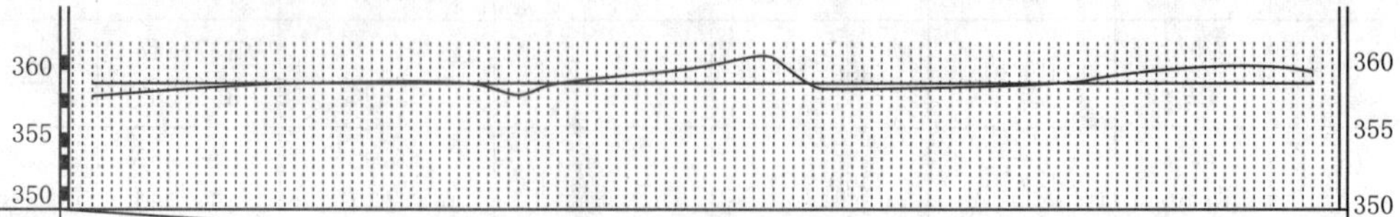

渠岸坡度	1∶1000 1000m																
里程桩号	0+000	0+100	0+200	0+235	0+300	0+362	0+400	0+500	0+565	0+600	0+676	0+700	0+800	0+839	0+900	0+950	1+000
地面高程	358.09	358.58	358.93	358.52	358.91	358.17	358.96	360.10	360.53	358.31	358.50	358.04	358.46	359.52	359.72	359.60	359.33
渠底设计高程	359.00	358.80	358.80	358.76	358.70	358.64	358.60	358.50	358.44	358.40	358.32	358.30	358.20	358.16	358.10	358.05	358.00
中线挖深			0.13		0.21		0.36	1.60	2.09		0.18		0.26	1.36	1.62	1.55	1.33
中线填高	0.91	0.32		0.19		0.47				0.09		0.26					
平面草图	左转22° 32′ R=400m																

图 8.3.2 渠道纵断面图

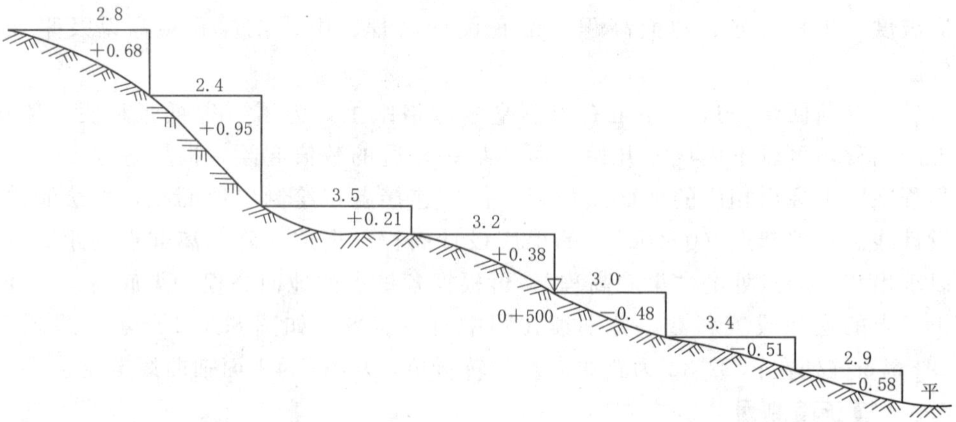

图 8.3.3 横断面测量示意图

(2) 经纬仪视距法。安置仪器于中线桩上，可直接用经纬仪测定横断面方向，量出仪器高，用视距法测出各特征点与中线桩之间的水平距离和高差。

2. 横断面图的绘制

横断面图的比例尺，应根据断面的宽度、地形坡度等，按表 8.3.2 选用。绘图时，应自上游至下游按桩号顺序从左到右排列。同一列中各断面的中心线桩，应位于方格纸上粗线的同一条线上。

表 8.3.2 横断面宽度与绘图比例尺

横断面宽度/m	水平比例尺	竖直比例尺	
		平地	丘陵、山地
<100	>1∶500	1∶50～1∶100	1∶100～1∶200
100～200	1∶500～1∶1000	1∶50～1∶100	1∶100～1∶200
200～250	1∶1000～1∶2000	1∶50～1∶200	1∶100～1∶500
>500	<1∶2000	1∶50～1∶200	1∶100～1∶500

横断面图一般绘制在透明方格纸的背面。为了计算面积方便，图上平距和高程通常采用同一比例尺。常用比例尺为1∶100或1∶200。只用当断面很宽又比较平坦时，才采用较小的平距比例尺和较大的高程比例尺。绘制断面图时，先在适当位置标定桩点，并注上桩号和高程；然后以桩点为中心，以横向代表平距，纵向代表高差，根据所测横断面成果标出各断面点的位置，用直线依次连接各点即可，如图8.3.4所示。由于横断面图数量较多，为了节约纸张也为了使用方便，在一张方格纸上往往要绘许多个，必须依照桩号顺序从上至下、从左至右排列；同一纵列的各横断面中心桩应在一条直线上，彼此之间隔开一定距离。

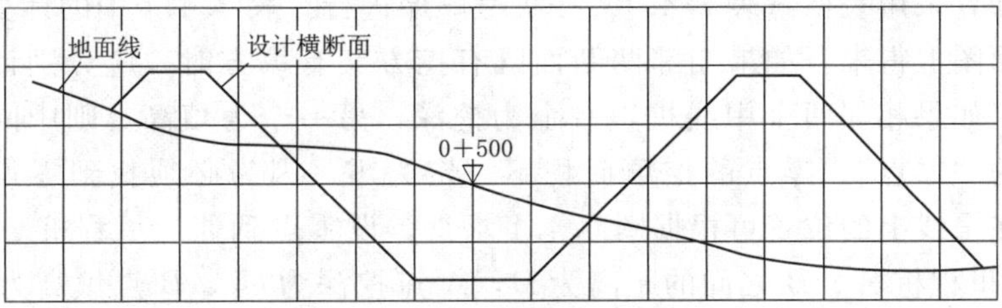

图 8.3.4 横断面图绘制

任务8.4 土 方 计 算

为了确定工程投资和合理安排劳力，在渠道施工前必须计算土方量。

土方计算通常采用平均断面法。假设相邻两个挖方（或填方）横断面的面积分别为 A_1、A_2，两个横断面的间距为 D，则其土方量为

$$V=(A_1+A_2)D/2$$

间距 D 即两桩里程之差，可从纵断面图上查取；面积 A_1、A_2 则须通过在横断面图上套绘渠道设计断面来确定。为此，应根据里程桩和加桩的挖深，先在横断面图上标出设计渠底中心点的位置，再根据渠底宽度、边坡坡度、渠深和堤宽等尺寸画出设计断面，如图 8.4.1 所示。设计断面边线与自然地面线所包围的面积即为挖方或填方面积。

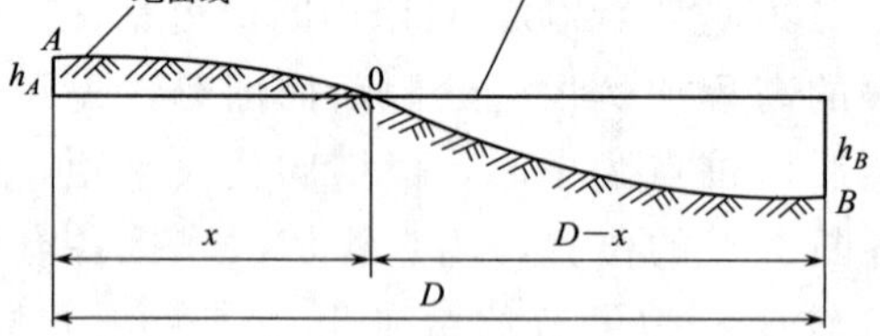

图 8.4.1 零点位置的确定

土方计算采用表格（表 8.4.1）按桩号顺序进行。表 8.4.1 中的计算数据均从纵、横断面图上得来。如果相邻两断面既有挖方又有填方时，应分别计算挖方量和填方量。如果相邻两个中线桩，一个为挖深，另一个为填高，则中间必有一个不挖不填的“零点”。零点的挖填面积不一定为零，因为必须找到零点补测横断面。零点在渠线上的位置可根据图 8.4.1 求得。设零点到邻近里程桩 A 的距离为 x，相邻两里程桩 A、B 之间的距离为 D，A 点挖深为 h_A，B 点填高为 h_B，则由图 8.4.1 可知

$$x:(D-x)=h_A:h_B$$

表 8.4.1 **渠道土方计算表**

桩号	地面高程	渠底设计高程/m	中心桩		断面面积/m²		两桩间距/m	土方/m³	
			挖深/m	填高/m	挖	填		挖方	填方
0+000	91.5	91.10	0.40		0.69	1.21			
0+050	91.35	91.05	0.30		0.58	2.01	50	31.8	80.5
0+100	91.60	91.00	0.60		1.19	0.50	50	44.2	62.8
0+150	91.30	90.95	0.35		0.50	1.81	50	42.2	57.8
0+169.2	90.93	90.93	0	0	0.60	2.00	19.2	10.6	36.5
0+178	90.76	90.92		0.16	0.25	2.40	8.8	3.7	19.4
0+182.9	90.91	90.91	0	0	0.61	1.90	4.9	2.1	10.5
0+200	91.46	90.90	0.56		1.10	0.57	17.1	14.7	21.2

任务8.5 渠道边坡放样

渠道施工前，首先要在现场进行边坡的放样，即标定渠道设计断面边坡与地面的交点，并设立施工坡架，为施工提供依据。

渠道横断面有纯挖、纯填和半挖半填三种可能情况。图 8.5.1 表示一个半挖半填断面，需要标定的边坡桩有渠道左右两边的开口桩、堤内肩桩、堤外肩桩和外坡脚桩等 8 个桩位。从土方计算时所绘的横断面图上，可以分别量出这些桩位至中线里程桩的距离，作为放样数据，根据里程桩即可在现场将这些桩位标定出来。然后，在内、外堤肩桩位上按填方高度竖立竹竿，竹竿顶部分别系绳，绳的另端分别扎紧在相应的外坡脚桩和开口桩上，即形成一个渠道边坡断面，称为施工坡架。

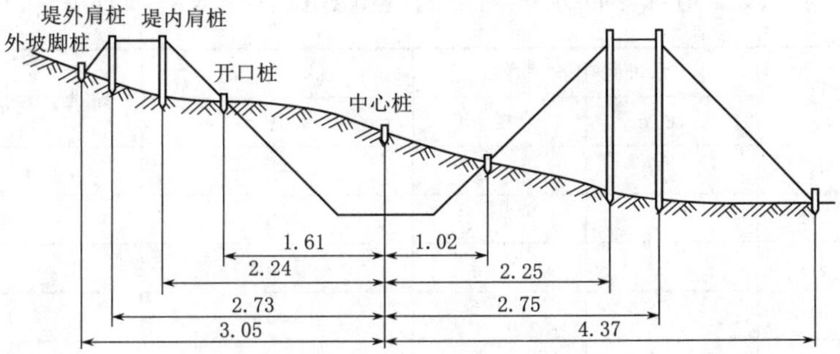

图 8.5.1 渠道断面边坡放样

施工坡架每隔一定距离一个，其他里程只需放出开口桩和外坡脚桩，并用灰线分别将开口桩和坡脚桩连接起来，表明整个渠道的开挖与填筑范围。

项 目 小 结

通过本项目的理论学习，要求学生熟悉渠道选线测量，包括选线的原则、步骤；掌握中线测量、纵横断面测量的方法并绘制纵横断面图。通过渠道测量的实践过程，培养学生在测量工作中具备精益求精、一丝不苟的工匠精神。

自 测 题

1. 渠道测量包括哪些工作内容？
2. 渠道中心线测量有哪些内容？何谓里程桩？在什么情况下设置加桩？
3. 纵、横断面图绘制各有何要求？它们之间有何区别？
4. 怎样计算土方量？计算土方量时为何要补测零点处的横断面？
5. 下表为一段渠道纵断面水准测量的观测数据，完成各项计算。

测站	桩号	水准尺中丝读数		视 线 高	高程/m	备注
		后视/m	前视/m	间视/m		
1	BM_1	1.280			99.210	已知
	0+000			1.31		
	0+020			1.58		
	0+040			1.37		
	0+060			1.27		
	0+080			1.64		
	0+095			2.66		
	0+100			1.35		
	0+120	1.362	1.340			
2	BM_2		1.028		99.480	已知
	校核	$\sum a=$	$\sum b=$			

项目 9

水工建筑物施工测量

【思维导图】

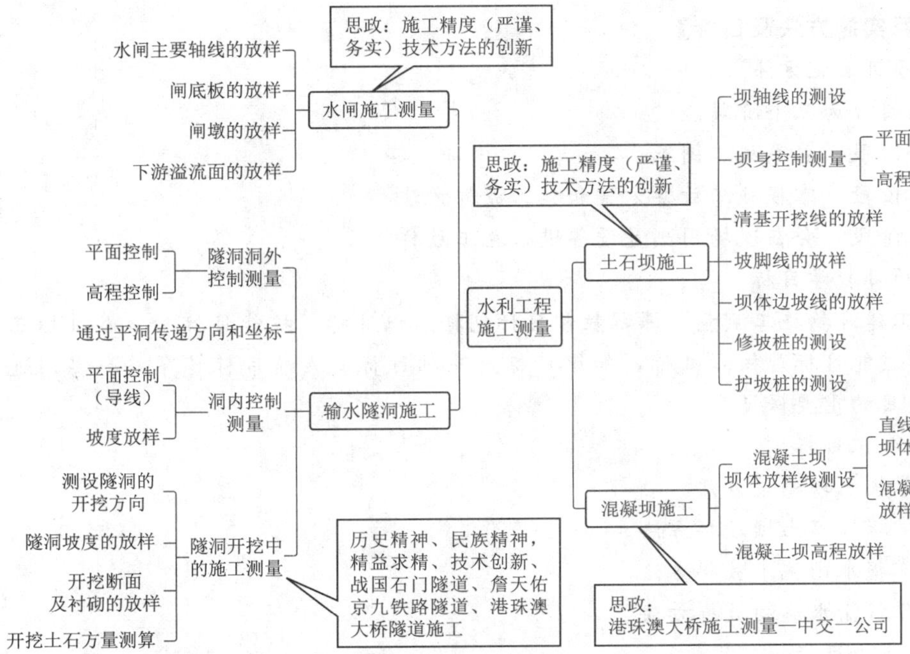

【项目简述】

水利工程一般由若干水工建筑物组成。一般将这些建筑物分为挡水、泄水，通航、输水隧洞、电站等，挡水建筑即拦河大坝，是主要的水工建筑。按照建筑物材料和结构可分为土石坝、混凝土重力坝、拱坝等。通过本项目的学习，学生一定能根据各种类型大坝的施工程序布设平面和高程施工控制网，确定坝轴线、放样清基开挖线，进行坝体细部放样、水闸等构筑物的施工放样、各种闸门的安装测量、输水隧洞的放样。图 9.0 为一水利枢纽示意图，其主要组成部分有拦河大坝、电站、放水涵洞、溢洪道（洞）、水闸等。

【项目载体】

以水利工程施工项目设计总平面图和施工方案为载体，介绍坝体的施工放样、水闸的施工放样和输水隧洞的施工放样。

图 9.0 水利枢纽示意图

【项目实施方法及目标】

1. 项目实施方法

本项目分为三个阶段。

第一阶段，熟悉施工图纸。

第二阶段，掌握施工放样方案和施工放样方法。

第三阶段，会在现场用测量设备进行施工放样。

2. 项目教学目标

“水工建筑物施工测量”课程教学目标包括知识目标、技能目标和素养目标三个方面。技能目标是核心目标，知识目标是基础目标，素质目标贯穿整个实训过程，是项目的重要保证。

(1) 知识目标。

1) 掌握土坝测设方法。

2) 掌握混凝土坝放样方法。

3) 掌握水闸施工放样方法。

4) 掌握输水隧洞放样方法。

(2) 能力目标。

1) 会用各种水工建筑物的施工测量设备。

2) 会用测量仪器进行对水工建筑物进行放样。

3) 能识水工设计图纸，能对图纸上数据进行提取和计算。

(3) 素质目标：严谨、求实、创新和大国工匠精神。

(4) 执行规范。

1)《工程测量通用规范》(GB 55018—2021)。

2)《水利水电工程施工测量规范》(SL 52—2015)。

3)《建筑工程质量验收统一标准》(GB 50300—2013)。

【思政引导】

港珠澳大桥是“一国两制”框架下、粤港澳三地首次合作共建的超大型跨海通道，全长55km，设计使用寿命120年，总投资约1200亿元人民币。大桥于2003年8月启动前期工作，2009年12月开工建设，筹备和建设前后历时达15年，于2018年10月开通营运。大桥主体工程由粤、港、澳三方共同组建的港珠澳大桥管理局负责建设、运营、管理和维护，三地口岸及连接线由各自政府分别建设和运营。主体工程实行桥、岛、隧组合，总长约29.6km，穿越伶仃航道和铜鼓西航道段约6.7km为隧道，东、西两端各设置一个海中人工岛（蓝海豚岛和白海豚岛），犹如“伶仃双贝”熠熠生辉；其余路段约22.9km为桥梁，分别设有寓意三地同心的“中国结”青州桥、人与自然和谐相处的“海豚塔”江海桥，以及扬帆起航的“风帆塔”九州桥三座通航斜拉桥。

珠澳口岸人工岛总面积208.87hm^2，分为三个区域，分别为珠海公路口岸管理区107.33hm^2、澳门口岸管理区71.61hm^2、大桥管理区29.93hm^2，口岸由各自独立管辖。13.4km的珠海连接线衔接珠海公路口岸与西部沿海高速公路月环至南屏支线延长线，将大桥纳入国家高速公路网络；澳门连接线从澳门口岸以桥梁方式接入澳门填海新区。

港珠澳大桥是世界上最长的跨海大桥，被外媒评为“现代世界七大奇迹之一”。它代表着我国桥梁建设能力达到世界先进水平，让国人非常自豪。

港珠澳大桥的承建单位主要包括中交集团、中铁大桥局集团有限公司等，中交集团承建了港珠澳大桥70%以上的工程，特别是岛隧工程，这是大桥的施工控制性工程。中铁大桥局集团有限公司也参与了大桥的建设，负责桥面铺装工程施工。整个大桥施工流程、施工工艺和施工技术的要求也决定了施工测量的难度和精度，因此，在测量方法和技术上需要更多的创新才能解决施工精度问题。

【知识拓展】

观看微影《测绘梦想》。

任务9.1 土坝的施工测量

9-1 土坝的施工测量

9.1.1 工程概况

在诸多水工建筑物中，最主要的建筑物为拦水坝，它包括混凝土重力坝、堆石坝、土坝、拱坝等。中小型的拦水坝以土坝居多，其优点是可就地取材，施工简便。建筑土坝时的施工放样内容包括坝轴线的测设，坝身控制测量，清基开挖线、坡脚线的放样，坝体边坡线的放样及修坡桩的测设等。下面以如图9.1.1所示土坝为例，说明放样的步骤和方法。

9.1.2 坝身轴线测设

土坝一般为直线坝型，坝轴线即为坝顶中心线，如图9.1.1所示。坝轴线测设分现场选定和实地放样两种。对于中小型土坝的坝轴线位置，一般由工程设计和勘测人员组成选线小组，根据坝址的地质和地形情况，经过方案比较，在现场直接选定。对于大型土坝，一般经现场踏勘，图上规划确定建坝位置，将坝轴线标于地形图上。坝轴线的两端点在现场标定后，应用永久性标志标明。为防止施工时端点被破坏，应用全站仪将其向两端延长到不受施工干扰的地方。

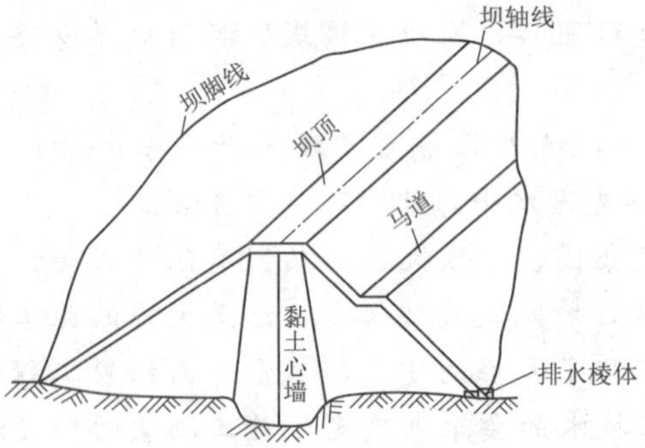

图9.1.1 土坝示意图

9.1.3 坝身控制测量

坝轴线是土坝施工放样的主要依据，但是要进行土坝的细部放样时，在施工干扰较大的情况下，仅有一条轴线是不能满足施工需要的，因此必须进行坝身控制测量。坝身控制测量包括平面控制测量和高程控制测量。

9.1.3.1 平面控制测量

1. 平行于坝轴线的控制线的测设

平行于坝轴线的控制线可布设在坝顶上下游线、上下游坝坡面变化处、下游马道中线，也可按一定的间隔布设（如5m、10m、20m、30m等）。测设时应分别在坝轴线的端点 A、B 安置全站仪。在 A 点安置全站仪时，首先照准 B 点，然后用测设90°的方法作一条垂直于坝轴线的横向基准线 MN（图9.1.2），然后沿该基准线量取各平行控制线距项轴线的距离，得各平行线的位置 a，b，…，f 等点，然后用木桩在实地标定。在 B 点安置全站仪的方法与 A 点安置经纬仪测设方法基本相同。同理可定出 a'，b'，…，f 等点，aa'，bb'…直线即为坝轴线 AB 的平行线，把各平行线延长到两边山坡上，并埋设标志。

2. 垂直于坝轴线的控制线的测设

垂直于坝轴线的控制线一般按每隔10～20m设置，如图9.1.3所示，地形复杂时，间距还可以再小一些。通常是将坝轴线上与坝顶设计高程一致的地面点作为坝轴线里程桩的起点，称为零号桩。其桩号为 0+000，从零号桩起，每隔一定距离分别设置一条垂直于坝轴线的直线。测定零号桩的方法如图 9.1.4 所示，在坝轴线端点 A 附近安置水准仪，后视水准点上的水准尺，设读数为 a，则零号桩上的应有读数 b 可按式（9.1.1）计算，即

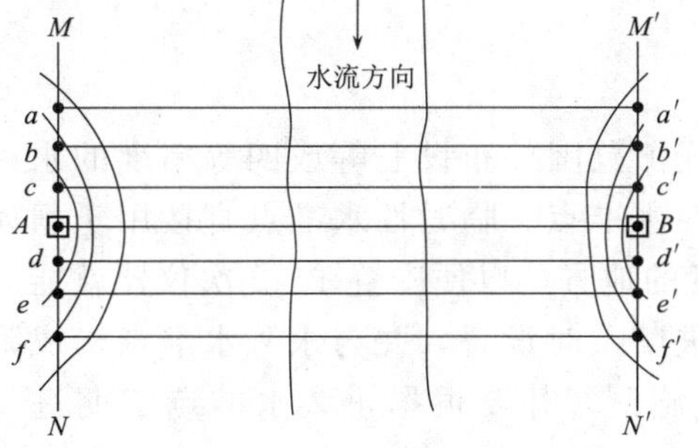

图 9.1.2　平行于坝轴线的控制线

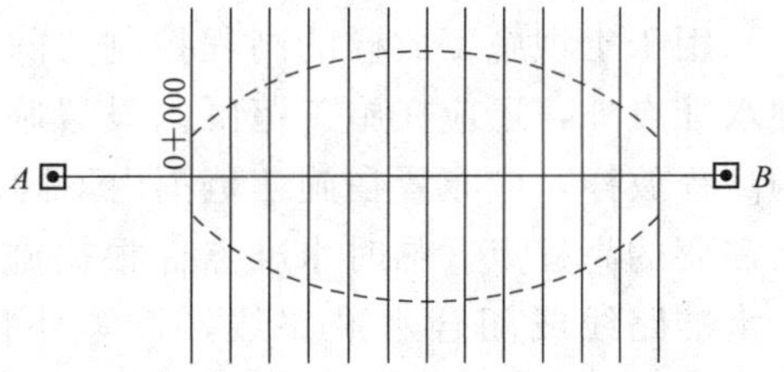

图 9.1.3　垂直于坝轴线的控制线

$$b=(H_0+a)-H_{顶} \tag{9.1.1}$$

式中　b——零号桩上水准尺的读数，m；

H_0——水准点的高程，m；

H_0+a——视线高程，m；

$H_{顶}$——坝顶的设计高程，m。

在坝轴线的另一个端点 B 上安置水准仪，照准 A 点，固定照准部，扶尺员持水准尺在全站仪视线方向沿山坡上、下移动，当水准仪中丝读数为 b 时，该立尺点即为坝轴线上零号桩的位置。零号桩位置确定后，可沿坝轴线由 0+000 起按选定的间距（图 9.1.4 中为 20m）丈量距离，并顺序钉里程桩，其桩号依次为 0+020，0+040，…直至另一端坝顶与地面的交点。当地面坡度较陡，直接丈量里程有困难时，可用交会法测设出适当位置 P，该点应位于下游或上游便于测距的地方，测设坝轴线的垂直线 PK，并精确丈量 PK 距离。然后置全站仪于 K 点，测定 β 角，即可求得 $CP=PK\tan\beta$。如果要测设 0+020，0+040，…里程桩，可用下式算得 β_1，β_2，…即

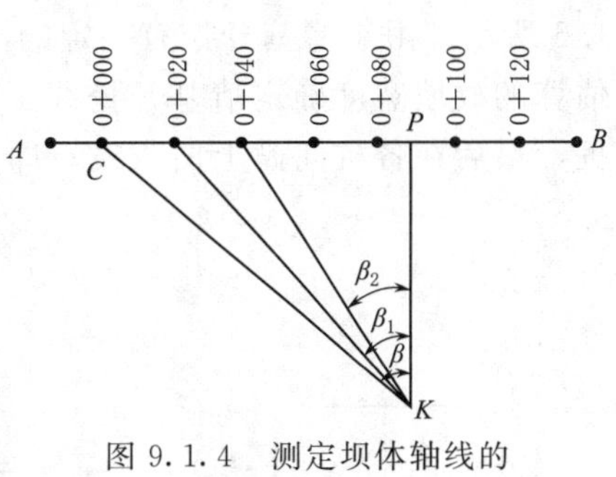

图 9.1.4　测定坝体轴线的控制线里程桩

$$\beta_1=\arctan\frac{CP-20}{PK},\ \beta_2=\arctan\frac{CP-40}{PK},\ \cdots$$

然后在 B 点安置仪器后视 A 点，在 K 点另安置一台仪器后视 P 点测设 β 角，两台仪器视线的交点即为 0+020 的位置，同法可测设出其他各里程桩的位置。在

各里程桩上安置全站仪，后视 A 点或 B 点，用测设 90°的方法定出各横断面方向，并分别在坝轴上下游清基范围以外，各钉出两个横断面控制桩，作为测量横断面和放样坝坡脚的依据。

9-2 ▶
RTK 施工放样

当有仪器设备和卫星信号较好的条件时，坝体轴线也可以用实时动态差分定位（RTK）进行，此方法效率更高。首先在设计图纸上画出各坝身轴线，查询各轴线端点坐标，然后 RTK 根据输入的坐标进行放样，放样得出轴线端点的桩位即可。

9.1.3.2 高程控制测量

用于土坝施工放样的高程控制，除在施工范围外布设三等或四等精度的永久性水准点外，还应在施工范围内设置临时性水准点。临时性水准点直接用于坝体的高程放样，应布置在施工范围内不同高度的地方，以便安置 1～2 次仪器就能放出需要的高程点。临时水准点应根据施工进度及时设置，并与永久水准点构成附合水准路线或闭合水准路线，按等外精度施测，并要根据永久水准点定期进行检测。

9.1.4 清基开挖线的放样

为了使坝体与地面很好结合，在坝体填筑前，必须先清理坝基，为此，应放出清基开挖线，即坝体与原地面的交线。在清理基础时，为了不超量开挖自然表土，节省人力物力，测量人员应根据设计图纸，结合地形情况放样出清基开挖线，以确定施工范围，清基开挖线的放样一般采用套绘断面法。

该法与渠道断面放样相似，即首先测定各里程桩高程，然后沿垂直线方向测绘横断面图，在各横断面上将坝体设计断面套绘，并从图上量出两断面线交点（即坝脚点）至中线桩的距离（图 9.1.5 中的 d_1 和 d_2），用上述方法，求出各断面的清基开挖点至中线桩的距离 d。再根据清基开挖点至中线桩的距离 d，在实地垂线上放样出清基开挖点。将各垂线上的清基开挖点连起来就是清基开挖线，如图 9.1.6 所示。由于清基开挖有一定的深度和坡度，开挖深度一般为 1～3m，所以应按估算的放坡宽度确定清基开挖线。在地面上根据横断面控制桩量出相应距离并钉桩，最后在各桩间撒上白灰线，即为清基边界。

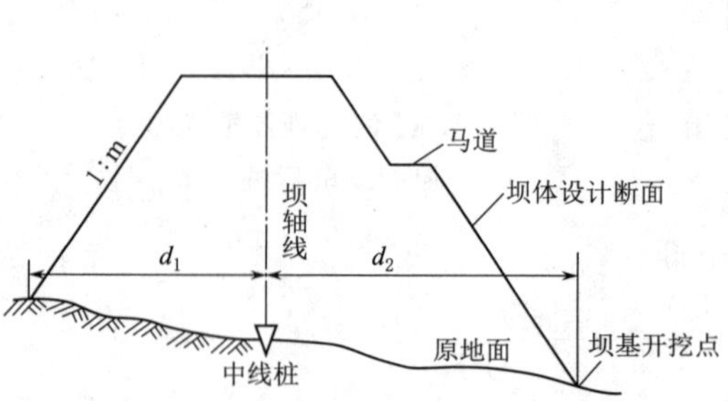

图 9.1.5 套绘断面法确定清基开挖点的放样数据

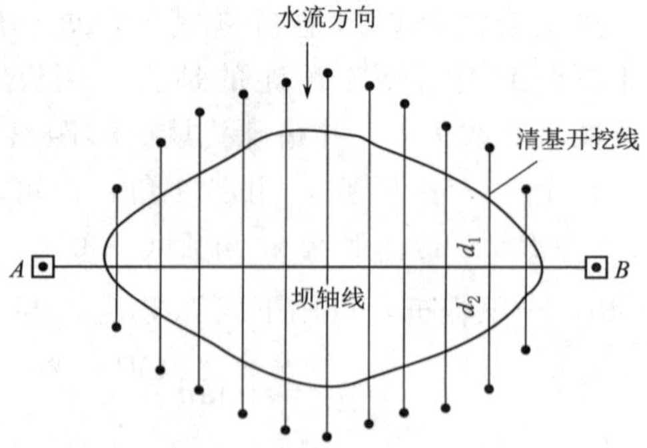

图 9.1.6 标定清基开挖线

9.1.5 坡脚线的放样

基础覆盖层清理后，应及时在清基后的地面上测定坝体与地面的交线，即坝体坡脚线，以便填土修筑坝体。清基后，各断面的形状已发生变化，用图解法量取的放样数据，其精度已不能满足坝体施工的要求，因此坝坡脚线可用下列方法放样。

9.1.5.1 平行线法

坝身控制测量时，设置的平行于坝轴线的直线，其与坝坡面相交处的高程可按式（9.1.2）计算，即

$$H_i = H_{顶} - \frac{1}{m}(d_i - \frac{b}{2}) \tag{9.1.2}$$

式中 H_i——第 i 条平行线与坝坡面相交处的高程；

$H_{顶}$——坝顶的设计高程；

d_i——第 i 条平行线与坝轴线之间的距离，简称轴距；

b——坝顶的设计宽度；

$\frac{1}{m}$——坝坡面的设计坡度。

各条平行线与坝坡面相交处的高程计算后，即可在各平行线上用高程放样的方法测设 H_i 的坡脚点，具体的施测方法与测定轴线上零号桩位置的方法相同。

各个坡脚点的连线，即为坝体的坡脚线。但是，为了确保坡面碾压密实，坡脚处填土的位置应比现场标定的坡脚线范围向外扩大一些。多余的填土部分称为余坡，余坡的厚度取决于土质及施工方法，一般为 0.3～0.5m。

坡脚线放样的精度要求高于清基开挖线。无论采用哪种方法放样，都应进行检查。如图 9.1.7 所示，设放样点为 P。检查时，用水准测量测定此点的高程为 H_P，则此点至坝轴里程桩的实地平距（或放点时所用的平距）d_P 应等于按式（9.1.3）所算出来的轴距，即

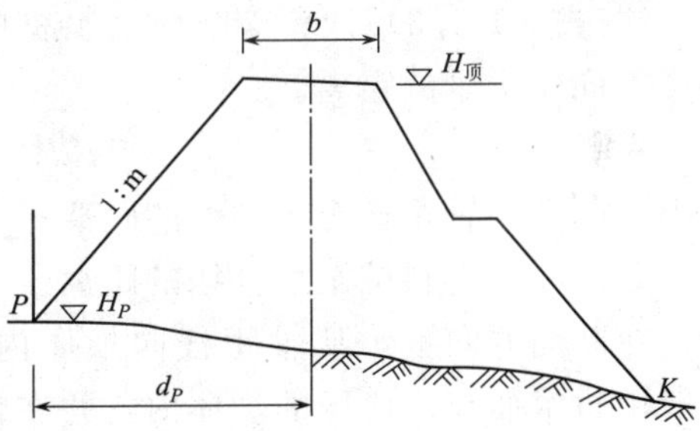

图 9.1.7 坡脚线轴距的计算与检查

$$d_P = \frac{b}{2} + (H_{顶} - H_P)m \tag{9.1.3}$$

如果实地平距与计算的轴距 d_P 相差大于 1/1000，说明该立尺点 P 不是设计的坝脚点，应沿此方向移动立尺点的位置。重复上述的观测和计算，经过几次试测，直至实测的轴距与计算的轴距之差在容许范围内，这时的立尺点才是坡脚点应有的位置。按上述方法，施测所有的坡脚点，并用白灰线连接成坝体的坡脚线。

9.1.5.2 套绘断面法

清基后，由于地表现状发生变化，需要重新恢复里程桩，重新测量现状断面。采用此种方法不仅可以计算清基工程量，而且可根据坝上下游边坡线与新横断面

上的交点量得坡脚线距离，并放出坡脚线，应测定其高程进行校核调整。

9.1.6 坝体边坡线的放样

坝体坡脚线标定后，即可在坡脚线范围内填土。土坝施工时是分层上料，每层填土厚度约0.5m，上料后即进行碾压。为了保证坝体的边坡符合设计要求，每层碾压后应及时确定上料边界。各个断面上料桩的标定常用下列方法。

9.1.6.1 轴距杆法

根据土坝的设计断面，按式（9.1.3）计算坝坡面不同高程点至坝轴线的距离，该距离是坝体筑成后的实际轴距。放样上料桩时，必须加上余坡厚度的水平距离，图9.1.8中的虚线即为余坡的边线。在施工中，由于坝轴线上的各里程桩不便保存，因此从里程桩起量取轴距标定上料桩极为困难。在实际工作中，常在各里程桩的横断面上、下游方向各预先埋设一根竹竿，这些竹竿称为轴距杆。为了便于计算，轴距杆到坝轴线的距离一般应为5的倍数，即轴距 $d'_{轴}=5n$（n 取自然整数），以米为单位，其数值应根据坝坡面距里程桩的远近而定。放样时，先测定已填筑的坝体边坡顶的高程，再加上待填土高度，即得上料桩的高程 H_i，按式（9.1.3）计算该断面上料桩的轴距 d_i。然后，按下式计算从轴距杆向坝体方向应丈量的距离。

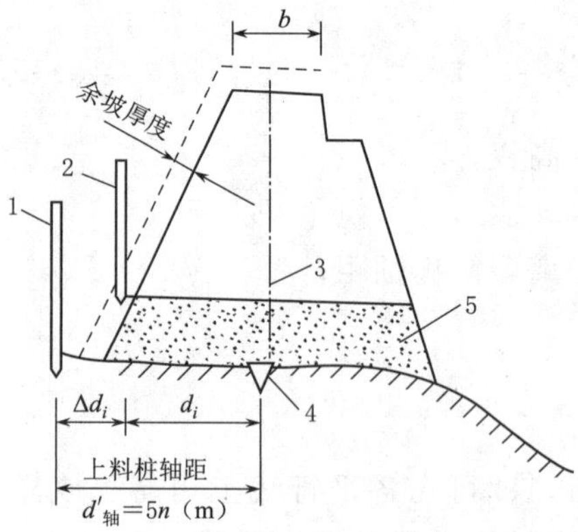

图9.1.8 轴距杆法放样上料桩

1—轴距杆；2—上料桩；3—坝轴线；4—里程桩；5—第一层填土

$$\Delta d_i = d' - d_i$$

式中 d'——轴距杆至坝轴线的距离；

d_i——上料桩至坝轴线的距离。

在断面方向上，从轴距杆向坝体内测设 Δd_i，即可定出该层的上料桩位置。一般用竹竿插在已碾压的坝体内，并在杆上涂红漆标明上料的高度。

9.1.6.2 坡度尺法

坡度尺是根据坝体设计的边坡坡度用木板制成的直角三角形尺。例如，坝坡面的设计坡度若 $i=1:2$，则坡度尺的一直角边长为1m，另一直角边应为2m，即构成坡度为1:2的坡度板。在较长的一条直角边上安装一个水准管。放样时，将绳子一头系于坡脚桩上，另一头系在坝体横断面方向的竹竿上，将三角板斜边靠着绳子，当绳子拉到水准气泡居中时，绳子的坡度即等于应放样的坡度（图9.1.9）。

9.1.7 修坡桩的标定

当坝体修筑到设计高程后，要根据设计的坡度修整坝坡面。修坡是根据明削去厚度的修坡桩来进行。修坡桩常用水准仪和全站仪施测，下面介绍修坡桩的两种方法。

9.1.7.1 水准仪法

在已填筑的坝坡面上，定上若干排平行于坝轴线的木桩。木桩的纵横间距都不宜过大，以免影响修坡质量。用钢卷尺丈量各木桩至坝轴线的距离，并按式（9.1.2）计算桩的坡面设计高程。用水准仪测定各木桩的坡面高程，各点坡面高程与各点设计高程之差即为该点的削坡厚度。

9.1.7.2 全站仪法

首先依据设计坡度计算出坡倾角。例如，当坝坡面的设计坡度 $i=1:2$ 时，则坡面的倾角为

$$\alpha=\arctan\frac{1}{2}=26°33'54''$$

在填筑的坝顶边缘上安置全站仪，量取仪器高度 i。将望远镜视线向下倾斜 α 角，此时视线平行于设计坡面。然后，沿视线方向每隔几米竖立水准尺，设中丝读数为 v，则该立尺点的修坡厚度为

$$\delta=i-v$$

若安置全站仪地点的高程与坝顶设计高程不符，则计算削坡量时应加改正数，如图 9.1.10 所示。此时，实际修坡厚度应按式（9.1.4）计算，即

$$\delta'=(i-v)+(H_i-H_0) \tag{9.1.4}$$

式中 i——经纬仪的仪器高，m；

v——经纬仪的中丝读数，m；

H_i——安置仪器的坝顶实测高程，m；

H_0——坝顶设计高程，m。

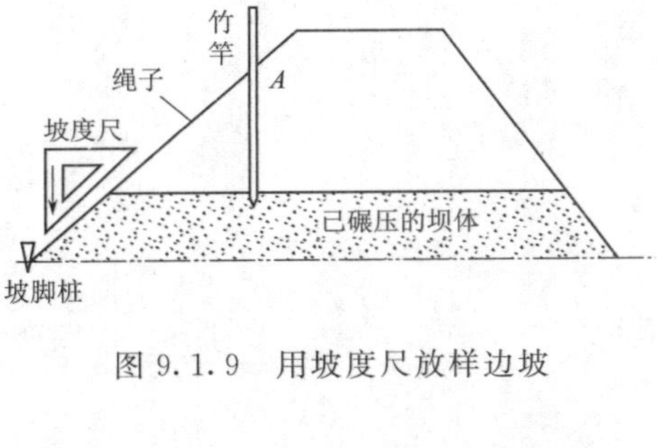

图 9.1.9 用坡度尺放样边坡

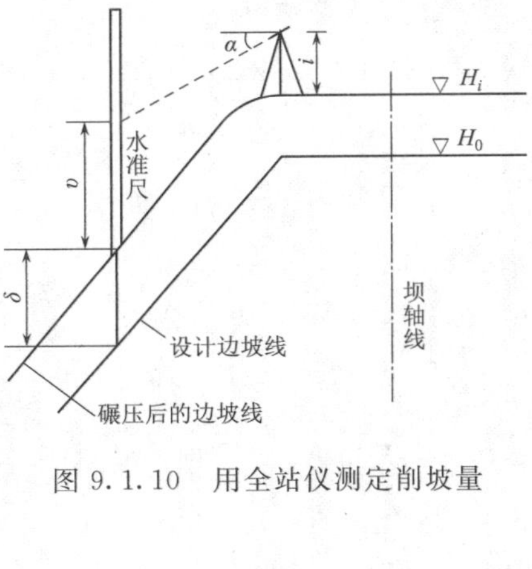

图 9.1.10 用全站仪测定削坡量

9.1.8 护坡桩的标定

坝坡面修整后，为使坡面符合设计要求，需用草皮或石块进行护坡，为此标定护坡桩位置的工作称为护坡桩的测设。护坡桩从坝脚线开始，沿坝坡面高差每隔 5m 布设一排，每排都与坝轴线平行。在一排中每隔 10m 定一木桩，使木桩在坝面上构成方格网状，按设计高程测设于木桩上。然后，在设计高程处钉一小钉，称为高程钉。在大坝的横断面方向的高程钉上一根线绳，以控制坡面的横向坡度；

在平行于坝轴线方向系一活动线，当活动线沿横断面线的绳子上、下移动时，其轨迹就是设计的坝坡面，如图 9.1.11 所示。因此，可将活动线作为砌筑护坡的依据，如果是草皮护坡，高程钉一般高出坝坡面 5cm；如果是石块护坡，应根据设计要求预留铺盖厚度。

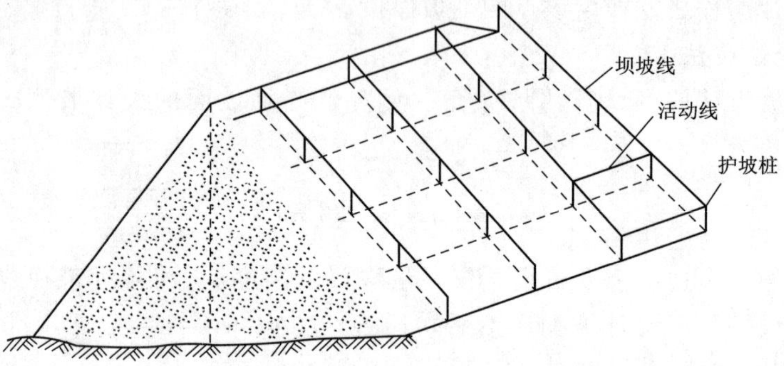

图 9.1.11 护坡桩的测设

任务 9.2 混凝土坝的施工测量

9.2.1 直线混凝土坝坝体放样线测设

混凝土坝由坝体、闸墩、闸门、廊道、电站、厂房和船闸等多种构筑物组成。因此，混凝土坝施工较复杂，要求也较高。无论是施工程序，还是施工方法，都与土坝有所不同。混凝土坝的施工测量，要先布设施工控制网测设坝轴线，根据坝轴线放样各坝段的分段线，再由分段线标定每层每块的放样线，之后由放样线确定立模线。

坝体浇筑前，要清除坝基表面的覆盖土，甚至裸露出新鲜基岩。混凝土坝基础开挖线的放样精度要求较高，用图解法求放样数据，不能达到精度要求，必须以坝基开挖图有关轮廓点的坐标和选择的定线网点，用角度交会法放样基础开挖线。

坝基开挖到设计高程后，要对新鲜基岩进行冲刷清理，才能开始浇筑混凝土坝体。由于混凝土的物理和化学特性，以及施工程序和施工机械的性能，大体必须分层浇筑，每一层又要分段分块（或称分跨分仓）进行浇筑。如图 9.2.1（a）所示，每块的 4 个角点都有施工坐标，连接这些角点的直线称为立模线。但是为了安装模板的方便和浇筑混凝土前检查立模的正确性，通常不是直接放样立模线，而是放样出与立模线平行且与立模线相距 0.5～1.0m 的放样线，作为立模的依据。

图 9.2.1（a）为混凝土重力坝的示意图，它的施工放样包括：坝轴线的测设、坝体控制测量、清基开挖线的放样和坝体立模放样等几项内容。现以直线型混凝土重力坝为例介绍如下。

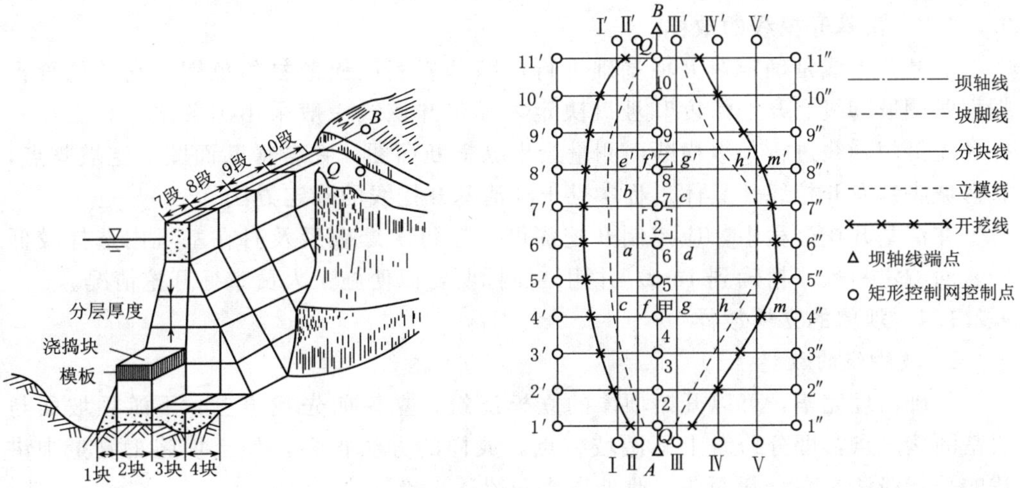

图 9.2.1 直线型混凝土重力坝

9.2.1.1 坝轴线测设

混凝土坝轴线是坝体与其他附属建筑物放样的依据，它的位置是否正确，直接影响建筑物各部分的位置。一般先在图纸上设计坝轴线的位置，再根据图纸上量出的数据，计算出端点的坐标及其与附近控制点间的关系，在现场用交会法测设坝轴线两端点，如图 9.2.1（b）中的 A 和 B。为了防止施工时受到破坏，需将坝轴线两端点延长到两岸的山坡上，各定 1～2 点，分别埋桩用以检查端点的位置。

9.2.1.2 坝体控制测量

混凝土坝的施工采取分层分块的方法，每浇筑一层一块就需要放样一次，因此，要建立坝体施工控制网，作为坝体放样的定线网。直线型混凝土重力坝的坝体施工控制网一般采用矩形网。

如图 9.2.1 所示，以坝轴线 AB 为基准布设矩形网，它是由若干条平行和垂直于坝轴线的控制线组成，格网的尺寸按施工分块的大小而定。测设时，将全站仪安置在 A 点，照准 B 点，在坝轴线上选甲、乙两点，通过这两点测设与坝轴线相垂直的方向线，由甲、乙两点开始，分别沿垂直方向按分块的宽度钉出 e、f 和 g、h、m 以及 g'、h'、m' 等点。最后将 ee'、ff'、gg'、hh' 及 mm' 等连线延伸到开挖区外，在两侧山坡上设置Ⅰ、Ⅱ、…、Ⅴ和Ⅰ′、Ⅱ′、…、Ⅴ′等放样控制点。

在坝轴线方向上，按坝顶的高程，找出坝顶与地面相交的两点 Q 与 Q'（方法可参见土坝控制测量中坝身控制线的测设），再沿坝轴线按分块的长度钉出坝基点 2、3、…、10，通过这些点分别测设与坝轴线相垂直的方向线，并将方向线延长到上、下游围堰上或山坡上，设置 1′、2′、…、11′和 1″、2″、…、11″等放样控制点。在测设矩形网的过程中，测设直角时须用盘左、盘右取平均值的方法，丈量距离应细心校核，以免发生差错。

9.2.1.3 清基开挖线的放样

清基开挖线是确定对大坝基础进行清除基岩表层松散物的范围，它的位置根据坝两侧坡脚线、开挖深度和坡度决定。标定开挖线一般采用图解法。和土坝一样，先沿坝轴线进行，纵横断面测量绘出纵横断面图，在各横断面图上定坡脚点，获得坡脚线及开挖线。具体过程参见土坝清基开挖线的确定方法。

在清基开挖过程中，应控制开挖深度，在每次爆破后及时在基坑内选择较低的岩面测定高程（精确到 1cm）并用红漆标明，以便施工人员掌握开挖情况。

9.2.1.4 坝体的立模放样

1. 坡脚线的放样

基础清理完毕，可以开始坝体的立模浇筑，立模前先找出上、下游坝坡面与岩基的接触点，即分跨线上下游坡脚点。放样的方法很多，如土坝施工测量中讲述的平行线法、套合断面法，此处主要介绍逐步趋近法。

如图 9.2.2 所示，欲放样上游坡脚点 a，可先从设计图上查得坡顶 B 的高程 H_B，坡顶距坝轴线的距离为 D，设计的上游面坡度为 $1:m$，为了在基础上标出 a 点，可先估计基础面的高程，则坡脚点距坝轴线的距离 H'_a 可按下式计算。

$$S_1 = D + (H_B - H'_a)m \qquad (9.2.1)$$

求得距离 S_1 后，可由坝轴线沿该断面量一段距离 S_1，得 a_1 点，用水准仪实测 a_1 点的高程 H_{a1}，若 H_{a1} 与原估计的 H'_a 相等，则 a_1 点即为坡脚点 a。否则应根据实测的 a_1 点高程，再求距离得

$$S_2 = D + (H_B - H_{a1})m \qquad (9.2.2)$$

再从坝轴线起沿该断面量出 S_2 得 a_2 点，并实测 a_2 的高程，按上述方法继续进行，逐次接近，直至由量得的坡脚点到坝轴线间的距离，与计算所得距离之差在 1cm 以内时为止（一般作三次趋近即可达到精度要求）。同法可放出其他各坡脚点，连接上游（或下游）各相邻坡脚点，即得上游（或下游）坡面的坡脚线，据此，即可按 1∶m 的坡度竖立坡面模板。

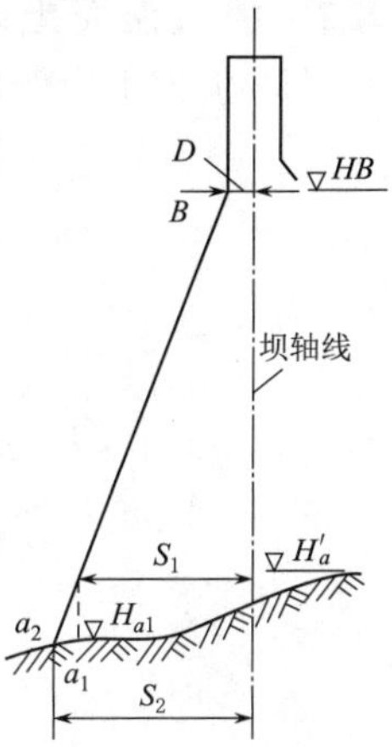

图 9.2.2　坝坡脚放样

2. 直线型重力坝的立模放样

在坝体分块立模时，应将分块线投影到基础面上或已浇好的坝块面上，模板架立在分块线上，因此分块线也称立模线，但立模后立模线被覆盖，还要在立模线内侧弹出平行线，称为放样线［图 9.2.1（b）中虚线］，用来立模放样和检查校正模板位置。放样线与立模线之间的距离一般为 0.5～1m。

（1）方向线交会法。

如图 9.2.1（b）所示的混凝土重力坝，已按分块要求布设了矩形坝体控制网，可用方向线交会法，先测设立模线。如果要测设分块 2 的顶点 b 的位置，可在 $7'$ 点安置全站仪，瞄准 $7''$ 点，同时在Ⅱ点安置全站仪，瞄准Ⅱ$'$点，两架经纬仪视线的交点即为 b 的位置。在相应的控制点上，用同样的方法可交会出这个分块的其他三个顶点的位置，得出分块 2 的立模线。利用分块的边长及对角线校核标定的点位，无误后在立模线内侧标定放样线的四个角顶，如图 9.2.1（b）中分块 $abcd$ 内的虚线。

（2）前方交会（角度交会）法。

如图 9.2.3 所示，由 A、B、C 三个控制点用前方交会法先测设某坝的四个角点 d、e、f、g，它们的坐标由设计图纸上查得，再由三个控制点的坐标可计算出放样数据。如欲测设 g 点，可算出 β_1、β_2、β_3，便可在实地定出 g 点的位置。依次放出 d、e、f 各角点，再用分块边长和对角线校核点位，无误后在立模线内侧标定放样的四个角点。方向线交会法简易方便，放样速度也较快，但往往受到地形限制，或因坝体浇筑逐步升高，挡住方向线的视线不便放样，因此实际工作中可根据条件把方向交会法和角度交会法结合使用。

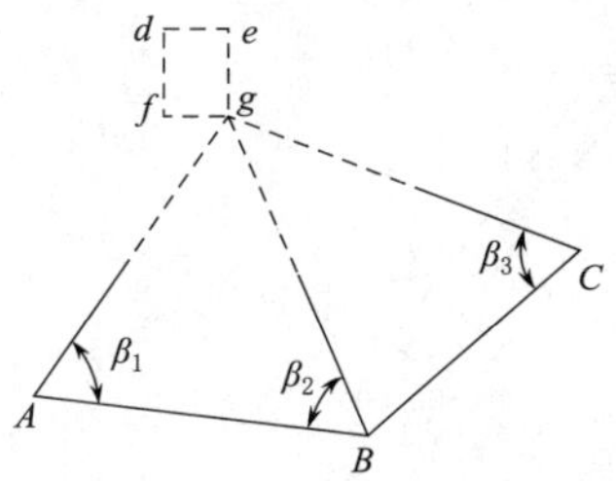

图 9.2.3　前方交会（角度交会）法立模

9.2.2 拱形混凝土坝坝体放样线测设

以图 9.2.4 为例，说明重力式拱坝测设放样线时，求放样点设计坐标的方法。

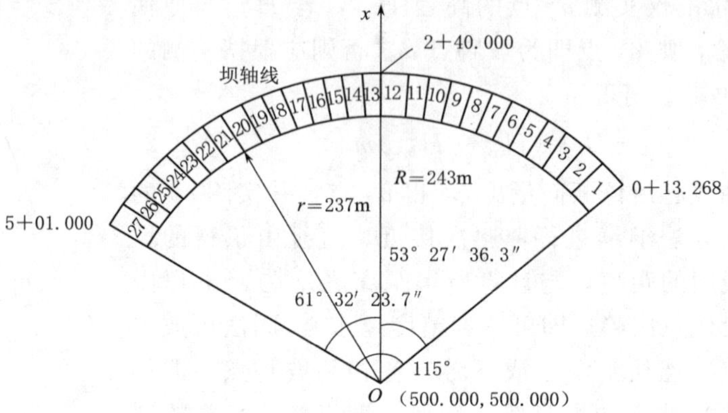

图 9.2.4 重力式拱坝平面图

图 9.2.4 为水利枢纽工程某拦河坝的平面图，该大坝系重力式空腹溢流坝，圆弧对应的夹角为 115°，坝轴线半径为 243m，坝顶弧长为 487.732m，里程桩号沿坝轴线计算。圆心 O 的施工坐标 $x=500.000$m，$y=500.000$m，以圆心 O 与 12～13 坝段分段线的连线为 x 轴，其里程桩号为 2+40.00。该坝共分 27 段，施工时分段分块浇筑。图 9.2.5 为大坝第 20 段第一块（上游面），高程为 170m 时的平面图。为了使放样线保持圆弧形状，放样点的间距以 4～5m 为宜。根据以上有关数据，可以计算放样点的设计坐标。现以放样点 1 为例，说明其计算过程与方法。如图 9.2.6 所示，放样点 1 的里程桩号为（3+71），当高程为 170m 时，该点所在圆弧的半径 $r=236.5$m。根据放样点的桩号，可求出坝轴线上的弧长 L 和相应的圆心角 α。

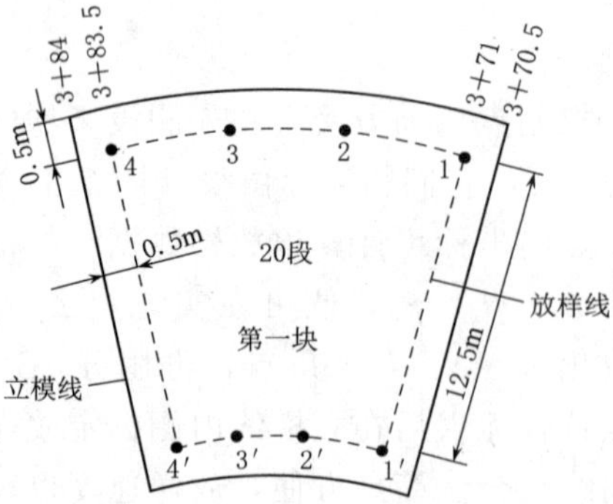

图 9.2.5 拱坝分段平面图

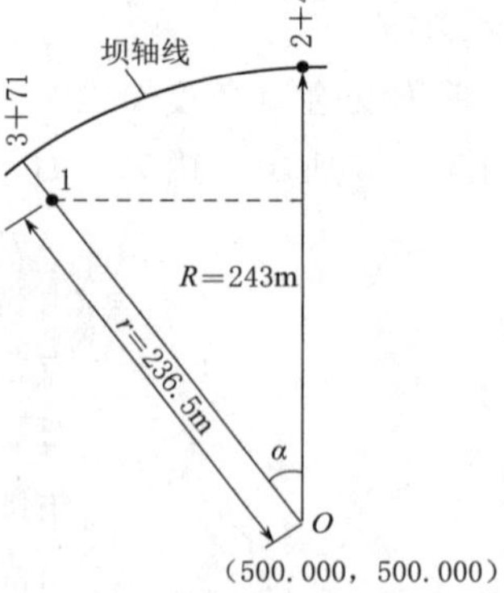

图 9.2.6 放样点的数据

$$L=371-240=131(\text{m})$$

$$\alpha = \frac{180^\circ}{\pi r} L = \frac{180 \times 131}{3.1416 \times 243} = 30^\circ 53' 16.2''$$

根据放样点的半径和圆心角 α，可求出放样点 1 对于圆心 O 点的坐标增量及 1 点的设计坐标（x_1，y_1），即

$$\Delta x = r\cos\alpha = 236.5 \times \cos 30^\circ 53' 16.2'' = 202.958(\text{m})$$

$$\Delta y = r\sin\alpha = 236.5 \times \sin 30^\circ 53' 16.2'' = -121.409(\text{m})$$

$$x_1 = x_0 + \Delta x = 500.000 + 202.958 = 702.958(\text{m})$$

$$y_1 = y_0 + \Delta y = 500.000 - 121.409 = 378.591(\text{m})$$

9.2.3 混凝土坝高程测设

为了控制新浇混凝土坝块的高程，可先将高程引测到已浇坝块面上，从坝体分块图上查取新浇坝块的设计高程，待立模后，再从坝块上设置临时水准点，用水准仪在模板内侧每隔一定距离放出新浇坝块的高程。模板安装后，应用放样点检查模板及预埋件安装的质量，符合规范要求时，才能浇筑混凝土。待混凝土凝固后，再进行上层模板的放样。

任务9.3 水闸的安装测量

9.3.1 工程概况

水闸具有挡水和泄水的作用，一般由闸室段和上、下游连接段三部分组成，如图 9.3.1 所示。闸室是水闸的主体，这一部分包括底板、闸墩、闸门、工作桥和交通桥等。上、下游连接段有防冲槽、消力池、溢流墙、护坦、海漫、护坡等防冲设施。水闸的施工放样，应先放出主轴线和整体基础开挖线；在基础浇筑时，为了在底板上预留闸墩和翼墙的连接钢筋，应放出闸墩和翼墙的位置；最后是水闸细部放样。

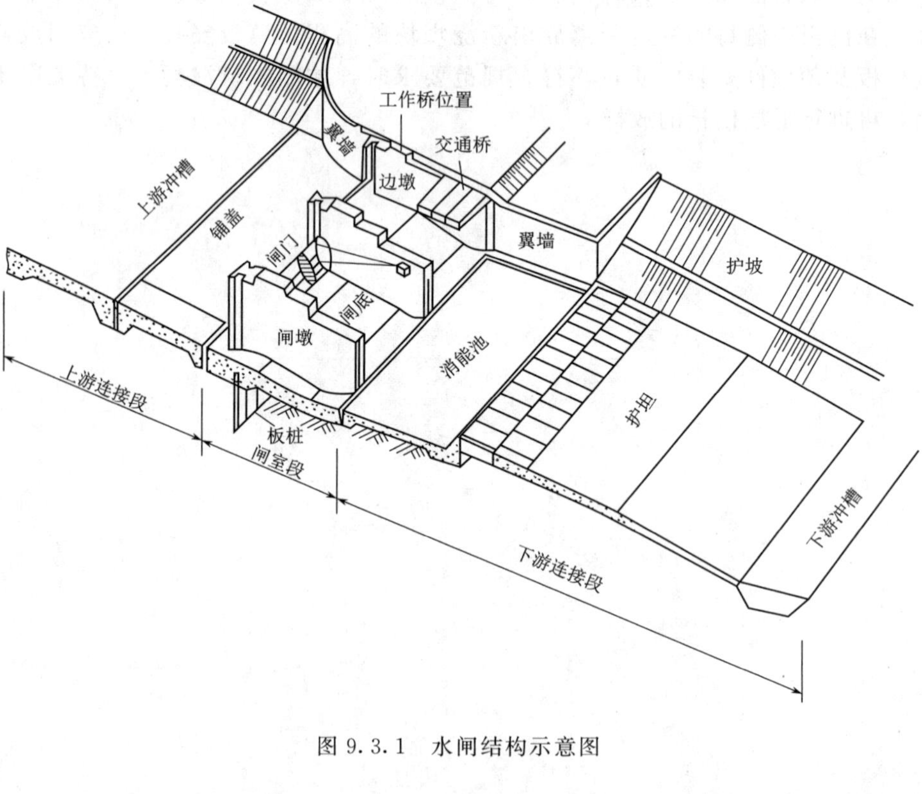

图 9.3.1 水闸结构示意图

由于水闸一般建筑在土质地基上，因此通常以较厚的钢筋混凝土底板作为整体基础，闸墩和边墩就浇筑在底板上，与底板结成一个整体。水闸的施工放样，如图 9.3.2 所示，包括测设水闸的主要轴线 AB 和 CD、闸墩中线、闸孔中线、闸底板的范围以及各细部的平面位置和高程。

9.3.2 施工测量

9.3.2.1 闸轴线放样

水闸主要轴线的放样，是在施工现场标定轴线端点的位置，如图 9.3.3 中的 AB 和 CD 点的位置。主要轴线端点的位置，可从水闸设计图上量出坐标，然后将施工坐标换算成测图坐标，利用测图控制点进行放样。对于独立的小型水闸，也可在现场直接选定。主要轴线端点 A、B 确定后，应精密测设 AB 的长度，并标定中点 O 的位置。

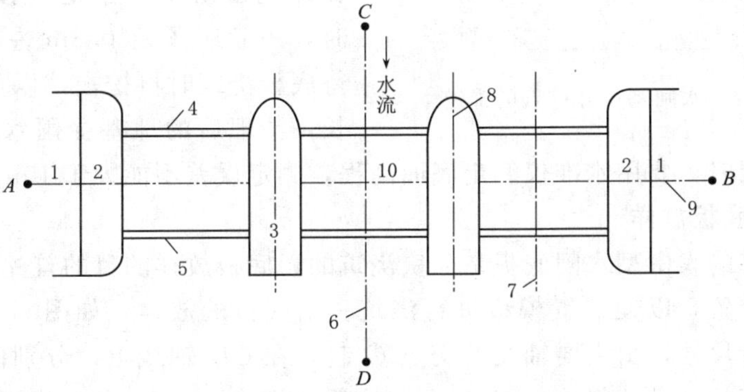

图 9.3.2 水闸平面位置示意图

1—坝体；2—边墩；3—闸墩；4—检修闸门；5—工作闸门；6—水闸中线；7—闸孔中线；8—闸墩中线；9—水闸中心线；10—闸室

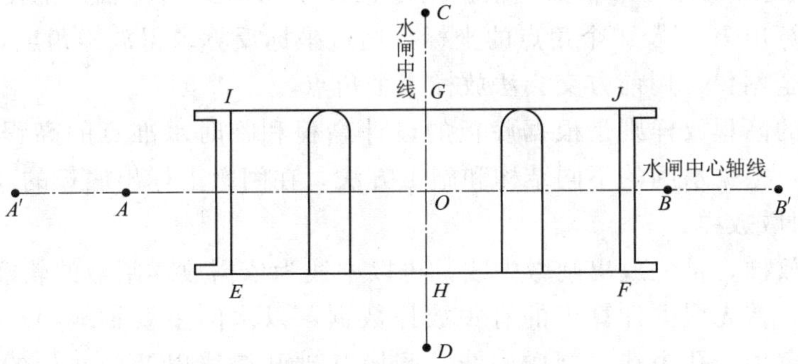

图 9.3.3 水闸放样主要轴线及点位

主要轴线端点 A、B 确定后，应精密测设 AB 的长度，并标定中点 O 的位置。在 O 点安置全站仪，测设出 AB 的垂线 CD，其测设误差应小于 $10''$。主轴线测定后，用木桩或水泥桩在施工范围外能够保存的地点标定，每端各埋设两个固定标志以表示方向。其目的是检查端点位置是否发生移动，并作为恢复端点位置的依据。

9.3.2.2 基坑开挖线的放样

水闸基坑开挖线是由水闸底板的周界以及翼墙、护坡等与地面的交线决定的。为了定出开挖线，可以采用套绘断面法。首先，从水闸设计图上查取底板形状变换点至闸室中心线的平距，在实地沿纵向主轴线标出这些点的位置，并测定其高程和测绘相应的河床横断面图。然后根据设计数据（即相应的底板高程和宽度，翼墙和护坡的坡度）在河床横断面图上套绘相应的水闸断面（图 9.3.4），量取两

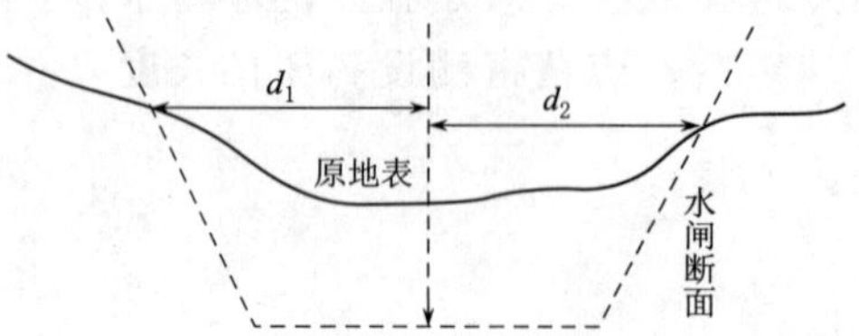

图 9.3.4　水闸基坑开挖点的确定

断面线交点到测站点（纵轴）的距离，即可在实地放出这些交点，连成开挖边线。为了控制开挖高程，可将斜高标注在开挖边桩上。当挖到接近底板高程时，一般应预留 0.3m 左右的保护层，待底板浇筑时再挖去，以免间隙时间过长，清理后的地基受雨水冲刷而变化。在挖去保护层时，要用水准仪测定底面高程，测定误差不能大于 10mm。

9.3.2.3　闸底板放样

闸孔较多的大中型水闸底板是分块浇筑的，底板放样的目的首先是放出每块底板立模线的位置，以便装置模板进行浇筑。闸底板的放样，如图 9.3.3 所示，根据底板的设计尺寸，由主要轴线的交点 O 起，在 CD 轴线上，分别向上、下游各测设底板长度的一半，得 G、H 两点，然后分别在 G、H 点上分别安置经纬仪，测设与 CD 轴线相垂直的两条方向线。两方向线分别与边墩中线的交点 I、J、E、F，即为闸底板的 4 个角点。

如果施工场地测设距离较困难，也可用水闸轴线的端点 A、B 作为控制点，同时假设 A 点的坐标为一整数，根据闸底板 4 个角点到 AB 轴线的距离及 AB 的长度，可推算出 B 点及 4 个角点的坐标，通过坐标反算求得放样角度，即可在 A、B 两点架设全站仪，用前方交会法放样 4 个角点。

闸底板的高程放样则是根据底板的设计高程和临时水准点的高程，采用水准测量的方法，根据水闸的不同结构和施工方法，在闸墩上标出底板的高程位置。

9.3.2.4　闸墩放样

闸墩的放样，是先放出闸墩中线，再以中线为依据放样闸墩的轮廓线。

放样时，首先根据计算出的有关放样数据，以水闸主要轴线 AB 和 CD 为依据，在现场定出闸孔中线、闸墩中线、闸墩基础开挖线以及闸底板的边线等。待基础打好混凝土垫层后，在垫层上再精确地放出主要轴线和闸墩中线等，根据闸墩中线放出闸墩平面位置的轮廓线。

闸墩平面位置的轮廓线，分为直线和曲线。直线部分可根据平面图上设计的有关尺寸，用直角坐标法放样。闸墩上游一般设计成椭圆曲线，如图 9.3.5 所示，放样时，应根据计算出的曲线上相隔一定距离点的坐标，求出椭圆的对称中心点 P 至各点的放样数据 β 和 l，根据

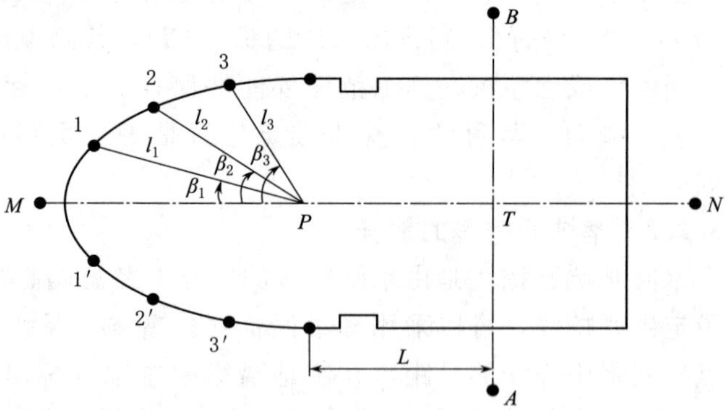

图 9.3.5　用极坐标法放样闸墩曲线部分

已标定的水闸轴线 AB、闸墩中线 MN 定出两轴线的交点 T，沿闸墩中线测设距离 L 定出 P 点，在 P 点安置经纬仪，以 PM 方向为后视，用极坐标法放样 1、2、3 点等，由于 PM 两侧曲线对称，另一侧的曲线点也可按上述方法放出。施工人员根据测设的曲线放样线立模，闸墩椭圆部分的模板，可根据需要放样出曲线上的点，即可满足立模的要求。

闸墩各部位的高程，根据施工场地布设的临时水准点，按高程放样方法在模板内侧标出高程点，随着墩体的增高，可在墩体上测定一条高程为整米数的水平线，并用红漆标出来，作为继续往上浇筑时量算高程的依据，也可用钢尺从已浇筑的混凝土高程点上直接丈量放出设计高程。当闸墩浇注完工后，应在闸墩上标出闸的主轴线，再根据主轴线定出工作桥和交通桥的中心线。

9.3.2.5 下游溢流面放样

为了减小水流通过闸室下游时的能量，常把闸室下游溢流面设计成抛物面。由于溢流面的纵剖面是一条抛物线，因此纵剖面上各点的设计高程是不同的。在设计图纸上注有抛物线的方程式，根据放样要求的精度，可以选择不同的水平距离。通过计算求出纵剖面上相应点的高程，才能放出抛物面，所以溢流面的放样步骤如下。

(1) 如图 9.3.6 所示，采用局部坐标系，以闸室下游水平方向线为 x 轴，以闸室底板下游高程为溢流面的起点，该点称为变坡点，也就是局部坐标系的原点 O。通过原点的铅垂方向为 y 轴，即溢流面的起始线。

(2) 沿 x 轴方向每隔 1～2m 选择一点，则抛物线上各相应点的高程可按下式计算：

$$H_i = H_0 - y_i$$

$$y_i = 0.006x^2$$

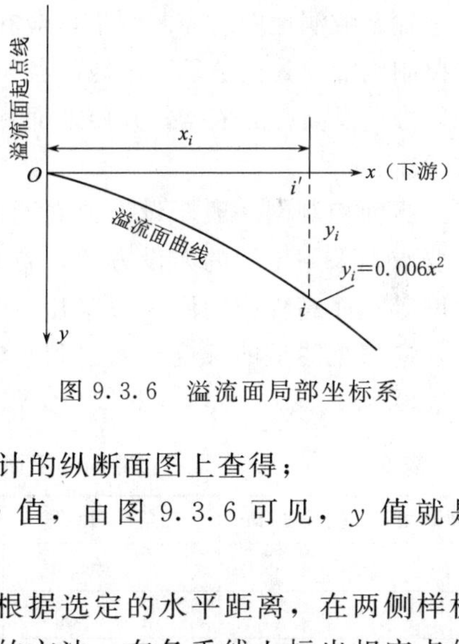

图 9.3.6 溢流面局部坐标系

式中 H_i——i 点的设计高程；

H_0——下游溢流面的起始高程，可从设计的纵断面图上查得；

y_i——与 O 点相距水平距离为 x 的 y 值，由图 9.3.6 可见，y 值就是高差。

(3) 在闸室下游两侧设置垂直的样板架，根据选定的水平距离，在两侧样板架上作一垂线。再用水准仪按放样已知高程点的方法，在各垂线上标出相应点的位置。

(4) 将各高程标志点连接起来，即为设计的抛物面与样板架的交线，该交线就是抛物线。施工员根据抛物线安装模板，浇筑混凝土后即为下游溢流面。

任务 9.4 隧洞的施工测量

9.4.1 工程概况

在水利工程设计中，为了施工导流、引水发电、泄洪、灌溉的需要，常要修建隧洞。隧洞属于地下工程，往往有两个以上洞口。为了加快施工进度，几个洞口同时开挖且互不通视，为了保证隧道贯通，必须严格控制挖掘方向和高程。如果方向错了，就会左右错开；如果高程错了，就会上下错开，都不能达到贯通的目的。隧洞施工测量与隧洞的结构形式、施工方法有着密切的联系，由于工程性质、地质和地形条件的不同，隧洞的施工方法也不相同。施工测量具体任务一般包括：洞外定线测量、洞内定线测量、隧洞高程测量、断面放样等。

9.4.2 隧洞洞外控制测量

洞外控制测量的目的，是为了决定隧洞洞口的位置，并为确定中线掘进方向和高程放样提供依据。

9.4.2.1 平面控制网的布设与要求

输水隧洞地面的控制测量，应在隧洞开挖以前完成，它包括平面控制测量和高程控制测量，其任务是测定地面各洞口控制点的平面位置和高程作为向洞内引测坐标、方向及高程的依据，并使地面和洞内在同一控制系统内，从而保证隧洞的准确贯通。

平面控制网一般布设为独立网的形式，可根据隧洞的长度、地形、现场和精度要求，采用不同的布设方法，首选应布设成 GNSS 定位网，其次是导线网、三角网等；而高程控制网一般采用水准测量、三角高程测量等。平面控制测量的等级，应根据隧道的长度按《水利水电工程施工测量规范》（SL 52—2015）的规定，见表 9.4.1。

表 9.4.1 隧洞外平面控制测量的等级技术要求

隧洞相向开挖长度/km	三角形网测量	导线测量	GPS 测量	水准测量
<5	三等	三等	三等、四等	三等、四等
5～10	二等	二等	二等、三等	二等、三等
10～20	—	—	二等	二等、三等
20～30	—	—	二等	二等
30～50	—	—	二等	二等

注 隧洞相向开挖长度包括支洞的长度。

采用 GNSS 定位技术建立洞道地面平面控制网，它只需在洞口处布点。对于直线隧道，洞口点应选在隧道中线上。对于曲线隧道，除洞口点外，还应把曲线上的主要控制点（如曲线的起、终点）包括在网中。

采用导线作为平面控制时，导线宜构成环形。由于电磁波测距仪器的广泛使用，用电磁波测距导线做洞外控制也是行之有效的方法。当隧洞为直伸型时，为减少导线测距误差对横向贯通的影响，导线点应尽量靠近洞轴线布设边数不宜过多，相邻导线边的长度应大致相等。

另外，平面控制各等级控制网观测技术要求参见最新版水利水电工程测量规范。在每个洞口（包括支洞口）附近不受施工干扰的位置，应埋设3个平面控制点及3个高程控制点标石，并要求洞口点与定向点间通视，以便于全站仪观测，而定向点间不要求通视。

9.4.2.2 高程控制网的布设与要求

隧洞地面高程控制测量主要采用水准测量的方法，利用线路定测时的已知水准点作为高程起算数据，沿着拟订的水准路线在每个洞口至少埋设2个水准点，水准路线应构成闭合环线或者2条独立的水准路线，由已知水准点从一端测至另一端洞口。水准测量的等级，应分别根据洞外水准路线的长度和隧洞长度按表9.4.1选取。当全站仪导线网布设地面控制时，其高程控制可与平面控制相结合，用光电测距三角高程测量代替三等、四等水准测量。

9.4.3 通过平洞传递方向和坐标

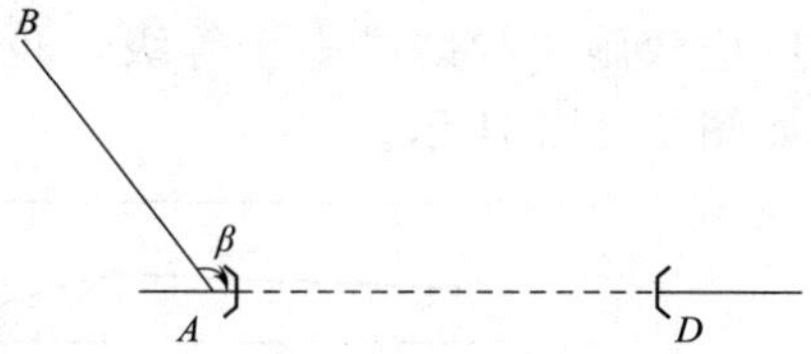

图9.4.1 隧洞开挖方向的测设

地面控制测量完成后，则可根据这些数据和成果指导隧洞的开挖。首先根据洞口控制点的坐标和它与其他控制点连线的方向，来推算指导隧洞开挖方向的起始数据。如图9.4.1所示，如果两洞口控制点 A 和 D 都在隧洞中线上，则可按坐标反算的方法求得两个坐标方位角和它们的差数 β，即所要求的传递进洞方向的数据。在 A 点后视 B 点，拨角 β，即得进洞的中线方向。

9.4.4 洞内控制测量

洞内控制测量分平面控制测量和高程控制测量两种。

平面控制测量一般采用导线测量。高程控制测量则采用水准测量。用导线测量的方法在洞内建立与洞外坐标系统相一致的平面控制点。根据洞内导线点和洞轴线上的点的设计坐标、放样隧洞中线及衬砌位置，指导开挖方向，保证相向开挖的隧洞在所要求的精度内贯通。

洞内水准测量则是测定洞内各水准点的高程，作为高程放样的依据。

9.4.4.1 洞内导线测量的特点

洞内导线是在隧洞开挖过程中逐渐布设和测量的。洞内导线的起点一般为洞口点，它的坐标由洞口控制点来测定。在洞内进行导线测量，条件差，点位布置特殊，施工干扰大，时间紧。

9.4.4.2 洞内导线测量的等级

在中小型隧洞施工中，洞内导线一般只布设施工导线和基本导线，技术要求见表9.4.2。

表 9.4.2 隧洞洞内控制网等级技术要求

相向开挖长度/km	基本导线测量	水准测量
<5	三等、四等	三等、四等
5～10	二等、三等	二等、三等
10～20	二等、三等	二等、三等
20～30	二等	二等
30～50	二等	二等

注 相向开挖长度包括支洞的长度。

1. 施工导线

在隧洞掘进过程中，用于指示开挖方向及放样工作而布设的导线称为施工导线，其边长一般为 30～50m。根据施工方法和隧洞横断面大小的不同，导线点应沿洞轴线方向布设在洞的顶板或底板坚固的岩石上。

2. 基本导线

基本导线的作用是检查施工导线并及时纠正开挖方向的偏差，起到隧洞贯通测量作用。它与施工导线的布设应统一考虑，其边长为 100～150m，基本导线的精度应较施工导线高一个等级，也应尽量靠近洞轴线布设。上述两种导线的布设如图 9.4.2 所示。

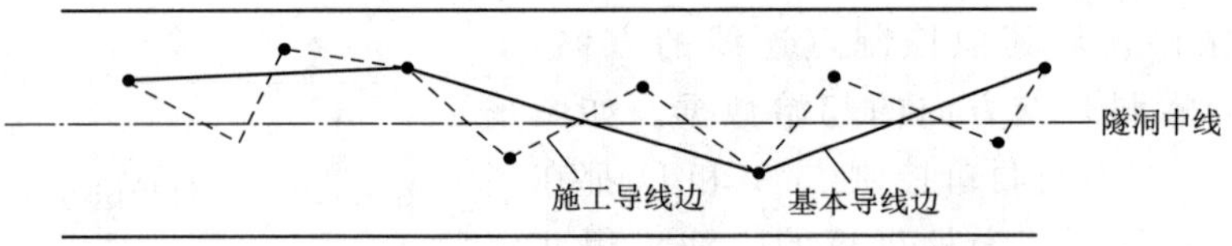

图 9.4.2 施工导线与基本导线的布设

9.4.4.3 洞内水准测量

洞内水准测量应以洞口水准点的高程作为起始数据，通过水平坑道、斜井和竖井等方式将高程传递到洞内水准点上，作为高程放样数据。洞内水准测量的特点是：利用导线点兼作水准点。点的标志可根据洞内的具体情况理设在洞的底板、洞顶或两边侧墙上。洞内水准测量的观测方法与洞外水准测量相同。由于洞内观测条件较差，视线长度不应大于 50m。若水准点设在洞的顶板上，观测时应把水准尺倒过来，用尺的底部顶紧水准点标志（即倒尺法）进行读数，如图 9.4.3 所示。

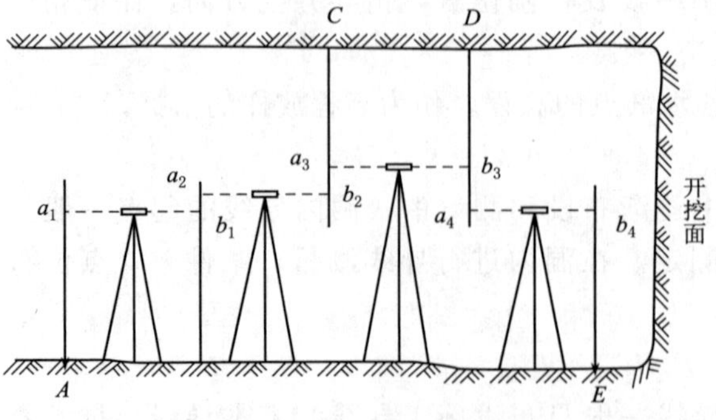

图 9.4.3 洞内水准测量示意图

倒尺法计算高差的公式仍

为后视读数减前视读数，但应把倒尺的读数看作负值对待。所以，在图9.4.3中，A、E两点的高差用式（9.4.1）计算：

$$h_{AE}=(a_1-b_1)+(a_2+b_2)+(-a_3+b_3)+(-a_4-b_4) \quad (9.4.1)$$

由于洞内水准路线是随开挖工作面的推进而延伸的水准支线，需要进行往返观测，以便保证必要的精度。

9.4.5 隧洞开挖中的施工测量

隧洞开挖中的测量工作，主要是标定洞内的开挖方向，掌握开挖的坡度以及隧洞建筑物的施工放样。此外，要及时测量掘进深度（又称进尺）和计算开挖的土石方量。

9.4.5.1 测设隧洞的开挖方向

根据施工方法、洞截面的大小以及施工程序，一般可采用中线法或串线法来指示开挖方向。

1. 中线法

中线法是根据洞内导线点的坐标和隧洞中线点的设计坐标计算出放样数据，采用极坐标法测设隧洞中线上2～3个点。由中线点按一般定线方法指示开挖方向。如图9.4.4所示，设P_1、P_2为洞内施工导线点，T和B为隧洞中线上的点位。用坐标反算公式求得边长S_1、S_2，以及水平角β_T、β_B。在施工导线点P_2上安置全站仪，后视施工导线点P，拨角β_T并沿全站仪视线方向测设S_1的长度，得中线点T的位置。继续拨角β_B，用同样的方法测设长度S_2，也得到中线点B的位置。T和B的连线方向即为隧洞的开挖方向。T和B的间距一般为10m左右。当中线点向前延伸时，在直线上宜采用正倒镜延长直线法，曲线上则需用偏角法或弦线偏角法来测设中线点。用两种方法检测延伸的中线点时，起点位横向较差不能大于5mm，超限时应以相邻点来逐点检测至不超限的点位，并向前重新定正中心。

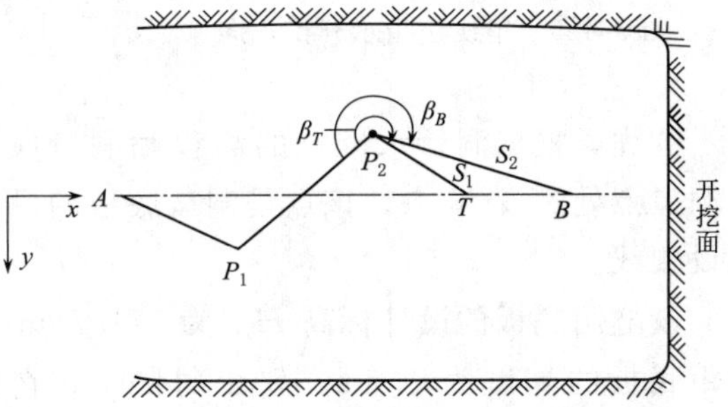

图9.4.4 中线法测设洞轴线

对于大型掘进机械施工的长距离隧道，采用激光指向仪、具有激光指向的全站仪或陀螺仪导向。中线法指导开挖时，可在中线T、B等点上设置激光导向仪或架设具有激光指向的全站仪，可更方便、更直观地指导隧洞的掘进工作。

2. 串线法

当隧洞为直伸型，而且横断面不大或采用导坑法施工时，采用串线法。所谓串线法，就是利用悬挂在洞顶板上2～3个中线点的垂球线，用眼睛或用经纬仪标定方向。如图9.4.5所示，先根据洞外已标定的轴线E和F，在E点安置经纬仪，照准F点，固定照准部，望远镜瞄向洞内，在已开挖的洞顶板上，标出A、B、C三个轴线点（相邻中线点的间距应大于5m）。在A、B、C点上分别悬挂垂球，然后以三条垂球线为依据，用肉眼标定方向，直接在开挖工作面上标定洞轴线的投影点。用串线法标定洞中心的误差较大，故 A 点离工作面的距离不宜大于 30m。

9.4.5.2 隧洞坡度的放样

为了控制隧洞坡度和高程的正确性，通常在隧洞岩壁上每隔 5～10m，标出比洞底地坪高出 1m 的抄平线，又称腰线。腰线与洞底地坪的设计高程线是平行的，施工人员根据腰线可以很快的放样出坡度和各部位高程，如图 9.4.6 所示。

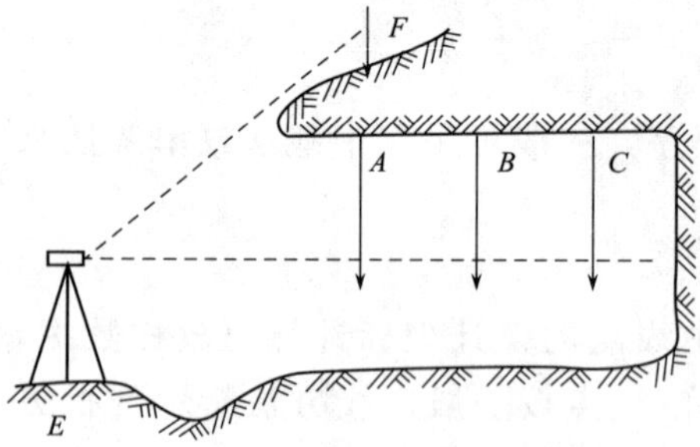

图 9.4.5 串线法指示开挖方向

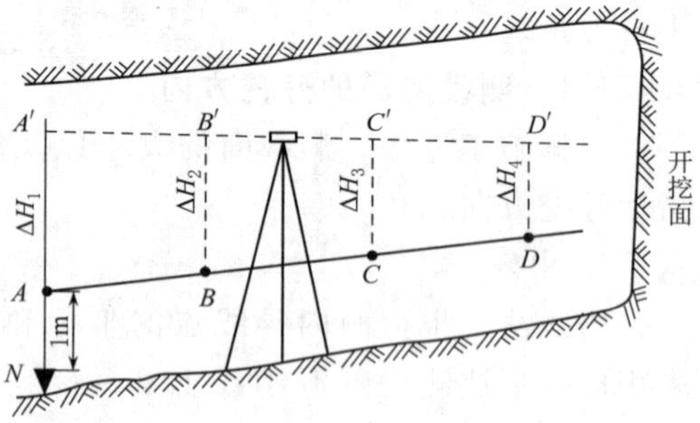

图 9.4.6 腰线的标定

首先，根据洞外水准点的高程和洞口底板的设计高程，用高程放样的方法，在洞口点处测设 N 点，该点是洞口底板的设计标高。然后，从洞口开始，向洞内测设腰线。

设隧洞底板的设计标高 H_N 为 172.76m，隧洞底板的设计坡度 i 为+5‰，腰线距底板的高度为 1.0m，要求每隔 5m 在侧墙上标定一个腰线点。具体步骤如下：

(1) 根据洞口水准点放样洞口底板的高程，得 N 点。

(2) 在洞内适当的地点安置水准仪，读得 N 点水准尺 $a=1.437$m。

(3) 从洞口 N 点开始，在两边侧墙上，每隔 5m 用红漆标出视线高的点 B'、C'、D'。

(4) 从洞口点的视线高处向下量取：

$$\Delta H_1 = 1.437 - 1.000 = 0.437\ (\text{m})$$

得洞口处的腰线点 A。

(5) 根据设计坡度+5‰，腰线每隔 5m 升高 5×5‰=0.025（m），则：

$$\Delta H_2 = 1.437 - (1 + 5 \times 5‰) = 0.412\ (\text{m})$$

由 B' 点向下量取 0.412m 得腰线点 B。同理得：

$$\Delta H_3 = 1.437 - (1 + 10 \times 5‰) = 0.387\ (\text{m})$$

由 C' 点向下量取 0.387m 得腰线点 C，同法可得 D 点。

用红漆把 4 个腰线点 A、B、C、D 连成直线，即得洞口附近的一段腰线。当工作面推进一段距离后，按照上述方法，继线测设腰线。

9.4.5.3 开挖断面的放样

隧洞施工时，为了选择炮眼和确定开挖范围，应及时进行断面放样，在工作面上标定开挖断面的范围。断面放样，包括隧洞侧墙及拱顶的放样。洞轴线测设后，从洞轴线向两侧的垂直方向各测设开挖宽度的一半，即得到侧墙位置。拱顶部分多为圆曲线或抛物线。在设计断面图上，给出断面的宽度、拱顶的高度和曲线半径等数据。开挖的毛洞，其精度要求不高，可用图解法求出各个放样数据。

隧洞衬砌，要求精度较高，必须用解析法求放样数据。图 9.4.7 为某隧洞城门式的横断面设计图，洞宽 5.00m，洞高 4.80m，圆拱曲线半径 R 为 3.00m，拱顶矢高（拱顶与拱脚的高差）1.60m，放样时，先在工作面上标定洞轴线 MN，并根据设计的里程桩号、洞轴线的设计坡度和设计断面尺寸，求得该里程点拱顶 M 的设计标高。然后，由腰线来确定 M 点的位置。

从图 9.4.8 可知，若把拱顶矢高 1.60m 分成四等份，则

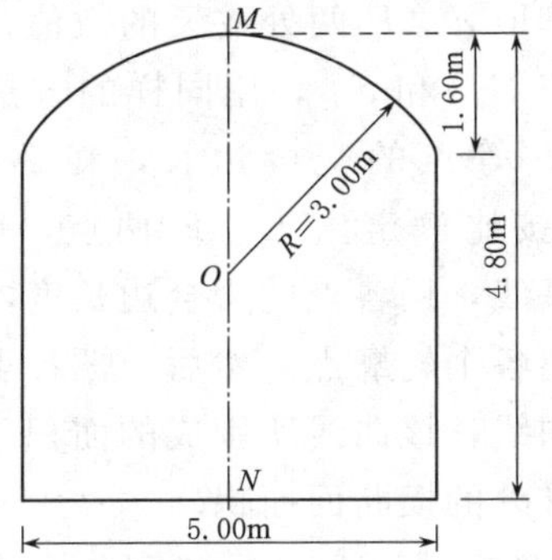

图 9.4.7 隧洞城门式的横断面设计图

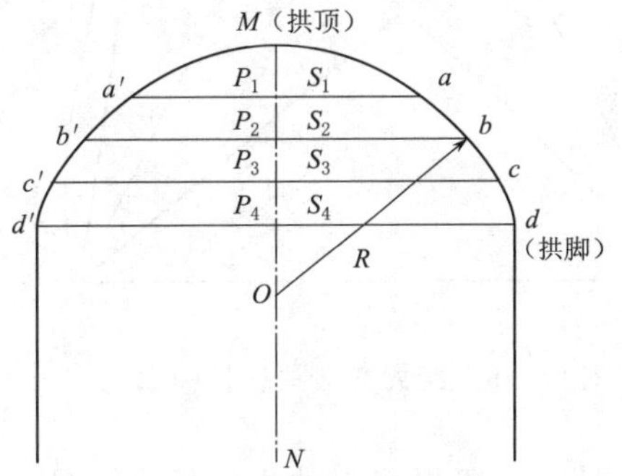

图 9.4.8 拱曲线放样

$$MP_1 = 0.40\text{m},\ MP_2 = 0.80\text{m},\ MP_3 = 1.20\text{m},\ MP_4 = 1.60\text{m}$$

拱曲线点 a 至 MN 轴线的距离分别为

$$s_1 = aP_1 = a'P_1 = \sqrt{R^2 - (R - MP_1)^2}$$
$$= \sqrt{3.00^2 - (3.00 - 0.4)^2} = 1.50(\text{m})$$

同理

$$S_2 = bP_2 = b'P_2 = 2.04(\text{m})$$
$$S_3 = cP_3 = c'P_3 = 2.40(\text{m})$$
$$S_4 = dP_4 = d'P_4 = 2.50(\text{m})$$

将上面数据列成拱曲线放样数据表，以便现场放样。

拱曲线放样步骤如下：

(1) 由拱顶 M 沿洞轴线垂直向下最取 0.40m，得 P_1 点，自 P_1 点分别向两侧各量水平距离 1.50m，得 a 和 a' 两点。

(2) 自 M 点垂直向下最取 0.80m，得 P_2 点，过 P_2 点向两侧各量取水平距离 2.04m，得 b 和 b' 两点。

(3) 根据拱曲线放样数据表，用上述方法定出其他曲线点，把各点用红漆连

接起来，即为断面的轮廓线，最后按此轮廓线和断面中线布置炮眼位置进行钻爆作业。

9.4.5.4 开挖土石方量测算

开挖土石方量，可按平均断面法计算，即取两相部开挖断面的面积平均值，乘以断面的间距（断面间距一般按月进尺深度计算），便可得到一个月的开挖土石方量，也可以计算超欠挖的土方工作量。

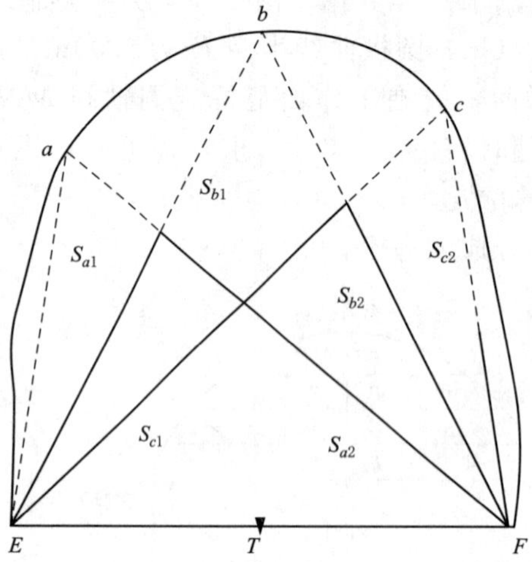

图 9.4.9 距离交会法测量断面

开挖断面的形状测量可以采用几种方法，下面介绍距离交会法。如图 9.4.9 所示，由洞轴线点 T 向两边各丈量洞宽的一半，得到两侧边墙点 E 和 F。在 E 点拉紧皮尺零端，用竹竿顶紧皮尺对准轮廓线上的 a 点，在 F 点拉紧皮尺的另一端，并分别读取 a、F 两处皮尺的数值，得到交会边长 S_{a1} 和 S_{a2}，用同样的方法求出断面上 b 等点的交会边长，在 AUTOCAD 上按比例定出 E、F 两点，以 EF 为交会基线，用各点的交会边长度，在图上交会出各个轮廓点。然后，把各点连接成一条曲线，该曲线所围成的面积，即为该里程桩处的横断面面积。

另外，还可以建立独立坐标系采用全站仪极坐标或直角坐标法完成断面数据的采集。

项 目 小 结

本项目主要介绍了水工建筑物施工放样的方法及测设流程。通过该项目的学习，学生应能掌握各种水工建筑物的施工放样控制网布设，计算放样点设计坐标，会用测量仪器设备针对现场施工测量设备情况和现场情况合理选择放样方法进行水工建筑物的施工放样。

自 测 题

1. 简述土坝坝身控制测量的方法。
2. 简述土坝清基开挖线放样的方法。
3. 简述闸轴线测设和闸墩的放样方法。
4. 简述水闸下游溢流面的放样方法。
5. 简述输水隧洞中线的标定方法。
6. 简述输水隧洞腰线的标定方法。

参考文献

[1] 程健，杨勇．水利工程测量［M］．北京：中国水利水电出版社，2018.

[2] 靳祥升．水利工程测量［M］．2版．郑州：黄河水利出版社，2019.

[3] 黄文彬，王玉振，刘勇．工程测量技术［M］．3版．郑州：黄河水利出版社，2023.

[4] 杨旭江，杜玉柱，于小伟．公路工程测量［M］．郑州：黄河水利出版社，2015.

[5] 李映红．建筑工程测量［M］．武汉：武汉大学出版社，2011.

[6] 周建郑．建筑工程测量［M］．3版．北京：化学工业出版社，2015.

[7] 中华人民共和国水利部．水利水电工程施工测量规范：SL 52—2015［S］．北京：中国水利水电出版社，2015.

[8] 中华人民共和国国家质量监督检验检疫总局，中国国家标准化管理委员会．国家三、四等水准测量规范：GB/T 12898—2009［S］．北京：中国标准出版社，2008.

[9] 中华人民共和国国家质量监督检验检疫总局，中国国家标准化管理委员会．全球定位系统（GPS）测量规范：GB/T 18314—2009［S］．北京：中国标准出版社，2009.

[10] 中华人民共和国住房和城乡建设部．城市测量规范：CJJ/T 8—2011［S］．北京：中国标准出版社，2012.

[11] 中华人民共和国住房和城乡建设部．卫星定位城市测量技术规范：CJJ/T 73—2010［S］．北京：中国建筑工业出版社，2010.

[12] 河海大学《测量学》编写组．测量学［M］．2版．北京：国防工业出版社，2013.

[13] 章书寿，陈福山．测量学教程［M］．3版．北京：测绘出版社，2006.

[14] 杜文举，张洪尧．建筑工程测量［M］．武汉：华中科技大学出版社，2013.

[15] 中华人民共和国住房和城乡建设部．工程测量通用规范：GB 55018—2021［S］．北京：中国建筑工业出版社，2021.

[16] 中华人民共和国住房和城乡建设部．建筑工程质量验收统一标准：GB 50300—2013［S］．北京：中国建筑工业出版社，2013.